# 交換式電源供給器之理論與實務設計

梁適安　編著

**全華圖書股份有限公司**

# 序 言

寫完這本書才深深體會到「著作權法」之重要性啊！

打從七十八年開始提筆至今，已經快過了五個年頭，一筆一畫、一字一句、點點滴滴累積而成，若非意志力與恆心之驅使下，這本書還可能遙遙無期呢！當然還要加上妻子之容忍、諒解以及精神支持下方有所成。所以，這本書可真的是熬出來的！

第一次摸索交換式電源供應器(SPS)是在七十二年進入中科院開始，那個時候正是 Apple II 電腦在國內風行；所以，SPS 此時也沾上了一點光，並開始萌芽茁壯。當時從事製造生產 SPS 之電子公司，想必風光一時，老闆們每天一定笑口常開，開懷不已！這些人如今若回想現在與過去做個比較，一定不堪回首！！記得那時國內有關 SPS 之書籍幾乎沒有，祇有一本由簡章華先生譯自日本的『轉換式電源供給器』一書問世，其它則大部份參考國外之文獻、期刊以及一些研討會之資料方能吸收到有關 SPS 之技術與知識。例如："Proceeding of Powercon"所出版一系列研討會之技術資料，或是"IEEE Power Electronics Specialists Conference"(PESC)也有不少有關 SPS 之論文發表，或是"IEEE Transactions on Aerospace and Electronic Systems"亦有 SPS 之論文，或是由 Slobodan 'CUK 與 R.D. Middlebrook 所編輯的"Advances in Switched-Mode Power Conversion"Volume, I, II, III 也是相當不錯的資料。

在中科院練功兩年之後，就到研究所繼續攻讀學業，並以 SPS 做為論文研究之方向；讀書期間曾因車禍休學在家，此時並譯了一本由 George Chryssis 所著的 SPS 書籍"High-Frequency Switching Power Supplies：Theory and Design"，中文書名為"轉換式電源供給器原理與設計"。畢業之後以教育部之獎學金至南部的五專教書，同時並至高雄海昌電子公司從事 SPS 電路設計工作，我想進入海昌應該好好感謝總經理林子浩先生與開發部副總林枝明先生，因為這是理論學了那麼久之後，第一次有這個機會可以將所學與工業上之實務做個驗証。之後，由於家庭因素，又回到北部工作，並進入英群電腦公司，此時英群則正式跨入競爭激烈的 SPS 市場行列，當然在這個大環境變化快速之下，其中的辛苦非筆墨足以形容。

# 序言

　　我想對從事 SPS 設計的人來說，工作經驗愈是長久，反而有愈做愈怕的感覺，此乃客戶對規格之要求愈來愈高、愈來愈嚴所致。同時，設計 SPS 的工程師也頗為辛苦，他們不但須具備有電子學、電路學之理論基礎，亦還須對磁學、控制理論有所涉獵，甚至要了解各國安全規格之規定，以及克服解決 EMI(電磁干擾)之本事，真的是十八般武藝樣樣都要會，真不簡單啊！

　　本書共分為八個章節。第一章將 SPS 予以簡單介紹；第二章則介紹無隔離型基本交換式電源轉換器電路；第三章則介紹目前一般常使用到的隔離型之轉換器電路；第四章則介紹 RCC，'CUK 轉換器之工作原理；第五章則利用狀態空間平均法來分析建立轉換器小信號之動態模式；第六章介紹利用控制系統之觀點來做轉換器穩定度之分析，以及建立穩定度之準據，進一步達成迴授補償網路之設計，使系統獲致穩定之狀況；第七章則敘述轉換器頻率響應量測技術之建立，並探討各種量測迴路增益之方法，以及系統其它轉移函數頻率響應之量測；第八章則以實際 SPS 電路來做穩定度之量測，並依此結果來設計迴授控制器之補償要求，然後再將所量測之結果做深入之分析與討論。

　　由以上章節之介紹，各位讀者大概就可以知道本書目前是先以理論為先導，將 SPS 之基本理論予以徹底分析。接著下來，下一本書擬將以實用性為主，相信如此方能互相連貫，且融會貫通，請讀者拭目以待。

　　由於第一次提筆寫書而非譯書，因此，在內容上、觀念上或許有不妥之處，煩請讀者來信給予批評指教。最後，再感謝我心愛的老婆—芬芬無怨無悔的支持，以及所有關心我的家人、朋友之鼓勵，還有全華科技圖書公司之鼎力協助，才使本書得以順利出版。

梁適安　謹識

# 編輯部序

「系統編輯」是我們的編輯方針，我們所提供給您的，絕不只是一本書，而是關於這門學問的所有知識，它們由淺入深，循序漸進。

本書是作者針對國人需要所編寫而成的，內容詳細介紹交換式電源供給器基本理論、和控制理論以及迴授補償方法以使轉換器系統達到穩定。言簡意賅、易學易懂，非常適合實際從事交換式電源供給器之工程人員及大專院校學生閱讀。

同時，為了使您能有系統且循序漸進研習相關方面的叢書，我們以流程圖方式，列出各有關圖書的閱讀順序，以減少您研習此門學問的摸索時間，並能對這門學問有完整的知識。若您在這方面有任何問題，歡迎來函連繫，我們將竭誠為您服務。

## 相關叢書介紹

書號：02637
書名：高頻交換式電源供應器原理
　　　與設計
編譯：梁適安

書號：10510
書名：混合式數位與全數位電源
　　　控制實戰
編著：李政道

書號：05863
書名：單晶片交換式電源－設計
　　　與應用技術(附範例光碟片)
陸譯：梁適安

書號：06036
書名：交換式電源供應器剖析
編譯：林伯仁.羅有綱.陳俊吉

## 流程圖

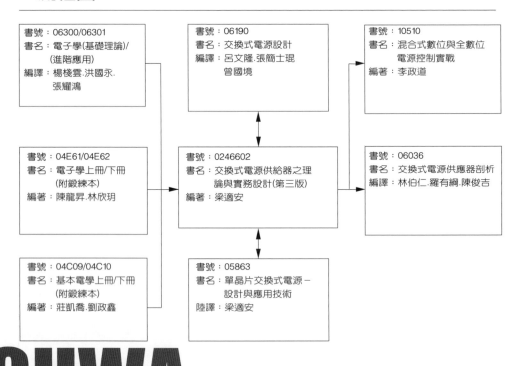

書號：06300/06301
書名：電子學(基礎理論)/
　　　(進階應用)
編譯：楊棧雲.洪國永.
　　　張耀鴻

書號：06190
書名：交換式電源設計
編譯：呂文隆.張簡士琨
　　　曾國境

書號：10510
書名：混合式數位與全數位
　　　電源控制實戰
編著：李政道

書號：04E61/04E62
書名：電子學上冊/下冊
　　　(附鍛練本)
編著：陳龍昇.林欣玥

書號：0246602
書名：交換式電源供給器之理
　　　論與實務設計(第三版)
編著：梁適安

書號：06036
書名：交換式電源供應器剖析
編譯：林伯仁.羅有綱.陳俊吉

書號：04C09/04C10
書名：基本電學上冊/下冊
　　　(附鍛練本)
編著：莊凱喬.劉政鑫

書號：05863
書名：單晶片交換式電源－
　　　設計與應用技術
陸譯：梁適安

CHWA TECHNOLOGY

# 目 錄

# 目 錄

# 第一章 簡介

## 1-1 概論

　　交換式電源供應器(Switching Power Supply；簡稱 SPS)為荷蘭人羅乃第(Neti R.M. Rao)於 1970 年所發展研究出來。而早期一般都是使用傳統的線性式電源供應器(Linear Power Supply)。因此，由表 1-1 的交換式與線性式電源供應器之性能比較可得知，雖然線性式具有較小的漣波(ripple)，較高的可靠度(Reliability)，以及沒有惱人的電磁干擾(EMI)之產生。然而它卻具有如下的缺點：

1. 效率低。
2. 體積大且笨重。

至於目前所發展的 SPS，則具有以下許多的優點：

1. 體積小。
2. 重量輕。
3. 效率高。
4. 有較大的電壓輸入範圍。

　　目前在日趨複雜的電子、電腦系統裝置中，SPS 則扮演了一個舉足輕重的角色。除了應用在電腦的電源裝置上，亦可應用於監視器，數值工具機、儀器、音響、通信與飛彈系統等方面。而最近幾年來，由於功率半導體，控制電路與被動元件的快速研究發展，使得 SPS 目前正大量生產，不僅在可靠度上大大提高，而且價格上也漸漸下降。

　　雖然目前交換式電源供應器有前面所述的各種優點，不過卻有以下一些缺點：

1.　有較大漣波與雜訊。

2.　會有電磁干擾(EMI)產生。

　　這是因為電源供應器都是操作在高頻中(20kHz～200kHz)，而且電路是以導通(ON)與關閉(OFF)週期性方式工作，如此會使得目前轉換器的結構，在輸入端或輸出端產生大的脈動電流(Pulsating Currents)。而此脈動電流乃是漣波與雜訊，以及電磁干擾的主要來源；所以，在輸入端上與輸出端上會產生與交換頻率相同頻率漣波電流所感應的電壓與雜訊。

表 1-1　線性式與交換式電源供應器之性能比較

| 項目 | 線性式電源供應器 | 交換式電源供應器 |
|---|---|---|
| 效率 | 低(30%～50%) | 高(大於 60%) |
| 尺寸 | 大 | 小 |
| 重量 | 重 | 輕 |
| 電路 | 簡單 | 較複雜 |
| 穩定度 | 高 | 普通 |
| 漣波 | 小 | 大 |
| 暫態響應 | 快 | 普通 |
| 成本 | 低(100%)(40W～150W) | 普通(150%) |
| 電磁干擾 | 小 | 大 |
| 輸入電壓範圍 | 範圍較小，不可做直流輸入 | 範圍較大，可做直流輸入 |
| 用途 | 任何電源系統 | 任何電源系統 |
| 可靠度 | 可靠度較高，但會因溫度上升而降低 | 減低溫度影響將提高可靠度 |
| 裝配容易度 | 因變壓器很重，無法裝在印刷板上 | 零件輕巧，均可裝在印刷板上 |

# 第二章
# 基本交換式電源轉換器電路

　　一般而言，交換式電源轉換器都是屬於高頻之電子裝置，其工作頻率目前大部份皆處於 20kHz 至 200kHz 之間。在系統電路中，其功率開關，如電晶體或是金氧半場效電晶體(MOSFET)，會工作於飽和(Saturation)與截止(cut off)之特性區域中。而傳統的線性式電源供給器通常都是使用在線性區域工作的電晶體，用它來做變阻器，以調節不穩定的輸入電壓。

　　在這種型式的電路中，被動元件必須承受隨負載而改變的電流，一旦輸入電壓發生變化或是負載突然增加，則被動元件所消耗的功率也隨著變化或增加。因此，整個系統損失之功率也隨著提高，而效率則會隨著下降。

　　然而交換式電源轉換器並不是工作在線性區域中，所以，即使輸入電壓範圍變化甚廣，負載變化甚大，則仍可獲得極高之效率。至於整個交換式電源轉換器之系統架構，則如圖 2-1 所示。由此方塊圖則可得知，其組成包括：

1. 輸入整流與濾波電路。

2. 高頻直流轉換器(dc-dc converter)。

3. 輸出濾波網路。

4. 脈波寬度調變(PWM)控制電路。

　　另外，若考慮電磁干擾(EMI)，則可在電源輸入端加入線路濾波器(line filter)。而系統之操作原理說明如下：

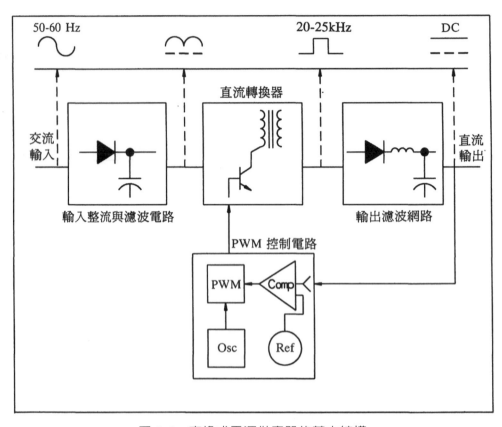

圖 2-1　交換式電源供應器的基本結構

　　在輸入整流與濾波電路中，我們將進來的交流(AC)電壓(110V/60Hz 或是
220V/50Hz)，輸入至此電路，則可獲致近似直流(DC)高電壓。再經由高頻直流轉
換器，將直流電壓切割成接近方波的高頻電壓信號，而它所切割之頻率以及脈波
寬度乃由控制電路與負載之大小來加以決定。至於此高頻之方波信號，則可再經
過一高頻變壓器降低至吾人所需的電壓準位，然後再經由輸出的整流濾波網路，
就可以獲得直流電壓輸出。而此直流電壓不管輸入電壓有無變化，或是輸出負載
有無變動，都必須使輸出保持在穩定之情況；也就是說要有很好之穩壓率
(regulation)。因此，吾人則可將此輸出迴授至 PWM 的邏輯控制電路，以控制脈波
寬度，達到穩定之電壓輸出。

　　而此 PWM 的工作方式就是由振盪電路提供 PWM 一個固定的頻率，此時比
較器則負責檢知輸出的直流電壓。所以，如果輸出電壓經由分壓網路後之電壓低
於參考電壓(reference voltage)時，也就是說此時輸出負載變重，則會使得 PWM 的

輸出方波變寬，即功率開關的工作週期(duty cycle)變長；如此則可補償輸出所下降之電壓，而將電壓恢復到原來之額定值，達到穩壓之目的。同理，如果負載變輕，則輸出的直流電壓經由分壓網路後之電壓會高於參考電壓，經由比較器檢知以後，會使得 PWM 輸出方波的工作週期變短，如此功率開關工作週期也變短了。因此，輸出之直流電壓就會降低至標準之額定值，故可達穩壓之效。而在此功率開關工作頻率並不會因為工作週期的改變而改變，換句話說，此電路的工作頻率永遠還是固定的。

　　另外，由於功率開關所切割出來的是高頻方波信號，因此，在陡峭的上升時間(rise time)與下降時間(fall time)部份，就會有一系列諧頻產生。而此諧頻若傳導回到 AC 交流線上，就會對其它儀器設備有所干擾。所以，必須在 AC 交流電源輸入端上加裝線路濾波器，以減少這些頻率的干擾到可接受的程度。

## 2-2　基本無隔離型高頻直流轉換器

　　在圖 2-2(a)所示就是一個最簡單的交換式電壓轉換器；$V_I$ 為輸入電壓，$R$ 為輸出負載，$S_1$ 為控制開關，所以，在此吾人祇要控制開關 $S_1$ 打開與關閉的次數(或是時間)，即可獲得一小於 $V_I$ 的輸出電壓。例如將 $S_I$ 開關以固定的 $f_s$ 頻率操作，也就是其週期為 $T_s = 1/f_s$，而開關關閉的導通時間為 $t_{on}$，打開之時間則為 $t_{off}$；所以

$$T_s = t_{on} + t_{off} \tag{2-1}$$

由 $t_{on}$ 或 $t_{off}$ 之時間控制，在負載端就可獲得一輸出電壓，其波形如圖 2-2(b)所示。由此圖形可得知

$$V_o = \frac{1}{T_s}\int_o^{T_s} V_o(t)dt = \frac{1}{T_s}\left(\int_o^{t_{on}} V_I dt + \int_{t_{on}}^{T_s} O \cdot dt\right) \tag{2-2}$$

$$\Rightarrow \therefore V_o = \frac{t_{on}}{T_s}V_I = DV_I \tag{2-3}$$

在此 $V_o$ 為其平均電壓，而 $D$ 則稱之為工作週期(duty cycle)。一般控制輸出電壓 $V_o$ 之方式，若是固定頻率 $f_s$(也就是固定週期 $T_s$)，而改變 $t_{on}$ 或 $t_{off}$ 之時間，則稱之為脈波寬度調變(pulse width modulation；PWM)。當然，除此之外亦有用改變頻率

的方式，來獲得吾人所需之電壓。在圖 2-2(a)中所獲得之輸出電壓乃為一脈動電壓，須加入－LC 低通濾波器方可得到平滑的直流輸出電壓。

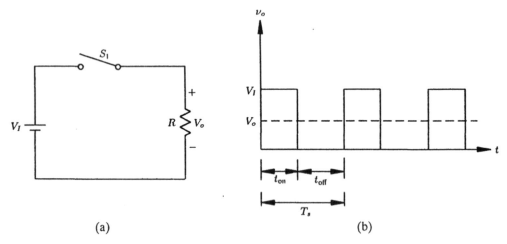

(a)　　　　　　　　　　　　　　　　　　(b)

圖 2-2　(a)最簡單的交換式電壓轉換器　(b)輸出端之電壓波形圖

目前一般基本的交換式電源轉換器，大部份都是由以下三種基本電路之結構演化而成，而這些都是屬於無隔離之型式；它們分別為：

1. 降壓(buck)型式。

2. 昇壓(boost)型式。

3. 昇降兩用(buck-boost)型式。

如圖 2-3 所示。而在圖中開關 S 之主要功能乃為控制能量之儲存與傳送之方向，其分別由電晶體(BJT)或是 MOSFET 或是 GTO 與交換二極體(或稱飛輪二極體)所組合而成。至於 L 則為電感(或稱為扼流圈)，其作用則在於傳送與儲存能量，以及濾除交流雜訊波(電流之部份)。另外一個零件 C 則為電容器，其主要之作用也在於傳送與儲存能量，以及濾除交流雜訊波(電壓之部份)。接著下來在以下各節中將分別探討這些轉換器之基本原理與穩態之操作分析。

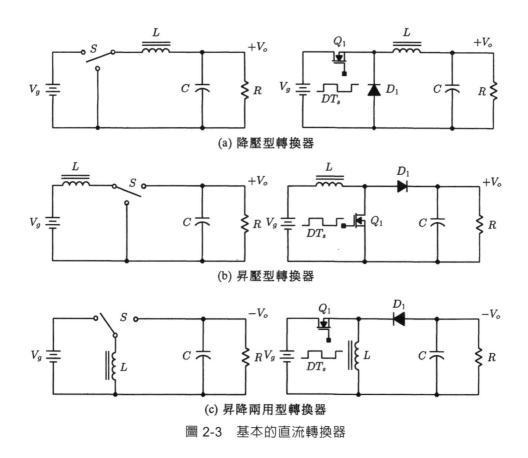

(a) 降壓型轉換器

(b) 昇壓型轉換器

(c) 昇降兩用型轉換器

圖 2-3　基本的直流轉換器

## 2-3　降壓型轉換器之基本原理與操作

　　首先來分析圖 2-3(a)降壓型直流轉換器之基本工作原理，在這個電路中開關 $S$ 可以由功率交換元件與二極體組合而成，也就是圖中的 $Q_1$ 與 $D_1$。當功率開關 $Q_1$ 在導通之狀態時，則由輸入電壓 $V_I$ 所產生的電源會提供至負載。此時電流就會順向地流經電感器 $L$，而使得電感 $L$ 上的電壓增加，也就是瞬間之壓降會在 $L$ 上。然而電流並非瞬間流過電感 $L$，而是呈線性增加，此時也建立一個電磁場，並且在負載上也會有帶極性輸出電壓產生。由於 MOSFET $Q_1$ 是在飽和情況，所以，此時在二極體 $D_1$ 陰極之電位大約會等於輸入電壓 $V_I$。因此，二極體 $D_1$ 之陰極乃為正電位，故會處於逆向偏壓狀態，而且輸出電容器 $C$ 會被充電。

　　若 MOSFET $Q_1$ 是在截止狀態時，在電感器 $L$ 所儲存的磁場會被釋放出來，而此時在電感器 $L$ 上的電壓極性會被反轉，如此使得二極體 $D_1$ 之陰極電位變成負的電壓，故 $D_1$ 乃為順向偏壓之狀態，也就是在導通之情況。所以，原來在電容器 $C$ 中所儲存之能量，就可經由二極體 $D_1$ 與電感 $L$ 釋放至負載上；而電感器 $L$ 上的電磁場則呈線性衰退,並將能量供應至負載,此時輸出電壓的極性仍是相同的。在這個電路中,若沒有二極體 $D_1$,則當功率開關 $Q_1$ 截止(OFF)時,儲存在電感器上之能量就沒有迴路可以釋放出來,如此瞬間 $di/dt$ 之作用,就會產生很大之電壓波尖(Voltage spike),而使得功率元件遭受破壞。

在轉換器中的 $LC$ 部份就是構成一低通濾波器,由於轉換器功率開關的交換動作,使得直流輸出電壓上面會疊加有吾人不希望的交流漣波(ripple)電壓;因此,經由此低通濾波器即可減小漣波電壓至吾人可接受之程度。而理論上電感器 $L$ 與負載電阻 $R$ 就是形成一低通濾波器,所以,電容器 $C$ 似乎就不是那麼重要了!祇不過此時若要達到輸出端較小之漣波電壓,電感之 $L$ 值就必須足夠大,如此則不合經濟效益且不切實際。因此,加入電容器 $C$ 至電路中,則可大大減少電感器之尺寸,更可有效達到濾波之作用;所以,在實際應用中並不會將此電容器省略掉。

緊接著在下面我們將詳細分析降壓型直流轉換器在穩態中之一些特性,首先,必須假設輸出濾波器的轉角頻率(corner frequency) $f_c \cong \dfrac{1}{2}\pi\sqrt{LC}$ 遠小於轉換器的交換頻率(switching frequency) $f_s$;這也就是說我們將輸出電壓上交換頻率之漣波電壓(switching frequency ripple voltage)視為非常小,於是在電感 $L$ 上的電流與電容器 $C$ 上之電壓即可視之為一恆定之常數。而其實對一低通濾波器而言,就是低頻信號能予以通過,高頻之信號則能快速衰減。此種假設對於將來利用狀態空間平均法(state-space averaging method)分析直流轉換器在低頻、小信號之線性模式亦為一關鍵因素。

降壓型轉換器其操作之情形主要是依電感 $L$ 上所儲存之磁通交連(fiux linkage $= [V_I - V_o]DT_s$)與復原之磁通交連($= V_o[1 - D]T_s$)之間的關係,來決定電感上之電流的導通模式。所以,一般可以區分為兩種操作模作:

1. 連續導通模式(Continuous-Conduction mode;CCM):
   在此模式下電感器上之電流為連續導通之情況,也就是說電感電流的最小值不降為零而保持連續,所以有時此種操作狀態也稱之為重負載模式(heavy load mode)。因此,

   $$[V_I - V_o]DT_s = V_o[1 - D]T_s$$

2. 不連續導通模式(discontinous-conduction mode；DCM)：

在此模式下電感器上之電流會有不通電流之情況，也就是說電感電流的最小值會降為零，而不是一連續情況，所以此種操作狀態有時也稱之為輕負載模式(light load mode)。因此，

$$[V_I - V_o]DT_s < V_o[1 - D]T_s$$

當然，在實際之應用上，吾人可以設計轉換器單獨工作在某一模式下，亦可分別擁有兩種模式來工作；不過對降壓型轉換器而言，一般都操作在連續導通模式方可獲得較好之輸出性能。

## 2-3.1　降壓型轉換器連續導通模式之穩態分析

由於轉換器是操作在連續導通模式(CCM)，所以，流經電感器之電流並不會降為零。因此，在每一個交換週期裡僅有兩個操作狀態，如圖 2-4 所示就是降壓型直流轉換器在 CCM 下操作之等效電路。因此

1. 第一個操作狀態為功率開關 $Q_1$ 在導通之期間。此時電感器之電流 $i_L$ 會從初始值(大於零)增加至最高值，使得原來 $Q_1$ 在截止期間提供至負載之能量得以補充之。所以，在導通時由圖 2-4(b)之等效電路可得知，電感上兩端之電壓為

$$V_L(t) = V_{L(ON)} = V_I - V_o \tag{2-4}$$

而流經電感器之電流則為($0 \leq t \leq DT_s$)

$$i_L(t) = i_L(o) + \frac{1}{L}\int_o^t V_L(t)dt = i_L(o) + \frac{1}{L}\int_o^t V_{L(ON)}dt$$

$$= i_L(o) + \frac{1}{L}V_{L(ON)}t = i_L(o) + \frac{1}{L}(V_I - V_o)t \tag{2-5}$$

在 $t = t_{ON} = DT_s$ 時，由(2-5)式可得知

$$i_L(DT_s) = i_L(o) + \frac{1}{L}(V_I - V_o)DT_s \tag{2-6}$$

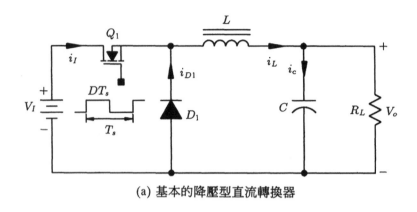

(a) 基本的降壓型直流轉換器

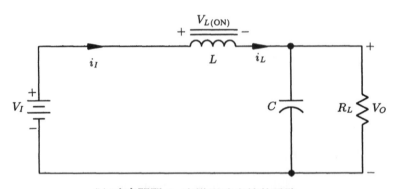

(b) 功率開關 $Q_1$ 在導通時之等效電路

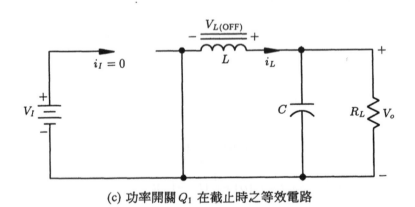

(c) 功率開關 $Q_1$ 在截止時之等效電路

圖 2-4　降壓型直流轉換器在連續導通模式下操作

2. 第二個操作狀態爲功率開關 $Q_1$ 在截止之期間。此時電感上電壓極性反轉，二極體 $D_1$ 導通，電感上之能量則提供至負載端，而其電流則慢慢衰減至初始值(而非零值)。所以，在截止時由圖 2-4(c)之等效電路可得知，電感上兩端之電壓爲

$$V_L(t) = -V_{L(\text{OFF})} = -V_o \tag{2-7}$$

此時流經電感器之電流則為$(DT_s \leq t \leq T_s)$

$$i_L(t) = i_L(DT_s) + \frac{1}{L}\int_{DT_s}^{t} V_L(t)dt = i_L(DT_s) + \frac{1}{L}\int_{DT_s}^{t}(-V_{L(\text{OFF})})dt$$

$$= i_L(DT_s) + \frac{1}{L}(-V_{L(\text{OFF})})(t - DT_s) = i_L(DT_s) + \frac{1}{L}(-V_o)(t - DT_s) \qquad (2\text{-}8)$$

所以，在 $t = T_s$ 時，由(2-8)式可得知

$$i_L(T_s) = i_L(DT_s) + \frac{1}{L}(-V_o)(1 - D)T_s \qquad (2\text{-}9)$$

而轉換器在穩態時，$i_L(T_s) = i_L(o)$，所以由(2-6)式與(2-9)式可得出

$$i_L(T_s) = i_L(o) + \frac{1}{L}(V_i - V_o)DT_s + \frac{1}{L}(-V_o)(1 - d)T_s$$

因此

$$(V_I - V_o)DT_s = V_o(1 - D)T_s \qquad (2\text{-}10)$$

或是

$$V_{L(\text{ON})}DT_s = V_{L(\text{OFF})}(1 - D)T_s \qquad (2\text{-}11)$$

事實上這就是在導通與截止期間，電感器達到伏特一秒之平衡(Volt-second balance)。所以可得出輸入與輸出之間的關係為

$$\frac{V_o}{V_I} = D = \frac{t_{\text{ON}}}{T_s} \qquad (2\text{-}12)$$

　　由上面(2-12)之方程式吾人即可得知，輸入電壓 $V_I$ 與工作週期 $D$ 成反比。當輸入電壓有所變動時，此時即可改變工作週期來加以補償，如此可使得輸出電壓保持恆定之值。也就是說若輸入電壓增加，則將工作週期減少；若輸入電壓下降，則將工作週期增加。而在方程式中亦可得知輸出電壓 $V_o$ 與工作週期 $D$ 成正比，因此，在輸出端如果負載變重，使得輸出電壓下降時，則迴授控制電路可檢知其電壓降，並自動增加其工作週期，也就是導通時間，如此可使得輸出電壓回復至恆定之值。同樣的，若是在輕載情況其動作方式剛好相反。所以，此種過程並不需要增加轉換器內部功率之消耗，這就是為什麼交換式電源轉換器能夠操作在極高效率之原因。

當然，若要推導(2-12)之關係式，吾人亦可利用克希荷夫電壓定律(Kirchhoff's Voltage law；KVL)來獲得此結果。簡略說明如下：

1. 考慮圖 2-4(b)之情況，此時 $Q_1$ 在導通狀能，而且

$$V_c = V_o ； i_{D1} = 0$$

則可得出

$$V_I = V_L + V_C = L\frac{di_L}{dt} + V_o$$

因此

$$\frac{di_L}{dt} = \frac{V_I - V_o}{L} \tag{2-13}$$

所以，在 $t_{ON}$ 的導通期間，其電流之變化量 $\Delta I_L^+$ 泣，則為

$$\Delta I_L^+ = \frac{(V_I - V_o)}{L}t_{ON} \tag{2-14}$$

2. 考慮圖 2-4(c)之情況，此時 $Q_1$ 在截止狀態，而且

$$V_C = V_o ； i_L = iD_1 = I_{peak}$$

則可得出

$$V_C + V_L = 0$$

$$V_o + L\frac{di_L}{dt} = 0$$

因此

$$\frac{di_L}{dt} = -\frac{V_o}{L} \tag{2-15}$$

在上面方程式中，負的符號則說明了此時電流會下降；所以，在 $t_{OFF}$ 的截止期間，其電流之變化量 $\Delta I_L^-$ 則為

$$\Delta I_L^- = \frac{V_o}{L}t_{OFF} \tag{2-16}$$

由於假設流經電感器之電流是一種連續之形式，則在正常情況之下此電流之變化量應該相等。所以

$$\frac{(V_I - V_o)}{L} t_{ON} = \frac{V_o}{L} t_{OFF} \tag{2-17}$$

因為 $t_{ON} = DT_s$，$t_{OFF} = (1 - D)T_s$，由(2-17)式則可得知

$$(V_I - V_o)t_{ON} = V_o \, t_{OFF} \Rightarrow (V_I - V_o)DT_s = V_o(1 - D)T_s$$

事實上，上面之式子就是前面所推導之(2-10)式，其義即為電感器達到伏特一秒之平衡；也就是說根據法拉第定理，在整個週期裏跨於電感器兩端之電壓平均值應為零。將上式整理後，即可同樣得到(2-12)式。若考慮轉換器之輸入電壓範圍為 $V_{I_{min}}$ 至 $V_{I_{max}}$，則

$$\frac{V_o}{V_{I_{min}}} = D_{max} \tag{2-18}$$

且

$$\frac{V_o}{V_{I_{min}}} = D_{min} \tag{2-19}$$

若假設在轉換器電路中，功率的轉換沒有任何損失，則

$$P_I = P_o$$

因此

$$V_I I_I = V_o I_o$$

所以

$$\frac{I_o}{I_I} = \frac{V_I}{V_o} = \frac{1}{D} \tag{2-20}$$

在圖 2-5 與圖 2-6 所示乃為降壓型直流轉換器操作在連續導通模式下之電壓與電流波形，由此波形圖更可幫助我們瞭解其操作情況。事實上，在圖中所示的波形都是一理想情況，並沒有考慮 $Q_1$ 功率開關以及 $D_1$ 二極體導通時之壓降；另外，電容器之等效串聯電阻(equivalent series resistance：ESR)亦會造成壓降，當然此壓降之大小就是影響輸出電壓漣波之大小。

　　由於降壓型轉換器功率開關 $Q_1$ 是置於電路輸入端中，因此，當其工作在 ON/OFF 狀態之間，故流經輸入端之電流產生不連續形式，而為脈動電流(pulsating current)。此脈動電流乃是造成高電壓漣波的主要原因，甚至於會導致嚴重的傳導與輻射之電磁干擾(EMI)問題。此波形如圖 2-6(a)所示。

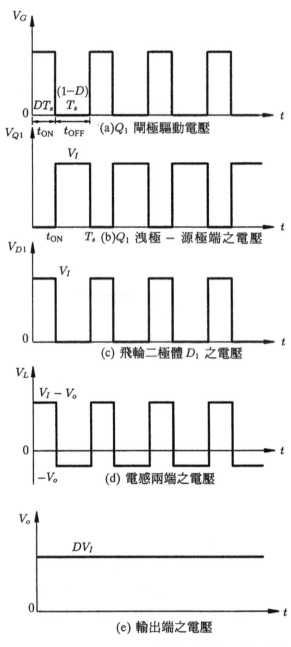

圖 2-5 降壓型轉換器操作在連續導通模式下之電壓波形

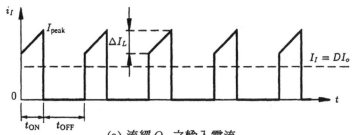

(a) 流經 $Q_1$ 之輸入電流

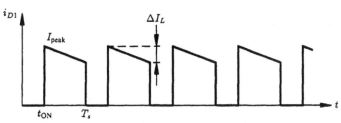

(b) 流經二極體 $D_1$ 之電流

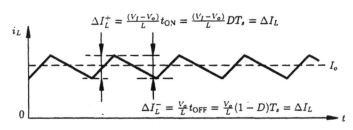

(c) 流經電感 $L$ 之電流

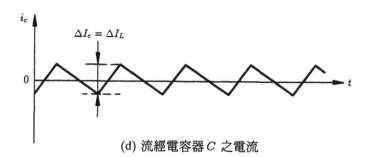

(d) 流經電容器 $C$ 之電流

圖 2-6　降壓型轉換器操作在連續導通模式下之電流波形

【例題 2-1】

假設一降壓型轉換器，其輸入／輸出規格如下：

$V_I$ = 9V～18V

$V_o$ = 5V

$I_o$ = 0.4A～2A

$f_s$ = 20 kHz

若操作在連續導通模式下，且功率轉換器沒有任何損失，試求其工作週期與輸入電流之變化範圍。

解 由於輸入電壓之變化範圍從 9V 至 18V，所以

$$D_{min} = \frac{V_o}{V_{I_{max}}} = \frac{5}{18} = 0.28$$

且

$$D_{min} = \frac{V_o}{V_{I_{max}}} = \frac{5}{9} = 0.56$$

因此，工作週期之變化從 0.28 至 0.56，也就是其導通時間 $t_{ON}$ 分別為

$$t_{ON_{min}} = D_{min}T_s = 0.28 \times \frac{1}{20 \times 10^3} = 14\,\mu\sec$$

且

$$t_{ON_{max}} = D_{max}T_s = 0.56 \times \frac{1}{20 \times 10^3} = 28\,\mu\sec$$

相對的，其截止時間 $t_{OFF}$ 則分別為

$$t_{OFF_{max}} = (1 - D_{min})T_s = 0.72 \times \frac{1}{20 \times 10^3} = 36\,\mu\sec$$

且

$$t_{OFF_{min}} = D_{max}T_s = 0.44 \times \frac{1}{20 \times 10^3} = 22\,\mu\sec$$

至於輸出電流之變化範圍從 0.4A 至 2A，則

$$I_{I_{min}} = D_{min}I_{o_{min}} = 0.28 \times 0.24 = 0.112A$$

且

$$I_{I_{max}} = D_{max}I_{o_{max}} = 0.56 \times 2 = 1.12A$$

## 2-3.2 降壓型轉換器 CCM/DCM 之邊界條件

在降壓型轉換器中，連續導通模式與不連續導通模式(CCM/DCM)之邊界情況，就是當功率開關 OFF 期間結束時，流經電感器之電流剛好為零。在圖 2-7(a)所示為 CCM 情況電感器之電壓與電流波形，圖 2-7(b)所示則為 CCM/DCM 之邊界情況，而圖 2-7(c)所示則為 DCM。

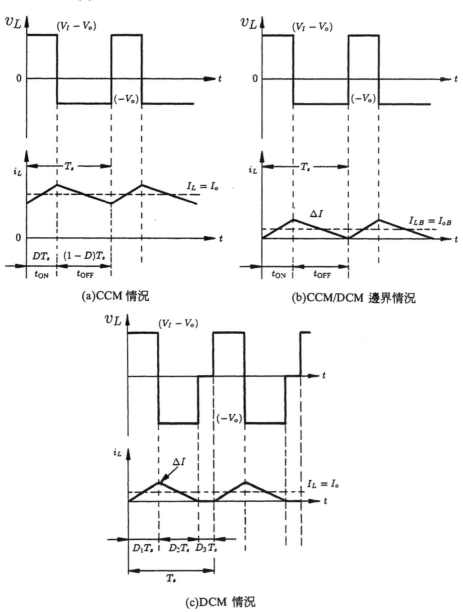

(a)CCM 情況

(b)CCM/DCM 邊界情況

(c)DCM 情況

圖 2-7 降壓型轉換器之電感器電壓與電流波形

至於在 CCM/DCM 之邊界情況，則其電感器之平均電流可以表示為

$$I_{LB} = I_{OB} = \frac{1}{2}\Delta I \tag{2-21}$$

由於

$$\Delta I = \frac{(V_I - V_o)}{L}t_{\text{ON}} = \frac{V_o}{L}t_{\text{OFF}} \tag{2-22}$$

所以，將(2-22)式代入(2-21)式可以得到

$$I_{LB} = I_{OB} = \frac{(V_I - V_o)}{2L}t_{\text{ON}} = \frac{(V_I - V_o)}{2L}DT_s = \frac{V_o}{2L}t_{\text{OFF}}$$

$$= \frac{V_o}{2L}(1-D)T_s = \frac{V_I D}{2L}(1-D)T_s \tag{2-23}$$

因此，若要在 CCM 之情況下操作，使得電感器之電流不會降為零，則其條件就是

$$I_o > I_{LB} = I_{oB} = \frac{V_I D}{2L}(1-D)T_s \tag{2-24}$$

或是其電感值必須大於臨界之電感值 $L_B$，也就是

$$L > L_B = \frac{V_o}{2I_{oB}}(1-D)T_s = \frac{V_o}{2(P_{o,\text{min}}/V_o)}\left(1 - \frac{V_o}{V_{I,\text{max}}}\right)T_s = \frac{V_o^2 T_s}{2P_{o,\text{min}}}\left(1 - \frac{V_o}{V_{I,\text{max}}}\right) \tag{2-25}$$

或是其負載之大小必須小於臨界之負載 $R_{LB}$，也就是

$$R_L < R_{LB} = \frac{V_o}{I_{oB}} = \frac{2L}{(1-D)T_S} \tag{2-26}$$

或是其週期必須小於臨界之週期 $T_{SB}$，也就是

$$T_S < T_{SB} = \frac{2L}{R_L(1-D)} \tag{2-27}$$

注意在邊界情況中，以上各式之工作週期 $D$ 是指最小之工作週期 $D_{\text{min}}$。

【例題 2-2】

假設一降壓型轉換器，其規格為：

輸入電壓：$V_I$ = 17V～34V

輸出電壓：$V_o$ = 5V

輸出電流：$I_o$ = 0.2A～1A

工作頻率：$f_s$ = 40 kHz

從最小負載($I_o$ = 0.2A)至最大負載($I_o$ = 1A)，都要操作在 CCM 之情況，試求所需之電感值 $L$。

**解** 由(2-25)式可以得知

$$L > \frac{V_o^2 T_s}{2P_{o,\min}}\left(1 - \frac{V_o}{V_{I,\max}}\right) = \frac{V_o^2 T_s}{2(V_o \times I_{o,\min})}\left(1 - \frac{V_o}{V_{I,\max}}\right) = \frac{(5)^2(1/40 \times 10^3)}{2 \times (5 \times 0.2)}\left(1 - \frac{5}{34}\right) = 0.27\text{mH}$$

所以，在此電感值可以取 0.3 mH，以達到操作在 CCM 之情況。

## 2-3.3　降壓型轉換器不連續導通模式之穩態分析

在降壓型轉換器中，若電感器之 $L$ 值小於臨界之電感值 $L_B$，則其操作狀態就變成為不連續導通模式(DCM)。此時轉換器電路在一週期中就有三種操作情況，第一個操作狀態是在功率開關 $Q_1$ 導通，飛輪二極體 $D_1$ 截止之期間，其時間為 $D_1 T_s$，如圖 2-8(a)所示；第二個操作狀態是在功率開關 $Q_1$ 截止，飛輪二極體 $D_1$ 導通之期間，此時電感器電流剛好降為零，此段時間為 $D_2 T_s$，如圖 2-8(b)所示；第三個操作狀態是 $Q_1$ 與 $D_1$ 都在截止期間，此時電感器上沒有任何電流流過，此段時間為 $D_3 T_s$，如圖 2-8(c)所示。同樣的，由圖 2-7(c)DCM 情況電感器之電壓與電流波形圖，吾人即可得知

$$D_1 + D_2 < 1 \tag{2-28}$$

且

$$D_1 + D_2 + D_3 = 1 \tag{2-29}$$

而由法拉第定理，在整個週期裡跨於電感器兩端之電壓平均值應爲零，也就是電感器會達到伏特一秒之平衡，所以

$$(V_I - V_o)D_1T_s = V_o D_2 T_s \tag{2-30}$$

因此，由(2-30)式，即可得出輸入與輸出之間的關係爲

$$\frac{V_o}{V_I} = \frac{D_1}{D_1 + D_2} \tag{2-31}$$

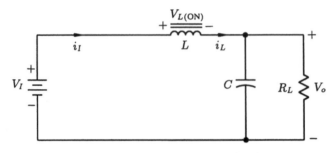

(a)$Q_1$ 導通，$D_1$ 截止時之等效電路

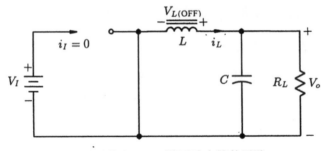

(B)$Q_1$ 截止，$D_1$ 導通時之等效電路

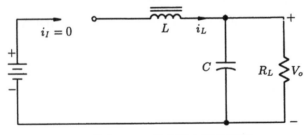

(c)$Q_1$ 截止，$D_1$ 截止時之等效電路

圖 2-8　降壓型直流轉換器在不連續導通模式下操作

事實上，若在 CCM 情況，則 $D_1 + D_2 = 1$，而(2-31)式就會與(2-12)式之結果相同。
由於

$$\Delta I = \frac{(V_I - V_o)D_1 T_s}{L} = \frac{V_o D_2 T_s}{L} \tag{2-32}$$

且

$$I_L = I_o = \frac{V_o}{R_L} \tag{2-33}$$

由圖 2-7(c)之電感器電流波形可得知

$$I_L = I_o = \frac{1}{2} \cdot \Delta I \cdot (D_1 + D_2) \tag{2-34}$$

所以，將(2-32)與(2-33)式代入(2-34)式可得到

$$\frac{V_o}{R_L} = \frac{1}{2} \cdot \frac{V_o D_2 T_s}{L} \cdot (D_1 + D_2)$$

$$\Rightarrow R_L = \frac{2L}{D_2(D_1 + D_2)T_s}$$

$$\Rightarrow D_2^2 + D_1 D_2 - \frac{2L}{R_L T_s} = 0$$

解上面之式子，則可得出 $D_1$ 與 $D_2$ 之間的關係爲

$$D_2 = \frac{-D_1 + \sqrt{D_1^2 + (8L / R_L T_s)}}{2} \tag{2-35}$$

另外，由(2-32)式與(2-34)式亦可得出所須之電感值 $L$ 爲

$$L = \frac{D_2(D_1 + D_2)V_o T_s}{2I_o} \tag{2-36}$$

因此，由(2-35)式則可看出在 DCM 情況，$D_1$ 與 $D_2$ 之變化會與負載之大小有關，
也就是說會受到負載之影響，而 CCM 之情況，則影響不大。同樣的，由此式亦
可得知，當電感值 $L$ 大於臨界電感值 $L_B$，或是週期 $T_s$ 小於臨界過期 $T_{SB}$，則轉換
器會進入 CCM 之操作狀態。至於電路上各點之電壓與電流波形，則如圖 2-9 與圖
2-10 所示。

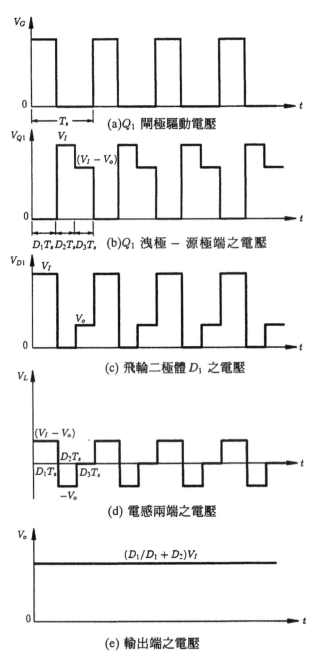

(a)$Q_1$ 閘極驅動電壓

(b)$Q_1$ 洩極 − 源極端之電壓

(c) 飛輪二極體 $D_1$ 之電壓

(d) 電感兩端之電壓

(e) 輸出端之電壓

圖 2-9　降壓型轉換器操作在不連續導通模式下之電壓波形

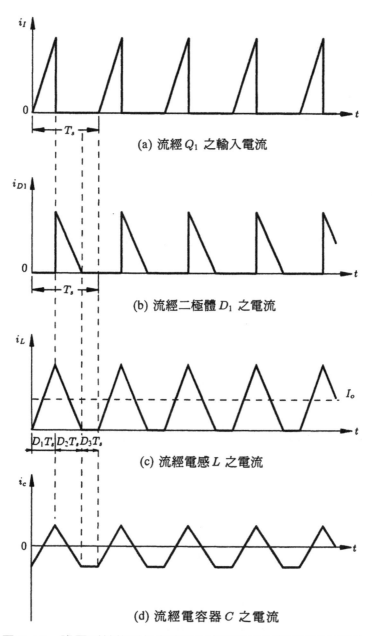

(a) 流經 $Q_1$ 之輸入電流

(b) 流經二極體 $D_1$ 之電流

(c) 流經電感 $L$ 之電流

(d) 流經電容器 $C$ 之電流

圖 2-10　降壓型轉換器操作在不連續導通模式下之電流波形

【例題 2-3】

假設一降壓型轉換器，其規格為：

輸入電壓：$V_I$ = 35V～70V

輸出電壓：$V_o$ = 12V

輸出電流：$I_o$ = 0.8A～4A

工作頻率：$f_s$ = 50 kHz

若從最小負載($I_o$ = 0.8A)至最大負載($I_o$ = 4A)，都要操作在 DCM 之情況，試求所需之電感值 L，流經功率開關 $Q_1$ 之峰值電流$\Delta I$，以及 $D_1$，$D_2$，$D_3$ 之值。

**解** $T_s = \dfrac{1}{f_s} = \dfrac{1}{50 \times 20^3} = 20\mu\sec$

若對 DCM 之操作情況而言，此時其工作週期之變化範圍為

$D_H = \dfrac{12}{35} = 0.343$

因此，若要設計在 DCM 之情況，則 $D_1$ 之工作週期不可大於 0.343；此時其邊界情況(也就是在 $D_3$ = 0 時)，$D_1$ 工作週期之最大值則為 0.343，而 $D_2$ 工作週期之最大值則為 0.657。所以，由(2-34)式可得出在邊界情況峰值電流$\Delta I$ 為

$\Delta I = \dfrac{2I_o}{D_1 + D_2} = \dfrac{2 \times 4}{0.343 + 0.657} = 8A$

接著，我們由(2-32)式可以計算出邊界之電感值為

$L = \dfrac{(V_I - V_o)D_1 T_s}{\Delta I} = \dfrac{(35-12) \times 0.343 \times 20 \times 10^{-6}}{8} = 19.723\mu H$

因此，祇要 L 小於此值就可工作在 DCM 狀態。

假設，我們實際在設計此電路時，將 $D_1$ 之最大工作週期設定在 0.3($V_I$ = 35V，$I_o$ = 4A 情況下)，則由(2-31)式則可計算出 $D_2$ 為

$\dfrac{V_o}{V_I} = \dfrac{D_1}{D_1 + D_2} \Rightarrow \dfrac{12}{35} = \dfrac{0.3}{0.3 + D_2} \Rightarrow D_2 = 0.575$

由於 $D_1 + D_2 + D_3 = 1$ 　$\therefore D_3 = 1 - 0.3 - 0.575 = 0.125$

而峰值電流$\Delta I$ 則為

$\Delta I = \dfrac{2 \times 4}{0.3 + 0.575} = 9.143A$

所須之電感值 L 則為

$L = \dfrac{(35-12) \times 0.3 \times 20 \times 10^{-6}}{9.143} = 15.1\mu H$

　　由先前之分析，我們基本上已經對 DCM/CCM 之操作有所認識了；接著下來再進一步由圖表來分析降壓型轉換器操作在這兩種模式下之相互關係。首先，由(2-23)式可以得知

$$L_B = \frac{V_o}{2I_o}(1-D)T_s = \frac{R_L}{2}(1-D)T_s \tag{2-37}$$

所以

$$\tau_{LB} = \frac{L_B}{R_L T_s} = \frac{1-D}{2} \tag{2-38}$$

由(2-38)式，則可得出如圖 2-11 所示 $\tau_{LB}$ 對 $D$ 之關係圖。此圖則說明了當 $\tau_L(L/R_L T_s)$ 大於 $\tau_{LB}$ 時，系統則進入 CCM 操作，反之，則為 DCM 情況。當然在一個轉換器的電路中，負載 $R_L$ 與輸入電壓 $V_I$ 都會隨著情況而有所變化，此時操作模式亦有可能產生變化，也就是說在轉換器之規格範圍中，可能會分別操作在 DCM 與 CCM。一般輕載時為 DCM 而重載時為 CCM；至於在何種負載下為 DCM 可由設計者自行設計之，當然亦可在整個範圍內設計為 DCM 或是 CCM。若對 CCM 而言，我們由(2-12)式即可得知輸出電壓 $V_o$ 之變化，並不會受到電感 $L$，電容 $C$ 與負載 $R_L$ 之變化影響。所以，對一個理想之降壓型轉換器而言，若從負載之觀點來瞧的話，此時轉換器就相當於是一個會自行達到穩壓調整之電路。當然，在實際電路中由於電感與電容都會有串聯電阻存在，也不一定會有如此好的特性存在。反之，若對 DCM 而言，則由(2-31)式與(2-35)式，即可得出

$$\frac{V_o}{V_I} = \frac{2D_1}{D_1 + \sqrt{D_1^2 + (8L / R_L T_s)}} \tag{2-39}$$

所以，由(2-39)式之關係可以看出輸出電壓之變化會與電感 $L$ 與負載 $R_L$ 有絕對之關係。這就是為什麼在降壓型轉換器中，若輸出功率較大或是在多重輸出之情況，則將其設計在 CCM 模式，而非 DCM 模式。有時在非常輕的負載情況下，若電路還要保持在 CCM，則電感 $L$ 就會過大，此時就可以額外加入一扼流圈，一般則稱之為 Swinging Choke。此種扼流圈為電流之函數，當流經線圈之電流大時，電感值變小，而當電流變小時，則電感值變大。另外，由(2-23)式亦可得知當 $V_I$，$T_s$

與 $L$ 保不變時，則可得出如圖 2-12 之結果；而在工作週期 $D = 0.5$ 時，其邊界之最大電感電流為

$$I_{LB,\max} = \frac{T_s V_I}{8L} \tag{2-40}$$

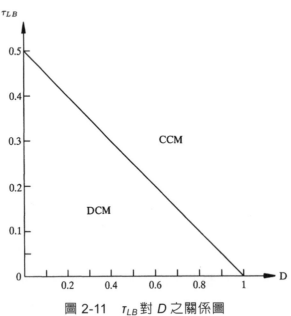

圖 2-11　$\tau_{LB}$ 對 $D$ 之關係圖

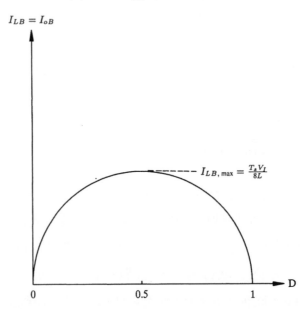

圖 2-12　當 $V_I$ 保持不變時，$L_{LB}$ 對 $D$ 之關係圖

將此式代入(2-23)式，則可得出 $I_{LB}$ 與 $I_{LB,\max}$ 之關係爲

$$I_{LB} = 4I_{LB,\max}D(1-D) \tag{2-41}$$

我們由(2-34)式可知，當操作在 DCM 時，其流經電感器上之電流可表示爲
[分別將(2-32)式與(2-31)式代入]

$$I_L = I_o = \frac{1}{2}(D_1 + D_2)\Delta I = \frac{V_o T_s}{2L}D_2(D_1 + D_2) = \frac{V_I D_1 T_s D_2}{2L} \tag{2-42}$$

將(2-40)式代入，則可得出

$$I_L = I_o = 4I_{LB,\max}D_1 D_2 \tag{2-43}$$

所以

$$D_2 = \frac{I_o}{4I_{LB,\max}D_1} \tag{2-44}$$

將上式代入(2-31)式則可獲得

$$\frac{V_O}{V_I} = \frac{D_1^2}{D_1^2 + \frac{1}{4}\left(\dfrac{I_o}{I_{LB,\max}}\right)} \tag{2-45}$$

因此，由(2-45)式則可畫出在不同 $D_1$ 工作週期下，$V_o/V_I$ 對 $I_o/I_{LB.\max}$ 之關係圖，如圖 2-13 所示。圖中虛線所示則由(2-41)式之邊界條件得出。

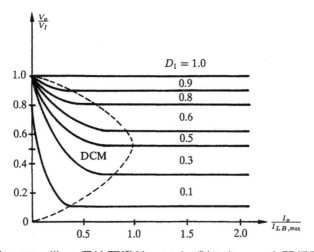

圖 2-13　當 $V_I$ 保持不變時，$V_o/V_I$ 對 $I_o/I_{LB.\max}$ 之關係圖

事實上，對交換式電源轉換器而言，輸入電壓是會變動的，而對輸出來說工作週期之變化，並不會影響其值，且保持為一常數。所以，在(2-23)式中

$$L_{LB} = I_{oB} = \frac{V_o T_S}{2L}(1-D) \tag{2-46}$$

當工作週期 $D$ 為零時，其 $I_{LB}$ 為最大，故其值為

$$I_{LB,\max} = \frac{V_o T_s}{2L} \tag{2-47}$$

因此，由(2-46)式與(2-47)式可得出

$$I_{LB} = I_{LB,\max}(1-D) \tag{2-48}$$

接著將(2-47)式代入(2-42)式，則

$$I_o = I_{LB.\max}(D_1 + D_2)D_2 \tag{2-49}$$

而由(2-31)式，則可得出

$$D_2 = \frac{\left(1 - \dfrac{V_o}{V_I}\right)D_1}{\dfrac{V_o}{V_I}} \tag{2-50}$$

將上式代入(2-49)式，則

$$D_1 = \frac{V_o}{V_I}\left[\frac{I_o / I_{LB,\max}}{1 - \dfrac{V_o}{V_I}}\right]^{\frac{1}{2}} \tag{2-51}$$

因此，由上式可得知在不同 $V_I/V_o$ 之情況下，我們則可得出 $D_1$ 對 $I_o/I_{LB.\max}$ 之關係圖，如圖 2-14 所示。圖中虛線所示之邊界則由(2-48)式得出。

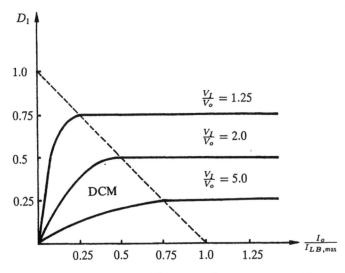

圖 2-14 當 $V_o$ 保持不變時，$D_1$ 對 $I_o/I_{LB.max}$ 之關係圖

## 2-3.4 輸出電壓漣波與零件之選擇

在前面的分析中，我們原先都是假設輸出電容器非常大，所以輸出電壓可以視爲一純直流電壓；但是，實際上則含有漣波(ripple)電壓之成分，如圖 2-15 所示，此波形圖爲 CCM 之情況。所以，峰對峰的電壓漣波 $\Delta V_o$ 則可寫成

$$\Delta V_o = \frac{\Delta Q}{C} = \frac{1}{C} \cdot \frac{1}{2} \cdot \frac{\Delta I_L}{2} \cdot \frac{T_s}{2} = \frac{\Delta I_L T_s}{8C} \tag{2-52}$$

由於

$$\Delta I_L = \frac{V_o T_s}{L}(1-D) \tag{2-53}$$

所以，將上式代入(2-52)式，則可得出電壓漣波爲

$$\Delta V_o = \frac{T_s^2 V_o}{8CL}(1-D) \tag{2-54}$$

若將 $f_s = \frac{1}{T_s}$ 與 $f_c = \frac{1}{2\pi\sqrt{LC}}$ 代入(2-53)式，則可表示爲

$$\Delta V_o = \frac{\pi^2 V_o}{2}(1-D)\left(\frac{f_c}{f_s}\right)^2 \tag{2-55}$$

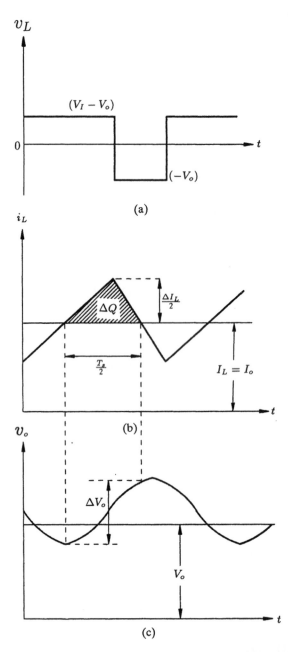

圖 2-15　降壓型轉換器操作在 CCM 情況下之輸出電壓漣波

所以，由(2-54)式可以得知，若要使得討厭的電壓漣波減少，則須在設計上將低通濾波器之轉折頻率 $f_c$ 之值遠小於轉換器之操作頻率 $f_s$，也就是說 $L$，$C$ 值愈大，其電壓漣波愈小。而由(2-54)式亦可看出，電壓漣波與輸出負載功率在 CCM 情況下並沒有什麼關係，不會受其影響。至於電壓漣波之百分比，亦可表示如下：

$$\frac{\Delta V_o}{V_o} = \frac{\pi^2}{2}(1-D)\left(\frac{f_c}{f_s}\right)^2 \times 100\% \tag{2-56}$$

在轉換器實際電路中，若要設計 $L$ 與 $C$ 值，則可由(2-53)式與(2-54)式來得之，此時我們在設計上就須先假設系統上所能容忍之電流漣波與電壓漣波規格即可；重新將以上兩式表示如下：

$$L = \frac{V_o T_s}{\Delta I_L}(1-D) \tag{2-57}$$

$$C = \frac{T_s^2 V_o}{8L\Delta V_o}(1-D) \tag{2-58}$$

從(2-57)式設計出電感值以後，事實上還須選擇出適當之鐵心(Core)，以及設計出達到所須電感值之圈數，在此則不予以討論，而另章詳述之。至於電容器除了選擇出由(2-58)式所設計之電容值外，還須考慮到電容器之等效串聯電阻值(equivalent series resistance；ESR)；一般可以由下式決定之

$$ESR_{max} \leq \frac{\Delta V_{o,max}}{\Delta I_L} \tag{2-59}$$

由於此值對輸出之電壓漣波影響很大，所以，在選擇上當然是愈小愈好。不過 ESR 並不是沒有好處，在敘述控制部份時再予以討論。另外，在選擇電容器時，還有一個重要的考慮參數就是漣波電流(ripple current)，由圖 2-6(d)之波形，則可計算得知其有效之漣波電流為

$$I_{C(rms)} = \frac{1}{2\sqrt{3}L}(V_I - V_o)T_{ON} = \frac{\Delta I_L}{2\sqrt{3}} \tag{2-60}$$

所以，在選擇電容器時，其漣波電流之規格必須大於 $I_{c(rms)}$ 之值方可。

　　而功率開關之選擇則須考慮其所能承受之電壓(集極—射極，或洩極—源極)，以及電流之額定值。由圖 2-5(b)可以得知功率開關關閉時，其電壓最大為

$$V_{Q1(OFF)} = V_I \tag{2-61}$$

而電流由圖 2-6(a)則可得知為

$$I_{Q1(ON)} = I_{peak} = I_o + \frac{\Delta I_L}{2} \tag{2-62}$$

至於其平均電流則為 $I_{Q1(avg)} = DI_o$。

所以，在選擇時功率開關之特性規格至少要大於(2-61)式與(2-62)式；當然若考慮波尖(spike)之發生，則可以多加考慮 1.5 倍至 2 倍左右的規格比較安全些。

　　另外，飛輪二極體 $D_1$ 在特性規格之選擇上，就須考慮其順向電流與逆向電壓；首先，由圖 2-5(c)可得知其所須承受之最大電壓為

$$V_{D1(OFF)} = V_I \tag{2-63}$$

而最大電流則由圖 2-6(b)可得知為

$$I_{D1(ON)} = I_{peak} = I_o + \frac{\Delta I_L}{2} \tag{2-64}$$

在此

$$\Delta I_L = \frac{(V_I - V_o)}{L} DT_s = \frac{V_o}{L}(1-D)T_s \tag{2-65}$$

至於其平均電流則為

$$I_{D1(ON)} = I_{avg} = I_o - I_I = I_o - DI_o = (1 - D)I_o \tag{2-66}$$

## 【例題 2-4】

假設一降壓型轉換器，其電氣規格為：

輸入電壓：$V_I$ = 35V～70V

輸出電壓：$V_o$ = 5V

輸出電流：$I_o$ = 1A～5A

工作頻率：$f_s$ = 25 kHz

漣波電流：$\Delta I_L < 2I_{O,min}$ = 2A

漣波電壓：$\Delta V_o$ < 50 mV

若要使其操作在 CCM 情況，試設計滿足以上條件所須之電感值與電容值。

**解** $T_s = \dfrac{1}{f_s} = \dfrac{1}{25 \times 10^3} = 40\mu\sec$

$D_H = \dfrac{5}{35} = 0.143$ 且 $D_L = \dfrac{5}{70} = 0.071$

$L = \dfrac{V_o T_s}{\Delta I_L}(1 - D_L) = \dfrac{5 \times 40 \times 10^{-6}}{2}(1 - 0.071) = 0.0929 \,\text{mH}$

為了確保轉換器能夠工作在 CCM，所以，$L$ 值可以選定比設計值稍大之值即可，在此選定 $L$ 值為 0.15 mH。至於電容值則為

$C = \dfrac{T_s^2 V_o}{8L\Delta V_o}(1 - D_L) = \dfrac{(40 \times 10^{-6})^2 \times 5}{8 \times 0.15 \times 10^{-3} \times 50 \times 10^{-3}}(1 - 0.071) = 123.87\mu\text{F}$

所以，電容值可以選擇 150μF/10V 或 220μ/10V 較常用之電容。而其 ESR 與漣波電流則分別為

$\text{ESR}_{\max} \leq \dfrac{\Delta V_o}{\Delta I_L} = \dfrac{50 \times 10^{-3}}{2} = 25\text{m}\Omega$

$I_{C(\text{rms})} = \dfrac{\Delta I_L}{2\sqrt{3}} = \dfrac{2}{2\sqrt{3}} = \dfrac{1}{\sqrt{3}} = 0.57\text{A}$

## 【例題 2-5】

若依例題 2-4 之電氣規格，則在選擇上功率開關 $Q_1$ 與飛輪二極體 $D_1$，應如何決定之？

**解** 若要選擇 $Q_1$ 則可由(2-61)式與(2-62)式來決定之，它們分別為

$V_{Q1(\text{OFF})} = V_{I,\max} = 70\text{V}$

$I_{Q1(\text{ON})} = I_{o,\max} + \dfrac{\Delta I_L}{2} = 5 + \dfrac{2}{2} = 6\text{A}$

$I_{Q1(\text{avg})=} = D_H T_o = 0.143 \times 5 = 0.715\text{A}$

而選擇 $D_1$ 則可由(2-63)式與(2-64)式來決定之，它們分別為

$V_{D1(\text{OFF})} = V_{I,\max} = 70\text{V}$

$I_{D1(\text{ON})} = I_{o,\max} + \dfrac{\Delta I_L}{2} = 6\text{A} = I_{\text{peak}}$

$I_{D1(\text{avg})} = (1 - D_H)I_{o,\max} = (1 - 0.071) \times 5 = 4.645\text{A}$

## 2-4 昇壓型轉換器之基本原理與操作

在圖 2-16 所示乃為昇壓型式之直流轉換器，在此吾人假設電容器 $C$ 已被充電，則當功率交換元件 $Q_1$ 在導通之狀態時，則由 $V_I$ 所得之能量會儲存在電感器 $L$ 上；此時由於在二極體 $D_1$ 陽極之電位會小於輸出電壓 $V_o$，所以，二極體 $D_1$ 就會被逆向偏壓。因此，就會由輸出電容器 $C$ 的電荷來提供輸出電流至負載上。

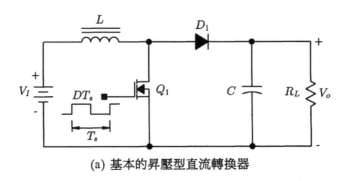

(a) 基本的昇壓型直流轉換器

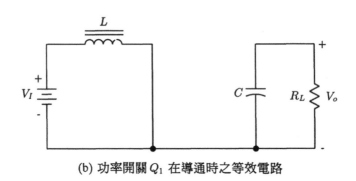

(b) 功率開關 $Q_1$ 在導通時之等效電路

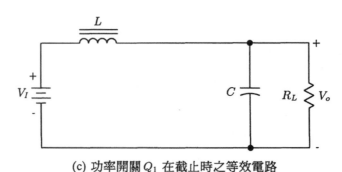

(c) 功率開關 $Q_1$ 在截止時之等效電路

圖 2-16 昇壓型直流轉換器在連續導通模式下之操作

　　而當交換元件 $Q_1$ 在截止狀態時，電流則會繼續流過 $L$，不過此時電感器會改變磁場，所以，其電壓極性會反轉過來，如此會使得二極體 $D_1$ 順向偏壓。並且使得儲存在電感器之能量會產生輸出電流，而此電流會流經二極體 $D_1$，然後到負載上。

　　綜合以上則可得知，在 $Q_1$ 導通時能量儲存於電感器 $L$，而其上之電壓則為 $V_I$；至於 $Q_1$ 在截止時，會將此能量與輸入電源重疊，如此由輸出所得之電壓會比輸入電壓高。此時加於電感器 $L$ 之電壓則為$(V_o - V_I)$。

　　對昇壓型轉換器而言，其操作模式亦可區分為兩種：

1. 連續導通模式(CCM)：

$$V_I DT_s = [V_o - V_I][1 - D]T_s$$

2. 不連續導通模式(DCM)：

$$V_I DT_s < [V_o - V_I][L - D]T_s$$

　　所以，在下節中我們將詳細分析探討此兩種模式之穩態情況。

## 2-4.1　昇壓型轉換器連續導通模式之穩態分析

　　當昇壓型轉換器操作在連續導通模式時，則流經其電感器之電流並不會降為零。所以，如同降壓型轉換器在 CCM 情況會有兩種操作狀態，如圖 2-16 所示就是昇壓型直流轉換器在 CCM 下操作之等效電路。

1. 第一個操作狀態為功率開關 $Q_1$ 在導通之期間。此時電感兩端之電壓為

$$V_L(t) = V_I \tag{2-67}$$

而流經電感器兩端之電流則為$(0 \le t \le DT_s)$

$$i_L(t) = i_L(o) + \frac{1}{L}\int_o^t V_L(t)dt = i_L(o) + \frac{1}{L}V_L t \tag{2-68}$$

在 $t = DT_s$ 時，由(2-68)式可得知

$$i_L(DT_s) = i_L(o) + \frac{1}{L}V_I DT_s \tag{2-69}$$

2. 第二個操作狀態為功率開關 $Q_1$ 在截止期間。此時電感上兩端之電壓為

$$V_L(t) = -(V_o - V_I) \tag{2-70}$$

而流經電感器之電流則為$(DT_s \leq t \leq T_s)$

$$i_L(t) = i_L(DT_s) + \frac{1}{L}\int_{DT_s}^{t} V_L(t)dt = i_L(DT_s) + \frac{1}{L}[-(V_o - V_I)](T - DT_s) \tag{2-71}$$

所以，在 $t = T_s$ 時，由(2-71)式可得知

$$i_L(T_s) = i_L(DT_s) + \frac{1}{L}[-(V_o - V_I)](1 - D)T_s \tag{2-72}$$

由於轉換器在穩態時，$i_L(T_s) = i_L(o)$，所以，由(2-69)式與(2-72)式可得出

$$i_L(T_s) = i_L(o) + \frac{1}{L}V_I DT_s + \frac{1}{L}[-(V_o - V_I)](1 - D)T_s$$

因此

$$\frac{V_I DT_s}{L} = \frac{(V_o - V_I)(1 - D)T_s}{L} \tag{2-73}$$

或是

$$V_I DT_s = (V_o - V_I)(1 - D)T_s \tag{2-74}$$

事實上，由(2-73)式則可知悉在導通與截止期間流經電感器之電流變化量($\Delta I$)相等；同理，由(2-74)式亦可得知，電感器會達到伏特一秒之平衡(Volt-second balance)，也就是電感兩端之電壓其平均值必定為零。所以，由上式即可得出輸入與輸出之間的關係為

$$\frac{V_o}{V_I} = \frac{1}{1 - D} \tag{2-75}$$

在此

$$D = \frac{t_{ON}}{T_s}$$

所以，由(2-75)式之結果即可得知，輸出電壓永遠會比輸入電壓高，故爲昇壓型之轉換器。若考慮轉換器之輸入電壓範圍爲 $V_{I_{\min}}$ 至 $V_{I_{\max}}$ 則

$$\frac{V_o}{V_{I_{\min}}} = \frac{1}{1 - D_{\max}} \tag{2-76}$$

且

$$\frac{V_o}{V_{I_{\max}}} = \frac{1}{1 - D_{\min}} \tag{2-77}$$

若假設在轉換器電路中，功率的轉換器沒有任何損失，則

$$P_I = P_o$$

因此

$$V_I I_I = V_o I_o$$

所以

$$\frac{I_o}{I_I} = \frac{V_I}{V_o} = 1 - D \tag{2-78}$$

而由於此種轉換器電路輸入端爲一電感器，因此操作在 CCM 時，輸入電流是一種連續形式，故輸入線上所產生的雜訊較小。不過流經二極體的電流在此則爲不連續形式，而是屬於脈動電流之形式，所以，爲了要減小漣波的發生，則可使用較大值的輸出電容器。至於其電路上各點之電壓與電流波形，則如圖 2-17 與圖 2-18 所示。

## 【例題 2-6】

假設在一昇壓型轉換器中，其輸入／輸出規格如下：

$V_I$ = 9V～18V

$V_o$ = 24V

$I_o$ = 0.2A～1A

$f_s$ = 50 kHz

若操作在連續導通模式下，且功率轉換沒有任何損失，試求其工作週期與輸入電流之變化範圍。

**解** 由於輸入電壓之變化範圍從 9V 至 18V，所以

$$\frac{V_o}{V_{I_{\min}}} = \frac{24}{9} = \frac{1}{1 - D_{\max}} \Rightarrow D_{\max} = 0.625$$

且

$$\frac{V_o}{V_{I_{\max}}} = \frac{24}{18} = \frac{1}{1 - D_{\min}} \Rightarrow D_{\min} = 0.25$$

因此，工作週期 $D$ 之變化範圍從 0.25 至 0.625。而會使得工作週期產生變化，就是因為輸入電壓之改變。由於是在 CCM 情況工作，負載之變化並不會影響工作週期之改變。由於操作頻率 $f_s$ 為 50 kHz，所以，其週期則為

$$T_s = \frac{1}{f_s} = \frac{1}{50 \times 10^3} = 20 \mu \sec$$

因此，可分別計算出最小與最大之導通時間為

$$t_{ON\min} = D_{\min} T_s = 0.25 \times 20 \mu \sec = 5 \mu \sec$$

且

$$t_{ON\max} = D_{\max} T_s = 0.625 \times 20 \mu \sec = 12.5 \mu \sec$$

而截止時間則分別為

$$t_{OFF\max} = (1 - D_{\min}) T_s = 0.75 \times 20 \mu \sec = 15 \mu \sec$$

且

$$t_{OFF\min} = (1 - D_{\max}) T_s = 0.375 \times 20 \mu \sec = 7.5 \mu \sec$$

由於輸出電流之變化範圍從 0.2A 至 1A，所以，其輸入電流之變化範圍則為

$$\frac{I_{o_{\min}}}{I_{I_{\min}}} = \frac{0.2}{I_{I_{\min}}} = 1 - D_{\min} = 1 - 0.25 \Rightarrow I_{I_{\min}} = 0.267$$

且

$$\frac{I_{o_{\max}}}{I_{I_{\max}}} = \frac{1}{I_{I_{\max}}} = 1 - D_{\max} = 1 - 0.625 \Rightarrow I_{I_{\max}} = 2.67$$

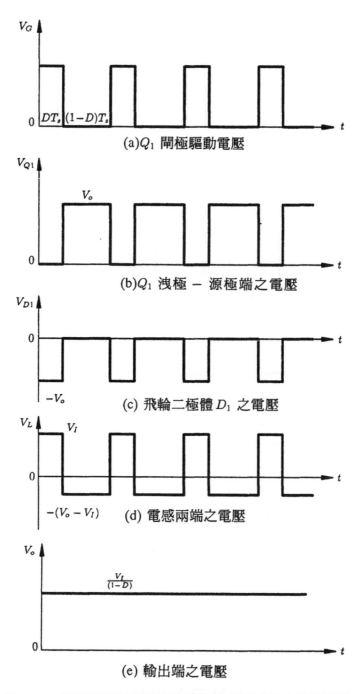

(a) $Q_1$ 閘極驅動電壓

(b) $Q_1$ 洩極－源極端之電壓

(c) 飛輪二極體 $D_1$ 之電壓

(d) 電感兩端之電壓

(e) 輸出端之電壓

圖 2-17　昇壓型轉換器操作在連續導通模式下之電壓波形

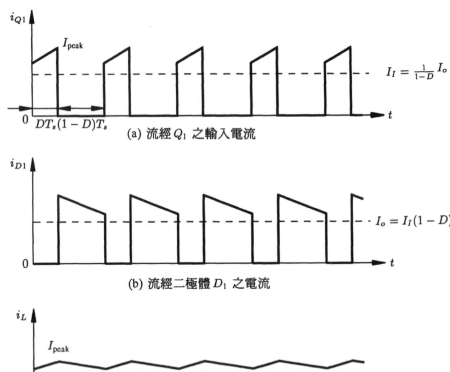

(a) 流經 $Q_1$ 之輸入電流

(b) 流經二極體 $D_1$ 之電流

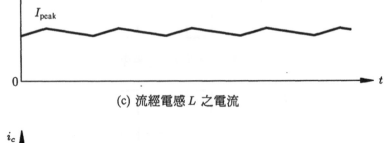

(c) 流經電感 $L$ 之電流

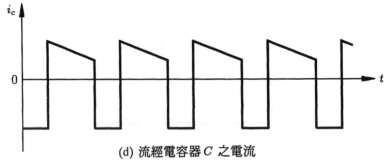

(d) 流經電容器 $C$ 之電流

圖 2-18　昇壓型轉換器操作在連續導通模式下之電流波形

## 2-4.2　昇壓型轉換器 CCM/DCM 之邊界條件

在圖 2-19 所示爲昇壓型轉換器在 CCM/DCM 之邊界情況，此時在功率開關 $Q_1$ OFF 期間結束時，流經電感之電流 $i_L$ 剛好爲零。至於在此邊界電感器之平均電流則可以表示爲

$$I_{LB} = \frac{1}{2}\Delta I \tag{2-79}$$

由於

$$\Delta I = \frac{V_I}{L}t_{\text{ON}} = \frac{(V_o - V_I)}{L}t_{\text{OFF}} \tag{2-80}$$

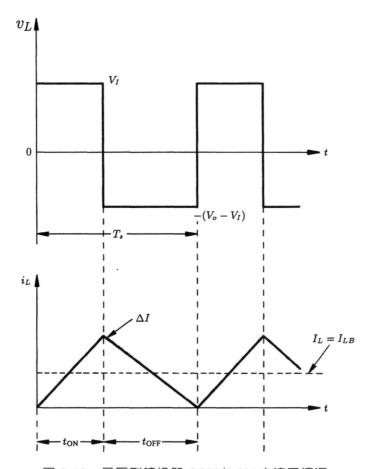

圖 2-19　昇壓型轉換器 CCM/DCM 之邊界情況

所以，將(2-80)式代入(2-79)式可得出

$$I_{LB} = \frac{V_I}{2L}t_{\text{ON}} = \frac{V_I}{2L}DT_s = \frac{V_oT_s}{2L}D(1-D) \tag{2-81}$$

在昇壓型轉換器中，流經電感器的電流就是輸入電流，所以，$i_I = i_L$；因此，由(2-78)式則可將輸出之邊界平均電流表示為

$$I_{oB} = I_{LB}(1-D) = \frac{V_o T_s}{2L}D(1-D)^2 \tag{2-82}$$

由此，我們即可得知若要使昇壓型轉換器操作在 CCM 情況，則其條件就是

$$I_o > I_{oB} = \frac{V_o T_s}{2L}D(1-D)^2 \tag{2-83}$$

或是其電感值必須大於臨界之電感值 $L_B$ 也就是

$$L > L_B = \frac{V_o T_s}{2I_{oB}}D(1-D)^2 \tag{2-84}$$

注意在邊界情況，以上每一表示式之工作週期 $D$ 是指最小之工作週期 $D_{\min}$。

【例題 2-7】

假設一昇壓型轉換器中，其電氣規格如下所示：

輸入電壓：$V_I$ = 12V～36V

輸出電壓：$V_o$ = 48V

輸出電流：$I_o$ = 0.3A～1.5A

工作頻率：$f_s$ = 25 kHz

若要使得轉換器從最小負載($I_o$ = 0.3A)至最大負載($I_o$ = 1.5A)，都要能夠操作在 CCM 情況，試求所需之電感值 $L$。

**解** 若要使昇壓型轉換器操作在 CCM，則需設計電感值 $L$ 大於臨界電感值 $L_B$，所以

$$L > L_B = \frac{V_o T_s}{2I_{oB}}D_{\min}(1-D_{\min})^2$$

在此 $T_s = \dfrac{1}{f_s} = \dfrac{1}{25 \times 10^2} = 40\mu\sec$

$I_{OB} = I_{o_{\min}} = 0.3\text{A}$

$D_{\min} = 1 - \dfrac{V_{I_{\max}}}{V_o} = 1 - \dfrac{36}{48} = 0.25$

代入上式可得出

$$L > L_B = \frac{48 \times 40 \times 10^{-6}}{2 \times 0.3} \times 0.25(1-0.25)^2 = 0.45\text{mH}$$

所以，只要將電感值大於 0.45 mH，即可操作在 CCM 情況。

### 2-4.3　昇壓型轉換不連續導通模式之穩態分析

　　由前面之分析可得知，在昇壓型轉換器中，若電感器之 $L$ 值小於臨界之電感值 $L_B$，則其操作狀態就變成為不連續導通模式(DCM)。此時轉換器電路在一週期中就有三種操作情況，第一個操作狀態是在功率開關 $Q_1$ 導通，飛輪二極體 $D_1$ 截止之期間，其時間為 $D_1 T_s$，如圖 2-20(a)所示；第二個操作狀態是在功率開關 $Q_1$ 截止，飛輪二極體 $D_1$ 導通之期間，此時電感器電流剛好降為零，此段時間則為 $D_2 T_s$，如圖 2-20(b)所示；至於第三個操作狀態是 $Q_1$ 與 $D_1$ 都在截止期間，此時電感器上沒有任何電流流過，此段時為 $D_3 T_s$，如圖 2-20(c)所示。而在 DCM 情況下，各點之電壓波形與電流波形則圖 2-21 與圖 2-22 所示。

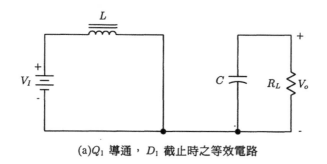

(a)$Q_1$ 導通，$D_1$ 截止時之等效電路

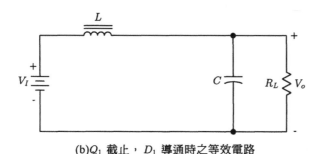

(b)$Q_1$ 截止，$D_1$ 導通時之等效電路

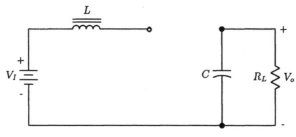

(c)$Q_1$ 截止，$D_1$ 截止時之等效電路

圖 2-20　昇壓型直流轉換器在不連續導通模式下操作

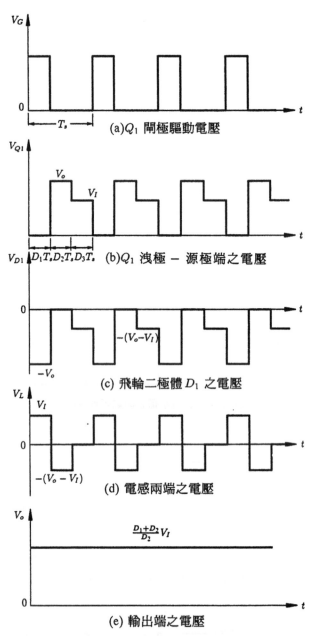

圖 2-21　昇壓型轉換器操作在不續導通模式下之電壓波形

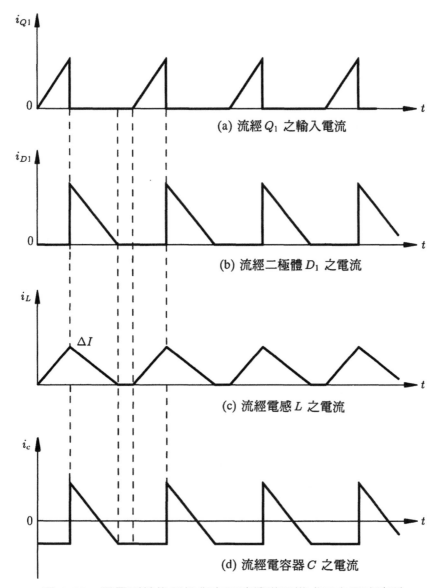

(a) 流經 $Q_1$ 之輸入電流

(b) 流經二極體 $D_1$ 之電流

(c) 流經電感 $L$ 之電流

(d) 流經電容器 $C$ 之電流

圖 2-22　昇壓型轉換器操作在不連續導通模式下之電流波形

對操作在 DCM 之轉換器而言，以下之關係式一定成立

$$D_1 + D_2 < 1$$

且

$$D_1 + D_2 + D_3 = 1$$

同樣的，根據法拉第定理，在整個週期裡跨於電感器兩端之電壓平均值應為零，也就是電感器會達到伏特一秒之平衡，所以

$$V_I D_1 T_s = (V_o - V_I) D_2 T_s \tag{2-85}$$

因此，由(2-85)式，即可得出輸入與輸出之間的關係為

$$\frac{V_o}{V_I} = \frac{D_1 + D_2}{D_2} \tag{2-86}$$

若假設在昇壓型轉換器中，功率的轉換沒有任何損失，則

$$P_I = P_o$$

因此

$$V_I I_I = V_o I_o$$

所以

$$\frac{I_o}{I_I} = \frac{V_I}{V_o} = \frac{D_2}{D_1 + D_2} \tag{2-87}$$

在轉換器中，當電晶體 $Q_1$ 導通時，加於電感器 $L$ 之電壓為 $V_I$；而當電晶體 $Q_1$ 關閉時，加於電感器 $L$ 之電壓為$(V_o - V_I)$。因此，若假設在正常狀態下電流之變化成份相等，則

$$\Delta I = \frac{V_I D_1 T_s}{L} = \frac{(V_o - V_I) D_2 T_s}{L} \tag{2-88}$$

由(2-87)式可以得知

$$I_L = I_I = \frac{D_1 + D_2}{D_2} I_o = \frac{D_1 + D_2}{D_2} \cdot \frac{V_o}{R_L} \tag{2-89}$$

由圖 2-22 之電感器電流波形可得知

$$I_L = I_I = \frac{1}{2} \cdot \Delta I \cdot (D_1 + D_2) \tag{2-90}$$

所以，將(2-88)式與(2-89)式代入(2-90)式，則可得到

$$\frac{D_1 + D_2}{D_2} \cdot \frac{V_o}{R_L} = \frac{1}{2} \cdot \frac{V_I D_1 T_s}{L} \cdot (D_1 + D_2) \Rightarrow \frac{V_o}{V_I} = \frac{D_1 D_2 R_L T_s}{2L} \tag{2.91}$$

接著將(2-86)式代入(2-91)式，則可得到

$$\frac{D_1 + D_2}{D_2} = \frac{D_1 D_2 R_L T_s}{2L} \Rightarrow D_2^2 - \left(\frac{2L}{D_1 R_L T_s}\right) - \left(\frac{2L}{R_L T_s}\right) = 0 \tag{2-92}$$

解(2-92)式則可得出 $D_1$ 與 $D_2$ 之間的關係式為

$$D_2 = \left(\frac{L}{D_1 R_L T_s}\right)\left(1 + \sqrt{1 + \frac{2D_1^2 R_L T_s}{L}}\right) \tag{2-93}$$

由(2-93)式吾人則可得知在 DCM 情況，$D_1$ 與 $D_2$ 之變化會與負載之大小有關。另外由(2-89)式與(2-90)式可以得出

$$\Delta I = \frac{2I_o}{D_2} \tag{2-94}$$

【例題 2-8】

假設一昇壓型轉換器，其規格為：

輸入電壓：$V_I$ = 12V～36V

輸出電壓：$V_o$ = 48V

輸出電流：$I_o$ = 0.5A～2.5A

工作頻率：$f_s$ = 50 kHz

若從最小負載($I_o$ = 0.5A)至最大負載($I_o$ = 2.5A)，為了穩定度之關係都要能夠操作在 DCM 情況，試求所需之電感值 L，流經 $Q_1$ 之峰值電流$\Delta I$，以及 $D_1$、$D_2$ 與 $D_3$ 之值。

**解** 首先可求出週期為

$$T_s = \frac{1}{f_s} = \frac{1}{50 \times 10^3} = 20 \mu\sec$$

若對 DCM 之操作情況而言，此時其工作週期之變化範圍為

$$\frac{V_o}{V_{I_{\min}}} = \frac{48}{12} = \frac{1}{1 - D_{\max}} \Rightarrow D_{\max} = 0.75$$

在此轉換器要操作在 DCM 情況，則 $D_1$ 之工作週期不可大於 0.75；也就是說此時 DCM/CCM 之邊界是在輸入電壓為 12V，輸出電流為 2.5A 之情況，這個時候工作週期就是 0.75。因此，若要使昇壓型轉換器操作在 DCM，則需設計電感器之值小於臨界電感值 $L_B$，所以

$$L_B = \frac{V_o T_s}{2 I_{oB}} D_{\max}(1 - D_{\max})^2 = \frac{48 \times 20 \times 10^{-6}}{2 \times 2.5} \times 0.75 \times (1 - 0.75)^2 = 9\mu H$$

因此，祇要 $L$ 值小於 9μH 轉換器就可以工作在 DCM 狀態；而大於此值就成為 CCM 狀態了。

假設在設計此電路時，將 $D_1$ 之最大工作週期設定在 $0.65(V_I = 12V，I_o = 2.5A$ 情況下)，則吾人可計算出 $D_2$ 為

$$\frac{V_o}{V_I} = \frac{D_1 + D_2}{D_2} \Rightarrow \frac{48}{12} = \frac{0.65 + D_2}{D_2} \Rightarrow D_2 = 0.2167$$

由於 $D_1 + D_2 + D_3 = 1$

所以

$$D_3 = 1 - D_1 - D_2 = 1 - 0.65 - 0.2167 = 0.1333$$

由(2-89)式可計算得出平均輸入電流為

$$I_L = I_I = \frac{D_1 + D_2}{D_2} \times I_o = \frac{0.65 + 0.2167}{0.2167} \times 2.5 = 9.999A$$

再將此結果代入(2-90)式可得出峰值電流$\Delta I$為

$$\Delta I = \frac{2 I_L}{D_1 + D_2} = \frac{2 \times 9.999}{0.65 + 0.2167} = 23.1A$$

在此峰值電流亦可由(2-94)式計算得出。接著要計算在此情況下所須之電感值，此時不可再代入前面之(2-84)式，吾人則可由(2-88)式推導而得，由於

$$\Delta I = \frac{V_I D_1 T_s}{L}$$

所以

$$L = \frac{V_I D_1 T_s}{\Delta I} = \frac{D_1 D_2 V_o T_s}{(D_1 + D_2)\Delta I} \tag{2-95}$$

若將(2-94)式代入(2-95)式，則亦可得出

$$L = \frac{D_1 D_2^2 V_o T_s}{2(D_1 + D_2)I_o} \tag{2-96}$$

當然(2-95)式或(2-96)式除了適用在 DCM 情況外，亦適用在 CCM 情況(此時 $D_1 + D_2 = 1$)。由於$\Delta I$已經計算出來，直接代入(2-95)式即可得到電感值 $L$ 為

$$L = \frac{0.65 \times 0.2167 \times 48 \times 20 \times 10^{-6}}{(0.65 + 0.2167) \times 23.1} = 6.75\mu H$$

　　同樣的，在昇壓型轉換器中我們亦由圖表來分析昇壓型轉換器操作在 DCM 與 CCM 兩種模式下之相互關係。由前面(2-82)式，可得知

$$L_B = \frac{V_o T_s}{2I_{oB}} D(1-D)^2 = \frac{R_L T_s}{2} D(1-D)^2 \tag{2-97}$$

所以，由上式可得出

$$\tau_{LB} = \frac{L_B}{R_L T_s} = \frac{D(1-D)^2}{2} \tag{2-98}$$

若將(2-75)式輸入與輸出之關係定義為 $M$，則

$$M = \frac{V_o}{V_I} = \frac{1}{1-D}$$

則由上式可得出

$$D = \frac{M-1}{M} \tag{2-99}$$

將(2-99)式代入(2-98)式，則可獲得 $\tau_{LB}$ 與 $M$ 之關係為

$$\tau_{LB} = \frac{M-1}{2M^3} \tag{2-100}$$

由(2-100)式，則可得出如圖 2-23 所示 $\tau_{LB}$ 對 $M$ 之關係圖。而由(2-98)式則可得出 $\tau_{LB}$ 對 $D$ 之關係圖，如圖 2-24 所示。因此，由圖中可以得知，如果 $\tau_L > \frac{2}{27} \approx 0075$，則轉換器就會進入 CCM 之模式工作。而當 $\tau_L < 0.075$ 時，則不同之工作週期就會有不同之操作模式；例如，當 $\tau_L = 0.025$ 時，若 $D = 0.05$，則工作模式由 CCM 進入 DCM；然後當 $D = 0.73$ 時，則由 DCM 再回到 CCM。所以，由圖 2-24 亦可看出，當 $\tau_L$ 愈大，則 DCM 模式存在的工作週期 $D$ 之範圍就會漸漸變小。接著下來，由(2-93)式可以得出

$$\frac{D_1 D_2 R_L T_s}{2L} = \frac{1 + \sqrt{1 + \frac{2D_1^2 R_L T_s}{L}}}{2}$$

同時，由(2-91)式可以將上式寫爲

$$\frac{V_o}{V_I} = M = \frac{1 + \sqrt{1 + \frac{2D_1^2}{\tau_L}}}{2} \tag{2-101}$$

在此定義 $\tau_L = \frac{L}{R_L T_s}$ ；另外在上式中，由於

$$\frac{2D_1^2}{\tau_L} \gg 1$$

所以，(2-101)式可以簡化爲

$$M \approx \frac{1}{2} + \frac{D_1}{\sqrt{2\tau_L}} \tag{2-102}$$

因此，由(2-99)式與(2-102)式可以分別得出在 CCM 與 DCM 模式下，$M$ 對 $D_1$ 之關係圖，如圖 2-25 所示。由 CCM 之曲線可以看出，其關係爲非線性，也就是當 $D_1$ 增加時，$M$ 之值會快速增加。而另外 DCM 之曲線則近似一直線之關係。在 CCM 情況中，當 $M$ 小於 3 時，理想與實際之曲線非常相近，但是，當 $M$ 大於 3 時，實際上由於電路中含寄生電阻存在，所以，其曲線不會漸趨無窮大，而會向下轉折彎曲。

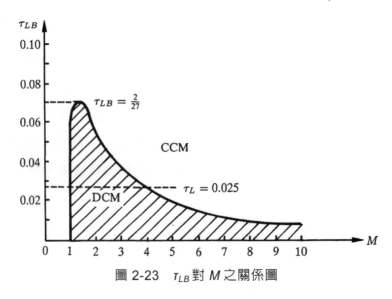

圖 2-23　$\tau_{LB}$ 對 $M$ 之關係圖

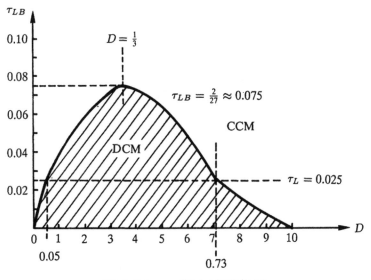

圖 2-24 $\tau_{LB}$ 對 $D$ 之關係圖

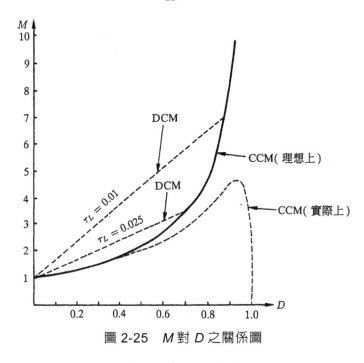

圖 2-25 $M$ 對 $D$ 之關係圖

一般在轉換器之電路中,我們所期望的就是要將輸出電壓保持一固定不變之值;因此,由(2-81)式若將 $V_o$ 輸出電壓視為常數,則可得出圖 2-26 電感器電流 $I_{LB}$ 對工作週期 $D$ 之圖形。若將(2-81)式對 $D$ 微分,則

$$\frac{dI_{LB}}{dD} = \frac{V_o T_s}{2L}(1 - 2D) = 0 \Rightarrow D = 0.5$$

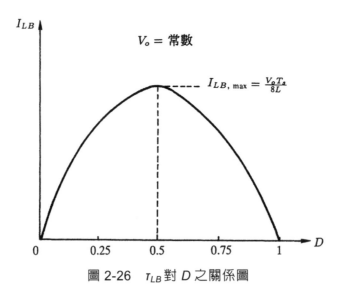

圖 2-26　$\tau_{LB}$ 對 $D$ 之關係圖

也就是說在 $D = 0.5$ 時，$I_{LB}$ 會到達最大之值，此值爲

$$I_{LB,\max} = \frac{V_oT_s}{2L} \times (0.5)(1-0.5) = \frac{V_oT_s}{8L} \tag{2-103}$$

再將(2-103)式代入(2-81)式，則可得出 $I_{LB}$ 與 $I_{LB,\max}$ 之關係爲

$$I_{LB} = 4D(1-D)I_{LB,\max} \tag{2-104}$$

同樣的，若將(2-82)式之 $V_o$ 視爲不變之常數，則可畫出圖 2-27 所示波形圖。此圖爲輸出之邊界平均電流 $I_{oB}$ 對工作週期 $D$ 之關係圖。若要求出圖中最大之值，則可將(2-82)式對 $D$ 微分，可得出

$$\frac{dI_{oB}}{dD} = \frac{V_oT_s}{2L}(1-4D+3D^2) = 0 \Rightarrow D = 0.333$$

所以，在 $D = 0.333$ 時，$I_{oB}$ 會到達最大值，此值爲

$$I_{oB,\max} = \frac{V_oT_s}{2L} \times (0.333)(1-0.333)^2 = 0.074\frac{V_oT_s}{L} \tag{2-105}$$

接著再將(2-105)式代入(2-82)式，則可得出 $I_{oB}$ 與 $I_{oB,\max}$ 之間的關係爲

$$I_{oB} = 6.75D(1-D)^2I_{oB,\max} \tag{2-106}$$

由圖 2-26 或是圖 2-27 之波形圖即可得知，在已知工作週期 $D$ 與恆定輸出電壓 $V_o$ 情況下，若是平均之電感器電流低於 $I_{LB}$，或是平均輸出之負載電流低於 $I_{oB}$；則此時轉換器就會工作在 DCM 模式。

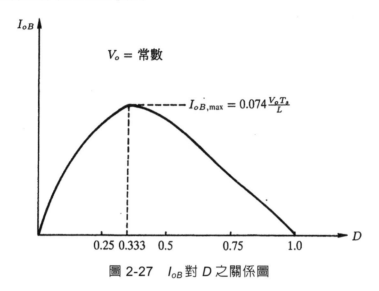

圖 2-27　$I_{oB}$ 對 $D$ 之關係圖

若將(2-88)代入(2-90)式，則可得出輸入電流為(或是電感器之電流)

$$I_I = \frac{1}{2} \cdot \frac{V_I D_1 T_s}{L} \cdot (D_1 + D_2) \tag{2-107}$$

接著將(2-87)式代入，可得出

$$I_o = \left(\frac{V_I T_s}{2L}\right) D_1 D_2 \tag{2-108}$$

另外，利用(2-105)式，代入(2-108)式則可得出

$$I_o = \frac{27}{4} \cdot \frac{V_I}{V_o} \cdot I_{oB,\max} \cdot D_1 D_2 \tag{2-109}$$

由於

$$\frac{V_I}{V_o} = \frac{D_2}{D_1 + D_2}$$

所以

$$D_2 = \frac{D_1}{\dfrac{V_I}{V_o} - 1}$$

將上式代入(2-109)式，則可獲得

$$D_1 = \left[ \frac{4}{27} \left( \frac{V_o}{V_I} \right) \left( \frac{V_I}{V_o} - 1 \right) \frac{I_o}{I_{oB,\max}} \right]^{\frac{1}{2}} \tag{2-110}$$

由(2-110)式，我們可以畫出 $D_1$ 對 $I_o/I_{oB,\max}I$ 之曲線圖，如圖 2-28 所示。在此將 $V_o$ 視爲常數，而圖中之虛線，則爲 DCM/CCM 之邊界。

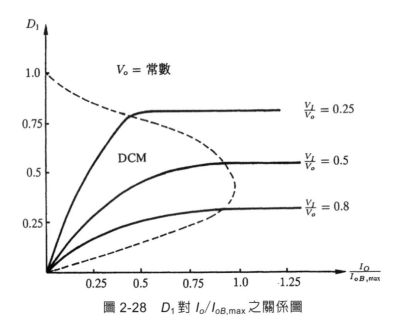

圖 2-28　$D_1$ 對 $I_o/I_{oB,\max}$ 之關係圖

## 2-4.4　輸出電壓漣波與零件之選擇

在本節中，我們將分析昇壓型轉換器之輸出電壓漣波，以及在零件的選擇上之耐電壓與耐電流大小。在圖 2-29 所示爲輸出之電壓漣波，其操作則爲 CCM 情況。在此我們假設二極體電流 $i_{D1}$ 之漣波電流會全部流至電容器中，而平流電流則流至負載電阻上。因此，由圖中之斜線面積之充電能量$\Delta Q$，則可計算出峰對峰之電壓漣波爲

$$\Delta V_o = \frac{\Delta Q}{C} = \frac{I_o D T_s}{C} = \frac{V_o}{R} \cdot \frac{D T_s}{C} \tag{2-111}$$

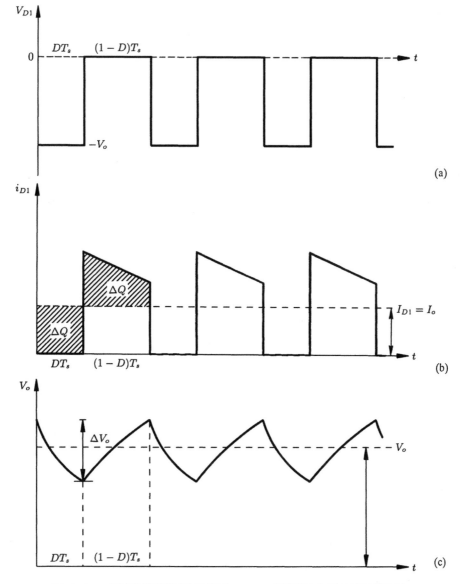

圖 2-29　昇壓型轉換器操作在 CCM 情況下之輸出電壓漣波

所以，電壓漣波之百分比亦可表示為

$$\frac{\Delta V_o}{V_o} = \frac{DT_s}{RC} \times 100\%$$　　　　　　　　(2-112)

若要設計昇壓型轉換器之電容值，則可由(2-111)式推導而得為

$$C = \frac{I_o DT_s}{\Delta V_o}$$　　　　　　　　(2-113)

而其等效串聯電阻值，則可由下式決定之

$$\text{ESR}_{\max} \leq \frac{\Delta V_{o,\max}}{\Delta I_{D1}} \tag{2-114}$$

至於漣波電流，由圖 2-18(d)之波形，則可計算得知，其有效之漣波電流為

$$I_{C(\text{rms})} = \frac{V_o}{R_L} \sqrt{\frac{D}{1-D} + \frac{D}{12}\left[\frac{(1-D)R_L T_s}{L}\right]^2} \tag{2-115}$$

所以，在選擇電容器時，此漣波電流則須考慮進去，至於功率開關 $Q_1$ 之選擇，可由圖 2-17(b)得知，其所須承受之最大電壓為

$$V_{Q1(\max)} = V_o \tag{2-116}$$

而最大之電流，可由圖 2-18(a)得知為

$$I_{Q1(\max)} = I_{\text{peak}} = I_I + \frac{\Delta I_L}{2} = I_I + \frac{V_I D T_s}{2L} \tag{2-117}$$

同樣的，若考慮波尖之發生，則可多加 1.5 倍至 2 倍左右的規格比較安全些。

　　接著下來就是 $D_1$ 二極體之選擇，要考慮其順向電流與逆向電壓。由圖 2-17(c)可得知其所須承受之最大電壓為

$$V_{D1(\max)} = V_o \tag{2-118}$$

而最大電流，則由圖 2-18(b)可得知為

$$I_{D1(\max)} = I_{\text{peak}} = I_I + \frac{\Delta I_L}{2} = I_I + \frac{V_I D T_s}{2L} \tag{2-119}$$

另外，對功率開關 $Q_1$ 與二極體 $D_1$ 而言，其平均電流則分別為

$$I_{Q1(\text{avg})} = I_I - I_{D1} = I_I - I_o = I_I - I_I(1-D) = I_I D = \frac{D}{1-D} I_o \tag{2-120}$$

$$I_{D1(\text{avg})} = I_o = I_I(1-D) \tag{2-121}$$

## 【例題 2-9】

假設一昇壓型轉換器，其電氣規格為：

輸入電壓：$V_I$ = 9V～27V

輸出電壓：$V_o$ = 36V

輸出電流：$I_o$ = 0.4A～2A

工作頻率：$f_s$ = 100 kHz

漣波電流：$\Delta I_L < 2I_{o,\min} = 0.8$A

漣波電壓：$\Delta V_o < 360$ mV

若要使其操作在 CCM 情況，試設計滿足以上條件所須之電感值與電容值。

**解**
$$T_s = \frac{1}{f_s} = \frac{1}{100 \times 10^3} = 10\mu \sec$$

$$\frac{V_o}{V_{I_{\min}}} = \frac{36}{9} = \frac{1}{1 - D_{\max}} \Rightarrow D_{\max} = 0.75$$

$$\frac{V_o}{V_{I_{\max}}} = \frac{36}{27} = \frac{1}{1 - D_{\min}} \Rightarrow D_{\min} = 0.25$$

因此，工作週期 $D$ 之變化範圍會從 0.25 至 0.75。在此，轉換器若要操作在 CCM 情況，則 $D$ 之工作週期不可小於 0.25；也就是說此時 DCM/CCM 之邊界是在輸入電壓為 27V，輸出電流為 0.4A 情況，而工作週期就是 0.25。因此，若要操作在 CCM，則需設計電感器之值大於臨界電感值 $L_B$，所以，由(2-84)式可以得知

$$L > L_B = \frac{V_o T_s}{2I_{oB}} D_{\min}(1 - D_{\min})^2 = \frac{36 \times 10 \times 10^{-6}}{2 \times 0.4} \times 0.25(1 - 0.25)^2 = 63\mu\text{H}$$

所以，只要將電感值大於 63μH，即可操作在 CCM 情況，在此假設我們選定電感值為 75μH，接著電容值則可由(2-113)式推導而得，故

$$C = \frac{I_o D T_s}{\Delta V_o} = \frac{2 \times 0.75 \times 10 \times 10^{-6}}{360 \times 10^{-3}} = 41.6\mu\text{F}$$

因此，電容值在此可以選擇常用之 47μF 之值。至於 ESR 與漣波電流則分別為

$$\text{ESR}_{\max} \leq \frac{\Delta V_{o,\max}}{\Delta I_{D1}} = \frac{\Delta V_{o,\max}}{I_{\text{peak}}} \tag{2-122}$$

由於

$$I_{\text{peak}} = I_I + \frac{V_I D T_s}{2L} = \frac{I_o}{1 - D} + \frac{V_I D T_s}{2L} = \frac{2}{1 - 0.75} + \frac{9 \times 0.75 \times 10 \times 10^{-6}}{2 \times 75 \times 10^{-6}} = 8.45\text{A}$$

所以，代入(2-122)式可以得出

$$ESR_{max} \leq \frac{360 \times 10^{-3}}{8.45} = 42.6m\Omega$$

另外

$$I_{C(rms)} = \frac{V_o}{R_L} \sqrt{\frac{D}{1-D} + \frac{D}{12}\left[\frac{(1-D)R_L T_s}{L}\right]^2}$$

$$= (2)\sqrt{\frac{0.75}{1-0.75} + \frac{0.75}{2}\left[\frac{(1-0.75)(36 / 2)(10 \times 10^{-6})}{75 \times 10^{-6}}\right]^2} = 3.46A$$

## 【例題 2-10】

若依例題 2-9 之電氣規格,則在選擇上功率開關 $Q_1$ 與二極體 $D_1$,應如何決定之?

**解** 功率開關 $Q_1$ 之選擇必須滿足:

$$V_{Q1(max)} = V_o = 36V$$

$$I_{Q1(max)} = I_{peak} = 8.45A$$

$$I_{Q1(avg)} = I_l D = \frac{D}{1-D}I_o = \frac{0.75}{1-0.75} \times 2 = 6A$$

而二極體 $D_1$ 之選擇,則必須滿足:

$$V_{D1(max)} = V_o = 36V$$

$$I_{D1(max)} = I_{peak} = 8.45A$$

$$I_{D1(avg)} = I_o = 2A$$

## 2-5　昇降兩用型轉換器之基本原理與操作

　　在 2-3 與 2-4 節中我們已經討論過降壓型與昇壓型轉換器,接著下來就是要討論由此兩者串聯而成之昇降兩用型(Buck-boost)轉換器,如圖 2-30 所示。由此電路吾人可以分析得知,當交換功率開關 $Q_1$ 在導通期間,電流會流經電感器 $L$,並將能量儲存於其中,此時由於電壓極性之關係,二極體 $D_1$ 是在逆向偏壓狀態,假設輸出電容器 $C$ 原先已被充電,所以可以繼續提供輸出電流至負載 $R_L$ 上。

　　若功率開關 $Q_1$ 是在截止狀態時,由於磁場釋放出來,所以在電感器 $L$ 上的電壓極性會反轉過來,如此可使得二極體 $D_1$ 為順向偏壓。而儲存在電感器上之能量,則會在負載上產生反相的輸出電流,並且會將輸出電容器 $C$ 充電,因此,負載 $R_L$ 上的輸出電壓其極性正好與輸入電壓相反。

對昇降兩用型之轉換器而言，其操作模式亦可區分爲兩種：

1. 連續導通模式(CCM)：

$$V_I DT_s = V_o(1 - D)T_s$$

2. 不連續導通模式(DCM)：

$$V_I DT_s < V_o(1 - D)T_s$$

此兩種模式在下節中將詳盡予以分析探討。

## 2-5.1　昇降兩用型轉換器連續導通模式之穩態分析

若將昇降兩用型轉換器操作在 CCM 情況，則流經電感器之電流不會降爲零；所以，對轉換器而言會有兩個操作狀態，如圖 2-30 所示就是昇降兩用型轉換器在 CCM 下操作之等效電路。

1. 第一個操作狀態爲功率開關 $Q_1$ 在導通之期間。此時電感兩端之電壓爲

$$v_L(t) = V_I \tag{2-123}$$

而流經電感器兩端之電流則爲$(0 \le t \le DT_s)$

$$i_L(t) = i_L(o) + \frac{1}{L}\int_o^t v_L(t)dt = i_L(o) + \frac{1}{L}V_I t \tag{2-124}$$

在 $t = DT_s$ 時，由(2-124)式可以得知

$$i_L(DT_s) = i_L(o) + \frac{1}{L}V_I DT_s \tag{2-125}$$

2. 第二個操作狀態爲功率開關 $Q_1$ 在截止期間。此時電感上兩端之電壓爲

$$v_L(t) = - V_o$$

而流經電感器兩端之電流則爲$(DT_s \le t \le T_s)$

$$i_L(t) = i_L(DT_s) + \frac{1}{L}\int_{DT_s}^t v_L(t)dt = i_L(DT_s) + \frac{1}{L}[-V_o][t - DT_s] \tag{2-127}$$

所以；在 $t = T_s$ 時，由(2-127)式可以得知

$$i_L(T_s) = i_L(DT_s) + \frac{1}{L}[-V_o](1 - D)T_s \tag{2-128}$$

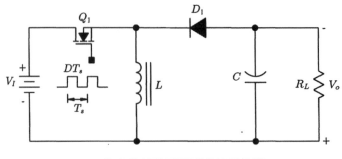

(a) 基本的昇降兩用型直流轉換器

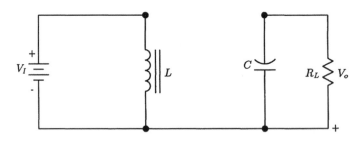

(b) 功率開關 $Q_1$ 在導通時之等效電路

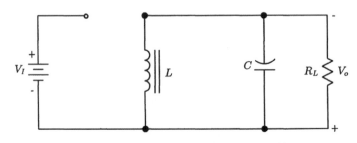

(c) 功率開關 $Q_1$ 在截止時之等效電路

圖 2-30　昇降兩用型直流轉換器在連續導通模式下之操作

由於轉換器在穩態時，$i_L(T_s) = i_L(o)$，所以，由(2-125)式與(2-128)式可以得出

$$i_L(T_s) = i_L(o) + \frac{1}{L}V_I DT_s + \frac{1}{L}[-V_o](1-D)T_s$$

因此

$$\frac{V_I DT_s}{L} = \frac{V_o(1-D)T_s}{L} \tag{2-129}$$

或是

$$V_I DT_s = V_o(1-D)T_s \tag{2-130}$$

所以，由(2-129)式可以得知 $Q_1$ 導通與截止期間流經電感器之電流變化量($\Delta I$)相等；同樣的，由(2-130)式，則可得知，電感器兩端之電壓在一週期間會達到伏特一秒之平衡(Volt-second balance)，也就是電感兩端之電壓其平均值必定為零。所以，由(2-130)式可以得出輸入與輸出之間的關係為

$$\frac{V_o}{V_I} = \frac{D}{1-D} \tag{2-131}$$

在此

$$D = \frac{t_{ON}}{T_s}$$

所以，由(2-131)式可以得知，當工作週期 $D$ 小於 0.5 時，輸出電壓會小於輸入電壓，相當於是降壓型轉換器；而當工作週期 $D$ 大於 0.5 時，輸出電壓會高於輸入電壓，相當於是昇壓型轉換器。因此，輸出電壓是否會比輸入電壓高或低，完全由工作週期 $D$ 來決定。

　　若考慮轉換器之輸入電壓範圍為 $V_{I_{min}}$ 至 $V_{I_{max}}$ 則

$$\frac{V_o}{V_{I_{max}}} = \frac{D_{max}}{1-D_{max}} \tag{2-132}$$

且

$$\frac{V_o}{V_{I_{max}}} = \frac{D_{min}}{1-D_{min}} \tag{2-133}$$

若假設在轉換器電路中，功率的轉換沒有任何損失，則

$$P_I = P_o$$

因此

$$V_I I_I = V_o I_o$$

所以

$$\frac{I_o}{I_I} = \frac{V_I}{V_o} = \frac{1-D}{D} \tag{2-134}$$

此種轉換器在操作時，流經輸入端之電流為一脈動電流之形式，同時，流經二極體之電流亦為脈動電流；所以，輸出之漣波會較大，同時，會有較嚴重之 EMI 問題產生。至於電路上各點之電壓與電流波形，則如圖 2-31 與圖 2-32 所示。

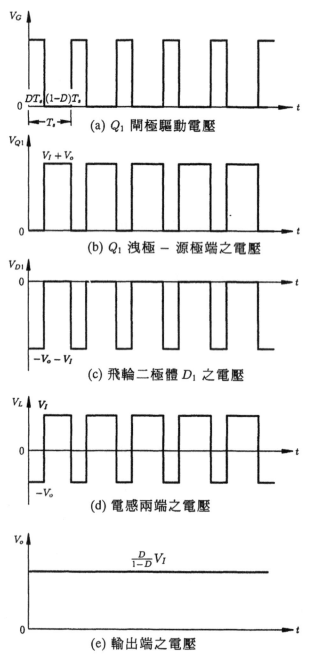

(a) $Q_1$ 閘極驅動電壓

(b) $Q_1$ 洩極 – 源極端之電壓

(c) 飛輪二極體 $D_1$ 之電壓

(d) 電感兩端之電壓

(e) 輸出端之電壓

圖 2-31　昇降兩用型轉換器操作在連續導通模式下之電壓波形

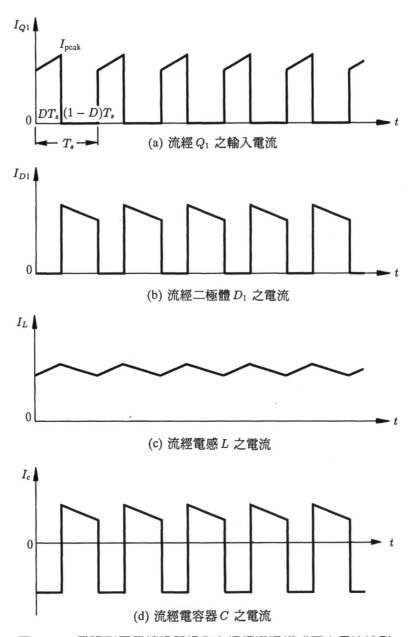

圖 2-32 昇降型兩用轉換器操作在連續導通模式下之電流波形

【例題 2-11】

假設在一昇降兩用型轉換器，其輸入／輸出規格如下：

$V_I$ = 35V～70V

$V_o$ = 12V

$I_o$ = 0.5A～2.5A

$f_s$ = 40kHz

若操作在連續導通模式下，且功率轉換器沒有任何損失，試求其工作週期與輸入電流之變化範圍。

**解** 由於輸入電壓之變化範圍從 35V 至 70V，所以

$$\frac{V_o}{V_{I_{min}}} = \frac{D_{max}}{1-D_{max}} = \frac{12}{35} \Rightarrow D_{max} = 0.255$$

且

$$\frac{V_o}{V_{I_{max}}} = \frac{D_{min}}{1-D_{min}} = \frac{12}{70} \Rightarrow D_{min} = 0.15$$

因此，由以上之結果可以得知工作週期 $D$ 之變化範圍會從 0.15 至 0.255。基本上，在連續導通模式下，工作週期 $D$ 之改變，祇會隨著輸入電壓之變化而變化，並不會隨著負載而改變。由於輸出電流之變化範圍從 0.5A 至 2.5A，所以，其輸入電流之變化範圍則為

$$\frac{I_{0_{min}}}{I_{I_{min}}} = \frac{1-D_{min}}{D_{min}} = \frac{0.5}{I_{I_{min}}} = \frac{1-0.15}{0.15} \Rightarrow I_{I_{min}} = 0.088A$$

且

$$\frac{I_{0_{max}}}{I_{I_{max}}} = \frac{1-D_{max}}{D_{max}} = \frac{2.5}{I_{I_{max}}} = \frac{1-0.255}{0.255} \Rightarrow I_{I_{max}} = 0.856A$$

## 【例題 2-12】

假設在一昇降兩用型轉換器，其輸入 / 輸出規格如下：

$V_I$ = 35V～70V

$V_o$ = 100V

$I_o$ = 0.1A～0.5A

$f_s$ = 40kHz

若操作在連續導通模式下，且功率轉換器沒有任何損失，試求其工作週期與輸入電流之變化範圍。

**解** 由於輸入電壓之變化範圍從 35V 至 70V，所以

$$\frac{V_o}{V_{I_{min}}} = \frac{D_{max}}{1-D_{max}} = \frac{100}{35} \Rightarrow D_{max} = 0.74$$

且

$$\frac{V_o}{V_{I_{max}}} = \frac{D_{min}}{1-D_{min}} = \frac{100}{70} \Rightarrow D_{min} = 0.59$$

由於輸出電壓高於輸入電壓為昇壓型式，所以，工作週期從 0.59 變化到 0.74。而由於輸出電流之變化範圍從 0.1A 至 0.5A，所以，其輸入電流之變化範圍為

$$\frac{I_{0_{min}}}{I_{I_{min}}} = \frac{1-D_{min}}{D_{min}} = \frac{0.1}{I_{I_{min}}} = \frac{1-0.59}{0.59} \Rightarrow I_{I_{min}} = 0.144A$$

且

$$\frac{I_{0_{max}}}{I_{I_{max}}} = \frac{1-D_{max}}{D_{max}} = \frac{0.5}{I_{I_{max}}} = \frac{1-0.74}{0.74} \Rightarrow I_{I_{max}} = 1.42A$$

## 2-5.2 昇降兩用型轉換器 CCM/DCM 之邊界條件

在圖 2-33 所示為昇降型轉換器在 CCM/DCM 之邊界情況，此時在功率開關 $Q_1$ OFF 期間結束時，流經電感之電流 $i_L$ 剛好為零。至於在此邊界電感器之平均電流則可以表示為

$$I_{LB} = \frac{1}{2}\Delta I \tag{2-135}$$

至於

$$\Delta I = \frac{V_I}{L} t_{\text{ON}} = \frac{V_o}{L} t_{\text{OFF}} \tag{2-136}$$

所以，將(2-136)式代入(2-135)式則可得出

$$I_{LB} = \frac{V_I}{2L} t_{\text{ON}} = \frac{V_I}{2L} D T_s \tag{2-137}$$

或是

$$I_{LB} = \frac{V_o}{2L} t_{\text{OFF}} = \frac{V_o}{2L} (1-D) T_s \tag{2-138}$$

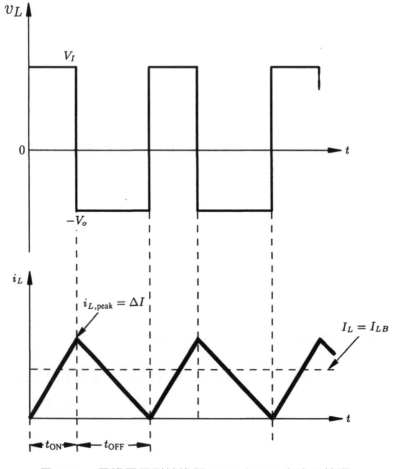

圖 2-33　昇降兩用型轉換器 CCM/DCM 之邊界情況

由圖 2-30 所示之昇降兩用型轉換器可得知

$$I_L = I_o + I_I \tag{2-139}$$

將(2-134)式代入(2-139)式可得出

$$I_L = I_o + \frac{D}{1-D}I_o = \frac{1}{1-D}I_o$$

所以

$$I_o = (1 - D)I_L \tag{2-140}$$

將(2-138)式代入上式，則可得出輸出之邊界電流為

$$I_{OB} = \frac{V_o}{2L}(1-D)^2 T_s \tag{2-141}$$

因此，若要使昇降兩用型轉換器操作在 CCM 情況，則其條件就是

$$I_o > L_{OB} = \frac{V_o T_s}{2L}(1-D)^2 \tag{2-142}$$

或是其電感值必須大於臨界之電感值 $L_B$，也就是

$$L > L_B = \frac{V_o T_s}{2I_{OB}}(1-D)^2 \tag{2-143}$$

### 【例題 2-13】

假設一昇降兩用型轉換器，其電氣規格為：

輸入電壓：$V_I$ = 12V～36V

輸出電壓：$V_o$ = 48V

輸出電流：$I_o$ = 0.3A～1.5A

工作頻率：$f_s$ = 25kHz

若要使得轉換器從最小負載($I_o$ = 0.3A)至最大負載($I_o$ = 1.5A)，都要能夠操作在 CCM 情況，試求所需之電感值 $L$。

**解** 若要使昇降兩用型轉換器操作在 CCM，則須設計電感值 $L$ 要大於臨界電感值 $L_B$，所以，由(2-143)式可以得知

$$L > I_B = \frac{V_o T_s}{2I_{OB}}(1-D_{\min})^2$$

在此

$$T_s = \frac{1}{f_s} = \frac{1}{25 \times 10^3} = 40\mu\sec$$

$$I_{oB} = I_{o_{\min}} = 0.3\text{A}$$

另外，由(2-133)式可以得知

$$\frac{V_o}{V_{I_{\max}}} = \frac{D_{\min}}{1-D_{\min}} = \frac{48}{36}$$

所以

$$D_{\min} = 0.571$$

將這些數值代入最上式，則可求出

$$L > L_B = \frac{48 \times 40 \times 10^{-6}}{2 \times 0.3}(1-0.571)^2 = 0.6\text{mH}$$

所以，只要將電感值大於 0.6 mH，即可操作在 CCM 情況。與例題 2-7 比較可以得知，在同樣的條件下，昇降兩用型轉換器會比昇壓型轉換器所使用之電感值高出一些。

## 【例題 2-14】

假設在例題 2-13 中，若將工作頻率由 25kHz 提高至 100kHz，試求所需之電值 $L$。

**解** $$T_s = \frac{1}{f_s} = \frac{1}{100 \times 10^3} = 10\mu\sec$$

$$L > L_B = \frac{48 \times 10 \times 10^{-6}}{2 \times 3}(1-0.571)^2 = 0.15\text{mH}$$

所以，將頻率提高 4 倍之後，則所需之電感值會降為原來之 4 倍。因此，頻率愈高，電感值就愈低。

## 【例題 2-15】

假設一昇降兩用型轉換器，其電氣規格為：

輸入電壓：$V_I$ = 12V～36V

輸出電壓：$V_o$ = 5V

輸出電流：$I_o$ = 0.3A～1.5A

工作頻率：$f_s$ = 25kHz

若要使得轉換器從最小負載($I_o$ = 0.3A)至最大負載($I_o$ = 1.5A)，都要能夠操作在 CCM 情況，試求所需之電感值 $L$。

**解**　$\dfrac{V_o}{V_{I_{max}}} = \dfrac{D_{min}}{1 - D_{min}} = \dfrac{5}{36} \Rightarrow D_{min} = 0.12$

$L > L_B = \dfrac{5 \times 40 \times 10^{-6}}{2 \times 0.3}(1 - 0.12)^2 = 0.26\text{mH}$

所以，只要將電感值大於 0.26mH，即可操作在 CCM 情況。

## 2-5.3　昇降兩用型轉換器不連續導通模式之穩態分析

在 2-5.2 節中我們已經分析過 CCM 與 DCM 之邊界情況，在電路中只要其電感值小於臨界電感值 $L_B$，則操作狀態就會在不連續導通模式(DCM)。而此時在 DCM 情況，轉換器電路在一週期中就會有三種操作情況，第一個操作狀態是在功率開關 $Q_1$ 導通，飛輪二極體 $D_1$ 截止之期間，其時間為 $D_1 T_s$，如圖 2-34(a)所示；第二個操作狀態是在功率開關 $Q_1$ 截止，飛輪二極體 $D_1$ 導通之期間，此時流經電感器之電流剛好降為零，此段時間則為 $D_2 T_s$，如圖 2-34(b)所示；至於第三個操作狀態是 $Q_1$ 與 $D_1$ 都在截止期間，此時電感器上沒有任何電流流過，此段時為 $D_3 T_s$，如圖 2-34(c)所示。而在 DCM 情況下，各點之電壓波形與電流波形則如圖 2-35 與圖 2-36 所示。

同樣在不連續導通模式，跨於電感器上之電壓平均值應為零，也就是會達到伏特一秒之平衡，所以

$$V_I D_1 T_s = V_o D_2 T_s \tag{2-144}$$

所以，輸入與輸出之間的關係即為

$$\frac{V_o}{V_I} = \frac{D_1}{D_2} \tag{2-145}$$

假設，在昇降兩用型轉換器中，功率的轉換沒有任何損失，則

$$P_I = P_o$$

因此

$$V_I I_I = V_o I_o$$

所以

$$\frac{I_o}{I_I} = \frac{V_I}{V_o} = \frac{D_2}{D_1}$$

(2-146)

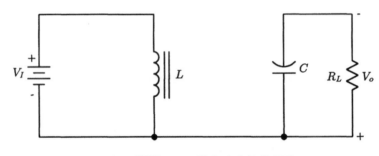

(a)$Q_1$ 導通，$D_1$ 截止時之等效電路

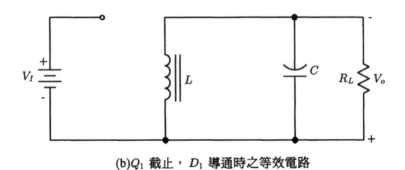

(b)$Q_1$ 截止，$D_1$ 導通時之等效電路

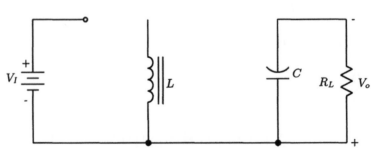

(c)$Q_1$ 截止，$D_1$ 截止時之等效電路

圖 2-34 昇降兩用型直流轉換器在不連續導通模式下操作

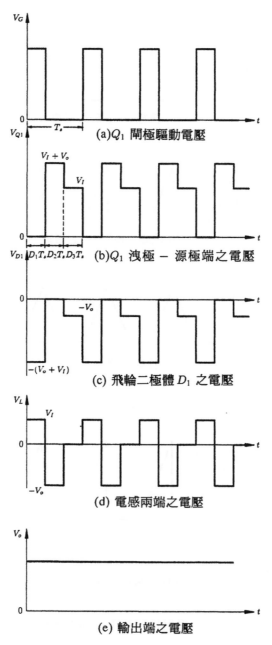

圖 2-35　昇降兩用型轉換器操作在不續導通模式下之電壓波形

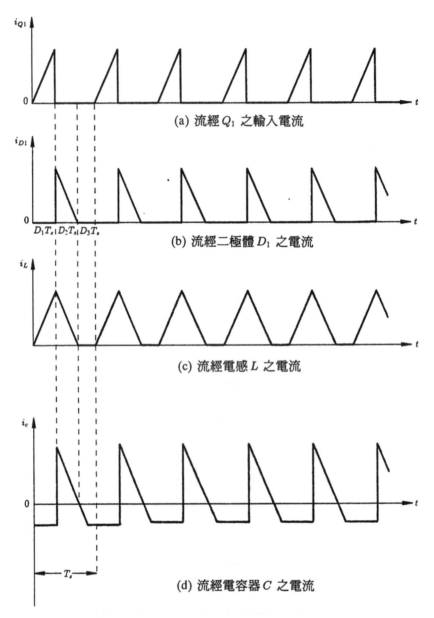

圖 2-36 昇降兩用型轉換器操作在不連續導通模式下之電流波形

由圖 2-35(d)可以得知，當功率開關 $Q_1$ 導通時，加於電感器 $L$ 之電壓為 $V_I$，而當 $Q_1$ 關閉時，加於電感器 $L$ 之電壓為 $V_o$；因此，若假設在正常狀態下電流之變化成份相等，則

$$\Delta I = \frac{V_I D_1 T_s}{L} = \frac{V_o D_2 T_s}{L} \tag{2-147}$$

由圖 2-36(a)之 $Q_1$ 的電流波形可以得知，輸入電流為

$$I_I = \frac{1}{T_s}\int_o^{D_1 T_s} \frac{V_I t}{L}\,dt = \frac{V_I D_1^2 T_s}{2L} \tag{2-148}$$

而由圖 2-36(b)之 $D_1$ 的電流波形可以得知

$$I_{D1} = \frac{1}{T_s}\int_o^{D_2 T_s} \frac{V_o t}{L}\,dt = \frac{V_o D_2^2 T_s}{2L} \tag{2-149}$$

至於流經電感器之電流，則為流經 $Q_1$ 與 $D_1$ 之和，因此

$$I_L = I_I + I_{D1} = \frac{V_I D_1^2 T_s}{2L} + \frac{V_o D_2^2 T_s}{2L} = \frac{T_s(V_I D_1^2 + V_o D_2^2)}{2L} \tag{2-150}$$

將(2-146)式代入上式，即可得到

$$I_L = \frac{V_I D_1(D_1 + D_2)T_s}{2L} \tag{2-151}$$

若將(2-147)式代入(2-151)式，即可得知

$$I_L = \frac{1}{2}\cdot \Delta I \cdot (D_1 + D_2) \tag{2-152}$$

假設在理想情況下，輸入功率等於輸出功率，則

$$P_I = I_I V_I = \frac{V_I D_1^2 T_s}{2L}\times V_I = \frac{V_I^2 D_1^2 T_s}{2L} \tag{2-153}$$

而

$$P_o = \frac{V_o^2}{R_L} \tag{2-154}$$

由以上兩式，即可得到

$$\frac{V_I^2 D_1^2 T_s}{2L} = \frac{V_o^2}{R_L}$$

所以

$$\frac{V_o}{V_I} = D_1\sqrt{\frac{T_s R_L}{2L}} \tag{2-155}$$

比較(2-145)式與(2-155)式可以得知

$$D_2 = \sqrt{\frac{2L}{T_s R_L}} \tag{2-156}$$

### 【例題 2-16】

假設一昇壓型轉換器，其電氣規格分別為：

輸入電壓：$V_I = 9V \sim 18V$

輸出電壓：$V_o = 36V$

輸出電流：$I_o = 0.1A \sim 0.5A$

工作頻率：$f_s = 100kHz$

若要使系統操作在 DCM，試求所需之電感值 $L$，$\Delta I$，以及 $D_1$、$D_2$ 與 $D_3$ 之值。

**解** 由已知之工作頻率可求出週期為

$$T_s = \frac{1}{f_s} = \frac{1}{100\times 10^3} = 10\mu\sec$$

此時若轉換器要操作在 DCM，則其工作週期之變化範圍為

$$\frac{V_o}{V_{I_{\min}}} = \frac{D_{\max}}{1 - D_{\max}} = \frac{36}{9} \Rightarrow D_{\max} = 0.8$$

在此轉換器若要操作在 DCM，其 $D_1$ 之工作週期不大於 0.8；也就是此時 DCM/CCM 之邊界是在輸入電壓為 9V，輸出電流為 0.5A 情況。因此，若要使系統操作在 DCM，則需設計電感值小於臨界電感值 $L_B$，所以

$$L < L_B = \frac{V_o T_s}{2 I_{oB}}(1 - D_{\max})^2 = \frac{36\times 10\times 10^{-6}}{2\times 0.5}(1 - 0.8)^2 = 14.4\mu H$$

所以，衹要 $L$ 值小於 14.4μH 轉換器即可工作在 DCM。假設，在此我們將電感值選為 12μH，則由(2-156)可以求出 $D_2$，所以

$$D_2 = \sqrt{\frac{2L}{T_s R_L}} = \sqrt{\frac{2\times 12\times 10^{-6}}{10\times 10^{-6}\times R_L}}$$

當 $I_o = 0.1A$ 時，$R_L$ 則為

$$R_{L_{\min}} = \frac{36V}{0.1A} = 360\Omega$$

當 $I_o = 0.5\text{A}$ 時，$R_L$ 則為

$$R_{L_{\max}} = \frac{36\text{V}}{0.5\text{A}} = 72\Omega$$

分別代入上式，則可得出

$$D_{2_{\min}} = \sqrt{\frac{2 \times 12 \times 10^{-6}}{10 \times 10^{-6} \times 360}} = 0.08$$

$$D_{2_{\max}} = \sqrt{\frac{2 \times 12 \times 10^{-6}}{10 \times 10^{-6} \times 72}} = 0.18$$

再由(2-146)式可以分別求出 $D_1$ 為

$$\frac{V_{I_{\min}}}{V_o} = \frac{D_{2_{\max}}}{D_{1_{\max}}} \Rightarrow \frac{9}{36} = \frac{0.18}{D_{1_{\max}}} \qquad \therefore D_{1_{\max}} = 0.72$$

$$\frac{V_{I_{\max}}}{V_o} = \frac{D_{2_{\min}}}{D_{1_{\min}}} \Rightarrow \frac{18}{36} = \frac{0.08}{D_{1_{\min}}} \qquad \therefore D_{1_{\min}} = 0.16$$

而 $D_3$ 之值分別為

$$D_{3_{\min}} = 1 - D_{1_{\max}} - D_{2_{\max}} = 0.1$$

$$D_{3_{\max}} = 1 - D_{1_{\min}} - D_{2_{\min}} = 0.76$$

至於 $\Delta I$ 之值，則可由(2-147)求出

$$\Delta I_{\min} = \frac{V_o D_{2_{\min}} T_s}{L} = \frac{36 \times 0.08 \times 10 \times 10^{-6}}{12 \times 10^{-6}} = 2.4\text{A}$$

$$\Delta I_{\max} = \frac{V_o D_{2_{\max}} T_s}{L} = \frac{36 \times 0.18 \times 10 \times 10^{-6}}{12 \times 10^{-6}} = 5.4\text{A}$$

同樣的，在昇降兩用型轉換器中，我們所期望的就是要將輸出電壓保持一固定不變之值；而會變動的是輸入電壓、輸出電流，以及工作週期 $D$(在 DCM 情況才會變動)。因此，由(2-138)式若將 $V_o$ 輸出電壓視為常數，則可得出圖 2-37，電感器電流 $I_{LB}$ 對工作週期 $D$ 之圖形。由此式亦可得出當 $D = 0$ 時，$I_{LB}$ 會有最大值，此值為

$$I_{LB,\max} = \frac{V_o T_s}{2L} \tag{2-157}$$

再將此式代入(2-138)式，則可得出 $I_{LB}$ 與 $I_{LB,\max}$ 之關係為

$$I_{LB} = I_{LB,\max}(1 - D) \tag{2-158}$$

同理，由(2-141)式若將 $V_o$ 視為不變之常數，則可畫出圖 2-38 所示之圖形；此圖為輸出之邊界平均電流 $I_{OB}$ 對工作週期 $D$ 之關係圖。由此式可得知當 $D = 0$ 時，$I_{OB}$ 會有最大值，此值為

$$I_{OB,\max} = \frac{V_o T_s}{2L} \tag{2-159}$$

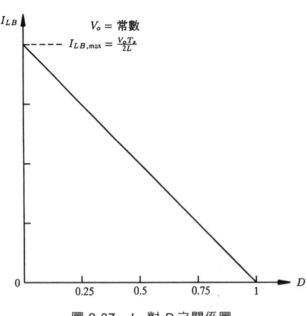

圖 2-37　$I_{LB}$ 對 $D$ 之關係圖

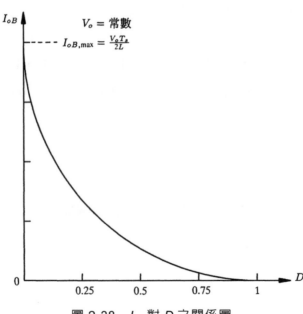

圖 2-38　$I_{oB}$ 對 $D$ 之關係圖

此結果與(2-157)相同。再將此式代入(2-141)式，則可得出 $I_{OB}$ 與 $I_{OB,\max}$ 之關係為

$$I_{OB} = I_{OB,\max}(1 - D)^2 \tag{2-160}$$

由(2-147)式與(2-151)式可以得知

$$I_L = \frac{V_I D_1 (D_1 + D_2) T_s}{2L} = \frac{V_o D_2 (D_1 + D_2) T_s}{2L} \tag{2-161}$$

將(2-159)式代入，則

$$I_L = I_{OB,\max} D_2 (D_1 + D_2) \tag{2-162}$$

由於

$$I_L = I_I + I_{D1} = I_I + I_o = \frac{D_1}{D_2} I_o + I_o = \frac{D_1 + D_2}{D_2} I_o \tag{2-163}$$

將(2-163)式代入(2-162)式，則

$$\frac{D_1 + D_2}{D_2} I_o = I_{OB,\max} D_2 (D_1 + D_2)$$

所以

$$D_2 = \sqrt{\frac{I_o}{I_{OB,\max}}} \tag{2-164}$$

因為

$$D_2 = \frac{V_I}{V_o} D_1$$

所以，代入(2-164)式可以得知

$$D_1 = \frac{V_o}{V_I} \sqrt{\frac{I_o}{I_{OB,\max}}} \tag{2-165}$$

在圖 2-39 所示就是在不同的 $V_o/V_I$ 情況下，$D_1$ 對 $I_o/I_{OB,\max}$ 之曲線圖；圖中虛線所示為 DCM 與 CCM 之邊界。由(2-134)式 $V_o/V_I$ 對 $D$ 之關係，吾人則可畫出圖 2-40 理想之曲線圖，如圖中實線所示；但是，事實上電路中含有寄生元件存在，因此，其曲線圖則如虛線所示。

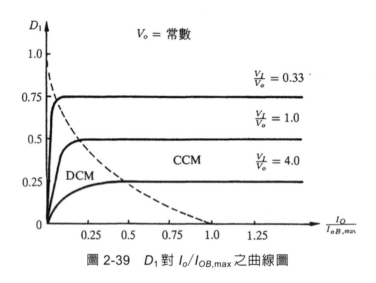

圖 2-39　$D_1$ 對 $I_o/I_{OB,\max}$ 之曲線圖

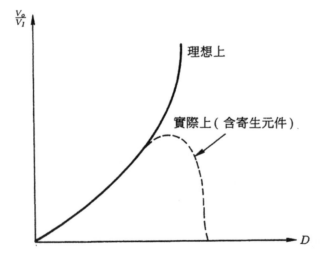

圖 2-40　在昇降兩用型轉換器中，$V_o/V_I$ 對 $D$ 之關係圖

【例題 2-17】

假設一昇降兩用型轉換器，電氣規格如下所示：

電感值：$L$ = 0.05mH

輸入電壓：$V_I$ = 15V

工作頻率：$f_s$ = 20kHz

輸出電壓：$V_o$ = 10V

輸出功率：$P_o$ = 10W

試計算其工作週期 $D$ 為何？

**解**　由於

$$P_o = I_o V_o \Rightarrow 10 = I_o \times 10 \quad \therefore I_o = 1\text{A}$$

$$T_s = \frac{1}{f_s} \Rightarrow T_s = \frac{1}{20 \times 10^3} = 50\mu\sec$$

由於此時我們還不確知會工作在 DCM 或是 CCM，所以在此先假設，在 CCM 情況下，其工作週期為

$$\frac{D}{1-D} = \frac{10}{15} \quad \therefore D = 0.4$$

接著由(2-159)式可以得出

$$I_{OB,\max} = \frac{V_o T_s}{2L} = \frac{10 \times 50 \times 10^{-6}}{2 \times 0.05 \times 10^{-3}} = 5\text{A}$$

再由(2-160)式可以得出

$$I_{OB} = I_{OB,\max}(1 - D)^2 = 5 \times (1 - 0.4)^2 = 1.8\text{A}$$

所以，由 $I_{oB}$ = 1.8A 即可得知，輸出電流 $I_o$ = 1A，乃小於 $I_{oB}$ 之值，因此轉換器是工作在 DCM 情況。接著再由(2-165)式，即可求出真正之工作週期為

$$D = \frac{10}{15} \times \sqrt{\frac{1}{5}} = 0.3$$

## 2-5.4　輸出電壓漣波與零件之選擇

接著下來我們將討論分析昇降兩用型轉換器之輸出電壓漣波，以及在零件的選擇上之耐電壓與耐電流大小。在圖 2-41 所示為輸出之電壓漣波，其操作為 CCM 情況。同樣，在此我們假設二極體電流 $i_{D1}$ 之漣波電流會全部流至電容器中，而平

均電流則流至負載電阻上。因此，由圖中之斜線面積之充電能量$\Delta Q$，則可計算出峰對峰之電壓漣波為

$$\Delta V_o = \frac{\Delta Q}{C} = \frac{I_o D T_s}{C} = \frac{V_o}{R} \cdot \frac{D T_s}{C} \qquad (2\text{-}166)$$

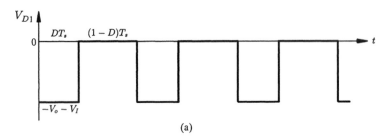

(a)

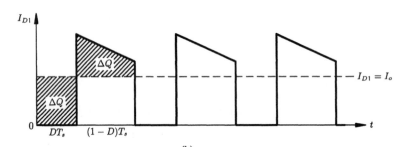

(b)

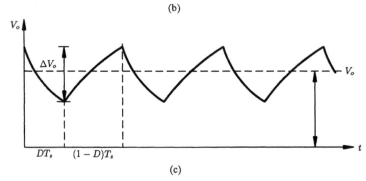

(c)

圖 2-41　昇降兩用型轉換器操作在 CCM 情況下之輸出電壓漣波

所以，電壓漣波之百分比亦可表示為

$$\frac{\Delta V_o}{V_o} = \frac{D T_s}{RC} \times 100\% \qquad (2\text{-}167)$$

若我們要設計昇降兩用型轉換器之電容值，則可由(2-166)式推導而得為

$$C = \frac{I_o D T_s}{\Delta V_o} \qquad (2\text{-}168)$$

至於電容器之等效串聯電阻值(ESR)，則可由下式考慮決定之

$$\text{ESR}_{\max} \leq \frac{\Delta V_{O,\max}}{\Delta I_{D1}} \tag{2-169}$$

另外，由圖 2-32(d)之波形，則可計算得知，電容器有效之漣波電流為

$$I_{C(\text{rms})} = \frac{V_o}{R_L} \sqrt{\frac{D}{1-D} + \frac{D}{12}\left[\frac{(1-D)R_L T_s}{L}\right]^2} \tag{2-170}$$

因此，在選擇輸出電容器時，漣波電流乃為一重要考慮因素。接著，可由圖 2-31(b)得知，功率開關 $Q_1$ 之選擇，其所需承受之最大電壓為

$$V_{Q1(\max)} = V_I + V_o \tag{2-171}$$

而最大之峰值電流，則可由圖 2-32(a)得知為

$$I_{Q1(\max)} = I_{\text{peak}} = I_I + \frac{\Delta I_L}{2} = I_I + \frac{I_I D T_s}{2L} = \frac{D}{1-D} I_o + \frac{(1-D)V_o T_s}{2L} \tag{2-172}$$

而其平均電流則為

$$I_{Q1(\text{avg})} = I_L - I_o = \frac{I_o}{1-D} - I_o = \frac{D}{1-D} I_o \tag{2-173}$$

最後，$D_1$ 二極體之選擇，就是要考慮其順向電流與逆向電壓，由圖 2-31(c)可以得知其所須承受之最大電壓為

$$V_{D1(\max)} = V_o + V_I \tag{2-174}$$

而最大之峰值電流，則可由圖 2-32(b)得知為

$$I_{D1(\max)} = I_{\text{peak}} = I_I + \frac{\Delta I_L}{2} = I_I + \frac{V_I D T_s}{2L} = \frac{D}{1-D} I_o + \frac{(1-D)V_o T_s}{2L} \tag{2-175}$$

而其平均電流則為

$$I_{D1(\text{avg})} = I_o = \frac{1-D}{D} I_I \tag{2-176}$$

【例題 2-18】

假設有一昇降兩用型轉換器，其電氣規格為：

輸入電壓：$V_I$ = 9V～27V

輸出電壓：$V_o$ = 36V

輸出電流：$I_o$ = 0.4A～2A

工作頻率：$f_s$ = 100kHz

漣波電流：$\Delta I_L < 2I_{O,min}$ = 0.8A

漣波電壓：$\Delta V_o$ < 360mV

若要使其操作在 CCM 情況，試設計滿足以上條件所須之電感值與電容值。

**解** 由工作頻率則可得知其工作週期為

$$T_s = \frac{1}{f_s} = \frac{1}{100 \times 10^3} = 10\mu\sec$$

而 $D$ 之變化範圍則為

$$\frac{V_o}{V_{I_{min}}} = \frac{D_{max}}{1 - D_{max}} = \frac{36}{9} \Rightarrow D_{max} = 0.8$$

且

$$\frac{V_o}{V_{I_{max}}} = \frac{D_{min}}{1 - D_{min}} = \frac{36}{27} \Rightarrow D_{min} = 0.571$$

在此轉換器若要操作在 CCM 情況，則 $D$ 之值不可小於 0.571；也就是說此時 DCM/CCM 之邊界是在輸入電壓為 27V，輸出電流為 0.4A 情況，因此，若要操作在 CCM，則需設計電感器之值大於臨界電感值 $L_B$，所以，由(2-143)式可以得知

$$L > L_B = \frac{V_o T_s}{2I_{oB}}(1 - D_{min})^2 = \frac{36 \times 10 \times 10^{-6}}{2 \times 0.4}(1 - 0.571)^2 = 82.82\mu H$$

所以，在設計上祇要將電感值大於 82.82μH，就可以使昇降兩用型轉換器操作在 CCM 情況，在此我們可以大致選定電感值為 85μH 以滿足所需。

接著下來，輸出電容器之計算，則可由(2-168)式推導而得，故

$$C = \frac{I_o D T_s}{\Delta V_o} = \frac{2 \times 0.8 \times 10 \times 10^{-6}}{360 \times 10^{-3}} = 44.4\mu F$$

因此，電容值則可以選擇常用之 47μF 之值。至於 ESR 與漣波電流則分別為

$$\text{ESR}_{max} \leq \frac{\Delta V_{O,max}}{\Delta I_{D1}} = \frac{\Delta V_{O,max}}{I_{peak}} \tag{2-177}$$

由於

$$I_{\text{peak}} = I_I + \frac{V_I D T_s}{2L} = \frac{D}{1-D} I_o + \frac{(1-D)V_o T_s}{2L} = \frac{0.8}{1-0.8} \times 2 + \frac{(1-0.8) \times 36 \times 10 \times 10^{-6}}{2 \times 85 \times 10^{-6}} = 8.42\text{A}$$

將此值代入上式可以得出

$$\text{ESR}_{\text{max}} \le \frac{360 \times 10^{-3}}{8.42} = 42.755\text{m}\Omega$$

另外，電容器有效之漣波電流為

$$I_{C(\text{rms})} = \frac{V_o}{R_L} \sqrt{\frac{D}{1-D} + \frac{D}{12}\left[\frac{(1-D)R_L T_s}{L}\right]^2}$$

$$= (2) \sqrt{\frac{0.8}{1-0.8} + \frac{0.8}{12}\left[\frac{(1-0.8)(36/2)(10 \times 10^{-6})}{85 \times 10^{-6}}\right]^2} = 4.01\text{A}$$

各位可以將本例題推導出來之結果，與例題 2-9 做一比較，看看其差異為何？

## 【例題 2-19】

若依例題 2-18 之電氣規格，則在選擇上功率開關 $Q_1$ 與二極體 $D_1$，應如何決定之？

**解** 功率開關 $Q_1$ 之選擇必須滿足：

$$V_{Q1(\text{max})} = V_{I_{\max}} + V_o = 27 + 36 = 63\text{V}$$

$$I_{Q1(\text{max})} = I_{\text{peak}} = 8.42\text{A}$$

$$I_{Q1(\text{avg})} = \frac{D}{1-D} I_{o_{\max}} = \frac{0.8}{1-0.8} \times 2 = 8\text{A}$$

而二極體 $D_1$ 之選擇，則必須滿足：

$$V_{D1(\text{max})} = V_{I_{\max}} + V_o = 63\text{V}$$

$$I_{D1(\text{max})} = I_{\text{peak}} = 8.42\text{A}$$

$$I_{D1(\text{avg})} = I_{o_{\max}} = 2\text{A}$$

同理，將此結果與例題 2-10 做一比較之。

# 第三章
# 隔離型高頻直流
# 電源轉換器電路

## 3-1 概論

在前面第二章中，我們已經針對基本的交換式電源轉換器電路－降壓型轉換器、昇壓型轉換器與昇降兩用型轉換器，做過詳細之探討與分析；而這些轉換器在輸入端與輸出端之間都沒有隔離(Isolation)作用，因此，在實際電路中為了達此功能，則衍生出一些具有隔離作用之高頻直流電源轉換器電路。在圖 3-1 所示之方塊圖就是一完整之隔離型直流電源轉換器(Isolated DC-DC Converter)電路，在此圖中，上半部虛線所示之部份就是本章要探討之重點，變壓器在此之作用除了具有隔離之功能外，還可以做改變電壓大小(Scaling)之功能；而輸出迴授部份一般可以由光隔離器(photo coupler)或是變壓器來達成隔離之作用。另外，若輸入電壓為交流電壓，則在方塊圖之 DC 輸入端之前，會有一級整流濾波電路，如此整個系就變成 AC-DC 之轉換器電路。

一般由降壓器轉換器衍生出來之電路，則有順向式轉換器(Forward Converter)，半橋式轉換器(Half-Bridge Converter)，全橋式轉換器(Full-Bridge Converter)與推挽式轉換器(Push-Pull Converter)；而返馳式轉換器(Flyback Converter)則由昇降兩用型轉換器推衍而得。在下面幾節中，則將這些轉換器詳細說明之。

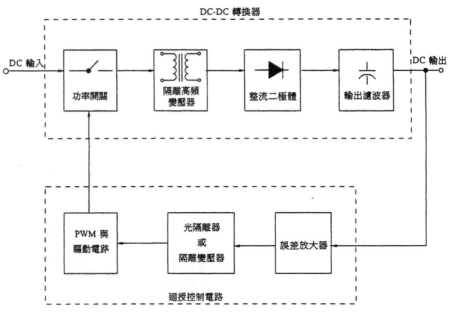

圖 3-1　具有隔離型之高頻 *DC-DC* 電源轉換器電路

## 3-2　順向式轉換器之基本工作原理

在圖 3-2 所示之電路就是基本的順向式電源轉換器，主要分別由功率開關 $Q_1$，變壓器 $T_1$，二極體 $D_1$、$D_2$、$D_3$，輸出電感器 $L_o$ 與輸出電容器 $C_o$ 所組成。而此轉換器之基本工作原理簡述如下：

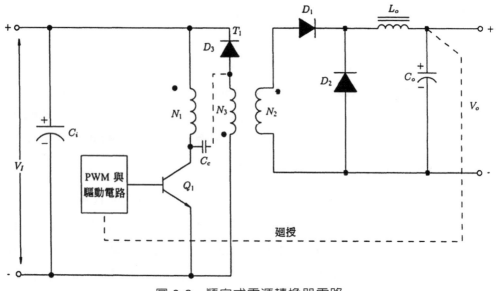

圖 3-2　順向式電源轉換器電路

　　當脈波寬度調變(PWM)與驅動電路將 $Q_1$ 功率開關導通時，輸入電壓 $V_1$ 會供應至初級繞組(Primary Winding)$N_1$ 上，也就是此時繞組上會漸漸有電流流過，並將能量儲存於其中；不過此時在次級繞組(Secondary Winding)$N_2$ 上會與 $N_1$ 繞組具有相同之極性，所以此能量就會順向轉移至次級繞組 $N_2$，並經由二極體 $D_1$，與輸出電感 $L_o$，然後傳送到負載端，而此時 $D_2$ 二極體則在逆向偏壓狀態。

　　若當功率開關 $Q_1$ 被截止時，也就是在 OFF 狀態，此時變壓器 $T_1$ 上之繞組極性會反轉，如此會使得 $D_1$ 二極體變成逆向偏壓而不導通；而 $D_2$ 飛輪二極體(flywheel diode)則在導通之狀態。而此時負載端能量之提供，則由 $L_o$、$C_o$，所儲存之能量經由 $D_2$ 來供給；所以，由此可以得知在電路上 $L_o$ 電感除了與 $C_o$ 電容搭配做爲低通濾波器(Lowpass Filter)之外，亦爲一儲能元件(Storage Choke)。而這點就是與返馳式轉換器不太相同，基本上在返馳式中並不須要此電感器，若有加入它祇是純粹做濾波之用，無儲能之作用。

　　至於 $T_1$ 變壓器之作用，則在使一次側電路與二次側電路之間達到隔離之效果，同時，可以經由圈數比之關係來獲得吾人所需之輸出電壓。而在返馳式變壓器中，則會具有儲能之作用。另外，在 $T_1$ 變壓器中 $N_3$ 繞組配合 $D_2$ 二極體，則具有消磁(Demagnetization)作用；這是因爲在 $Q_1$ 功率開關導通期間，能量會轉移至輸出電路，而同時變壓器初級側繞組將會有磁化電流(magnetizing current)產生，並將此能量儲存在鐵心之磁場中。而當 $Q_1$ 功率開關在不導通狀態時，若電路中沒有提供箝制(Clamping)或是能量回復(Energy Recovery)之路徑時，則所儲存之能量會在交換電晶體 $Q_1$ 之集極上產生很大之返馳電壓。所以，乃由能量回復繞組 $N_3$ 與 $D_3$ 二極體來提供在返馳期間能量回復至直流輸入線上。也就是說此時變壓器鐵心之操作點會回到每一週期開始之零點(即 $H \cong O$)，以防止鐵心達到飽和之狀態。

　　在返馳期間，由於 $D_3$ 二極體導通，則 $N_3$ 繞組上之電壓大小就會箝制在 $V_1$；所以，此時在電晶體之集極上之電壓則爲 2 倍之 $V_1$ (在此 $N_1$ 與 $N_3$ 圈數相同)。而爲了減少 $N_1$ 與 $N_3$ 之間過大之漏電感(Leakage Inductance)，在電晶體之集極造成過大之電壓超越量(Overshoot)，所以，一般會將能量回復繞組 $N_3$ 與一次側繞組 $N_1$ 一起雙繞(Bifilar-wind)。在返馳期間(即 OFF 期間)，流經能量回復繞組 $N_3$ 之電流較小，一般大約是一次側電流(Primary Current)的 5%至 10%左右，因此，所使用之線徑則可減小許多。

　　$D_3$ 二極體在配置上，一般都是置於能量回復繞組 $N_3$ 之上，如此在 $N_1$ 與 $N_3$ 之間的層間電容(Interwinding Capacitance)$C_c$，在 $Q_1$ 電晶體之集極與 $N_3$ 和 $D_3$ 之接面之間就會出現成為一寄生電容(Parasitic Capacitance)，如圖 3-2 所示。所以，以此方式連接的話，當 $Q_1$ 電晶體在導通期間時，就可以經由 $D_3$ 二極體來隔離任何流經 $C_c$ 電容之電流，而此時在 $C_c$ 兩端之電位會同時趨於負電位，因此，在其上並沒有任何電壓之變化。然而在返馳期間，當有任何電壓超越量出現時，則其所產生之電流會流經電容 $C_c$，並經由 $D_3$ 二極體流至直流輸入線上；因此，$C_c$ 電容在 $Q_1$ 電晶體之集極上提供了一額外之箝制動作。有時實際上為了達到此箝制動作，我們會真的在 $C_c$ 之位置上外加一電容來達此效果；不過要注意是此電容值若太大的話，會使得輸出端出現線漣波(line ripple)，也就是一般的 $AC$ 輸入端之 60Hz 或 50Hz 之漣波。要注意的是若使用在高壓系統下，則一次側繞組 $N_1$ 與能量回復繞組 $N_3$ 在雙繞情況下，由於具有較高電壓之應力存在，所以，其絕緣情況則須特別注意。當然，若要使 $C_c$ 電容提供額外之箝制動作，則 $N_1$ 與 $N_3$ 可以分開繞在不同層面上，如此不但可以減少電壓應力，而且還可達到箝制之作用。

　　一般若輸入信號為交流電壓時，則必須先將交流電壓整流為直流電壓，如圖 3-3 所示，經電容 $C_i$ 濾波以後，可以獲得平滑之直流輸出電壓，如此即可做為順向式直流轉換器之電壓輸入信號。同樣的，在圖 3-4 中即適用於 AC115V/230V 可切換之 AC-DC 順向式電源轉換器電路。切換開關(SW)置於 115V 之處，則為半波整流之倍壓電路，若置於 230V 之處，則為全波整流之電路，因此，大致上都可獲得相同之直流電壓。

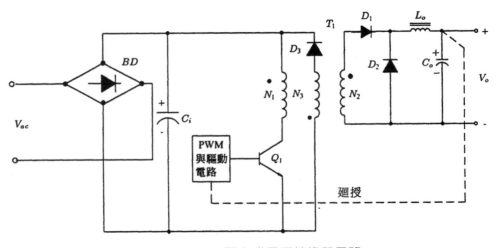

圖 3-3　*AC-DC* 順向式電源轉換器電路

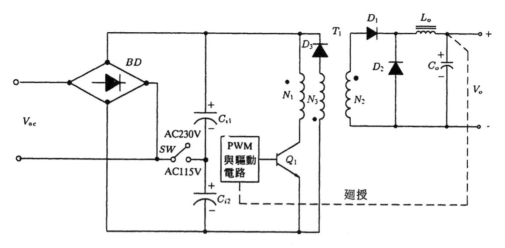

圖 3-4　適用於 AC115V/230V 之 *AC-DC* 順向式電源轉換器電路

## 3-2.1　順向式轉換器連續導通模式之穩態分析

接著我們來分析順向式轉換器在連續導通模式(CCM)之穩態情況，同樣的，在每一個交換週期之操作上僅有兩個狀態，而且流經輸出電感器 $L_o$ 之電流並不會降為零。在圖 3-5 所示就是在 CCM 情況下之等效電路，而圖 3-6 與圖 3-7 則為其各點電壓與電流波形。

當功率開關 $Q_1$ 在導通時，則由圖 3-5(a)之等效電路可以得知

$$V_{N2} = V_{Lo} + V_o = L_o \frac{di_{Lo}}{dt} + V_o$$

所以

$$\frac{di_{Lo}}{dt} = \frac{V_{N2} - V_o}{L_o} \tag{3-1}$$

也就是說，在 $DT_s$ 之導通期間，其電流之變化量 $\Delta I_{Lo}^+$ 則為

$$\Delta I_{Lo}^+ = \frac{V_{N2} - V_o}{L_o} \times DT_s \tag{3-2}$$

若功率開關 $Q_1$ 在截止狀態，則由圖 3-5(b)之等效電路可以得知

$$V_{Lo} + V_o = 0$$

$$L_o \frac{di_{Lo}}{dt} + V_o = 0$$

所以

$$\frac{di_{Lo}}{dt} = -\frac{V_o}{L_o} \tag{3-3}$$

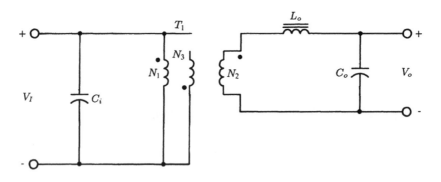

(a) 功率開關 $Q_1$ 在導通時之等效電路

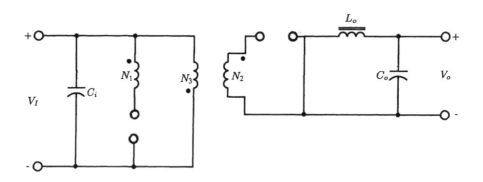

(b) 功率開關 $Q_1$ 在截止時之等效電路

圖 3-5　順向式直流轉換器在連續導通模式下之等效電路

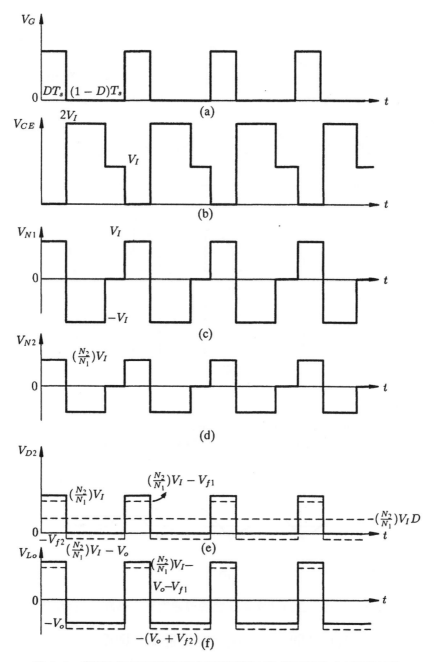

圖 3-6　順向式直流轉換器在連續導通模式下各點之電壓波形

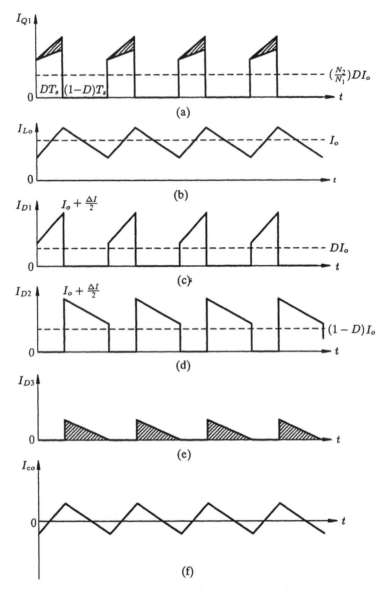

圖 3-7 順向式直流轉換器在連續導通模式下各點之電流波形

因此，在$(1-D)T_s$之截止期間，其電流之變化量 $\Delta I_{Lo}^-$ 則為

$$\Delta I_{Lo}^- = \frac{V_o}{L_o} \times (1-D)T_s \tag{3-4}$$

由於流經電感器之電流是一種連續形式，所以，此電流之變化量應該相等，所以，由(3-2)式與(3-4)式可以得知

$$\frac{V_{N2} - V_o}{L_o} \times DT_s = \frac{V_o}{L_o} \times (1-D)T_s$$

由上式可以得出

$$V_o = V_{N2}D \tag{3-5}$$

(3-5)式就類似於降壓型轉換器之關係式，若考慮變壓器之間的關係，則

$$V_{N2} = \frac{N_2}{N_1} \times V_I$$

代入(3-5)式可以獲得輸入與輸出之間的關係爲

$$V_o = \frac{N_2}{N_1} \times V_I \times D \tag{3-6}$$

或表示爲

$$\frac{V_o}{V_I} = \frac{N_2}{N_1}D = D/n \tag{3-7}$$

事實上，若由伏特一秒之平衡(Volt-Second Balance)之觀點，則由圖 3-6(f)可以得出

$$\left[\frac{N_2}{N_1}V_I - V_o\right] \times DT_s = V_o(1-D)T_s \tag{3-8}$$

也就是在圖上所示 ON 與 OFF 期間之面積相等，意即在整個週期裡跨於電感器兩端之電壓平均值爲零。所以，由(3-8)式，即可推導出(3-7)之關係式。在此，若考慮轉換器之輸入電壓範圍爲 $V_{I_{min}}$ 至 $V_{I_{max}}$ 則

$$\frac{V_o}{V_{I_{min}}} = \frac{N_2}{N_1}D_{max}/n \tag{3-9}$$

且

$$\frac{V_o}{V_{I_{max}}} = \frac{N_2}{N_1}D_{min} = D_{min}/n \tag{3-10}$$

整個順向式電源轉換器之效率若為 100%，則

$$P_o = P_I$$

也就是

$$V_o I_o = V_I I_I$$

所以

$$\frac{I_o}{I_I} = \frac{V_I}{V_o} = \frac{n}{D}$$

在圖 3-6 所示之電壓波形圖中，若考慮 $D_1$ 與 $D_2$ 二極體之順向電壓降，則其結果就如圖中虛線所示。另外，由圖 3-7 之電流波形可以得知，順向式電源轉換器操作在 CCM 情況下，輸出電感之電流為一連續之形式，而非一脈動電流 (Pulsating Current)之形式(注意：返馳式電源轉換器不管是操作在 CCM 或 DCM，流經最後輸出二極體之電流皆為一脈動電流之形態)，且波形具有柔緩之斜率與較小之漣波振幅；所以，此種波形就比較容易達到濾波之作用，如此輸出電容器在 ESR(等效串聯電阻值)與漣波電流之要求就不須要如此嚴格，可以減小其額定值。因此，一般來說，順向式電源轉換器就比較適合操作在連續導通模式了。至於輸入與輸出之關係式，若考慮二極體之順向電壓降 $V_f$ 則可表示為

$$\frac{(V_o + V_f)}{V_I} = D / n \tag{3-11}$$

### 3-2.2　順向式轉換器 CCM/DCM 之邊界條件

在順向式電源轉換器中，CCM 與 DCM 之邊界情況就如降壓型轉換器一樣，就是當功率開關 $Q_1$ 在 OFF 期間結束時，流經電感器 $L_o$ 之電流剛好為零。如圖 3-8 所示。所以，在此邊界情況，流經電感器之平均電流可以表示為

$$I_{LoB} = I_{oB} = \frac{1}{2} \Delta I \tag{3-12}$$

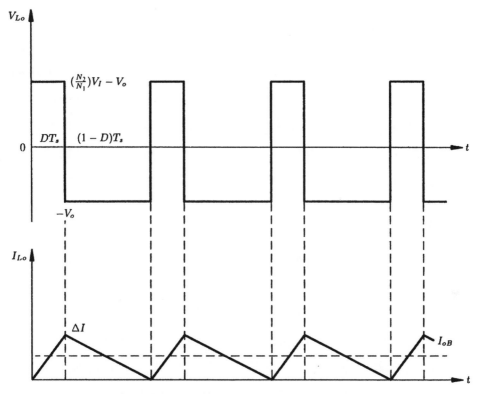

圖 3-8　順向式電源轉換器 DCM/CCM 之邊界情況

由於

$$\Delta I = \frac{V_o}{L_o} \times (1-D)T_s = \frac{N_2}{N_1} \times \frac{V_I}{L_o} \times D(1-D)T_s \tag{3-13}$$

所以

$$I_{LoB} = I_{oB} = \frac{V_o}{2L_o}(1-D)T_s = \frac{N_2 V_I}{2N_1 L_o}D(1-D)T_s \tag{3-14}$$

因此，順向式轉換器若要操作在 CCM，則其條件就是

$$I_o > I_{LoB} = I_{oB} = \frac{N_2 V_I}{2N_1 L_o}D(1-D)T_s \tag{3-15}$$

或是其電感值必須大於臨界之電感值 $L_{oB}$，也就是

$$L_o > L_{oB} = \frac{V_o}{2I_{oB}}(1-D)T_s \tag{3-16}$$

反之，若是電感值低於臨界電感值 $L_{oB}$，則轉換器就會進入不連續導通模式
(DCM)，而在此模式下，工作週期 $D$ 之值就會隨著負載之改變與輸入電壓之改變
而有所改變。至於在 CCM 情況下，工作週期 $D$ 並不會隨著負載之大小而改變，
此值會保持一常數值；不過輸入電壓改變時，$D$ 值亦會改變。雖然會有 DCM 或
CCM 之操作，我們都可以在轉換器之控制電路的迴授補償上，來使其達到穩定之
程度，一般來說，在順向式轉換器中，若操作在 CCM 情況，其轉移函數會具有
兩個極值，而操作在 DCM 情況，則具有一個極值。

### 3-2.3　順向式轉換器不連續導通模式之穩態分析

　　一般大都將順向式電源轉換器操作在 CCM 情況，當然若要操作在不連續導
通模式(DCM)亦可。此時輸出電感器 $L_o$ 之值必定會小於臨界之電感值 $L_{OB}$；而轉
換器電路在一週期中就會有三種操作情況發生，第一個操作狀態為 $Q_1$ 導通，$D_1$
導通與 $D_2$ 截止之期間，如圖 3-9(a)所示；第二個操作狀態為 $Q_1$ 截止，$D_1$ 截止與
$D_2$ 導通之期間，如圖 3-9(b)所示，此時流經輸出電感器之電流剛好降為零，第三
個操作狀態是 $Q_1$，$D_1$，$D_2$ 都在截止期間，輸出電感器上沒有任何電流流過，如圖
3-9(c)所示。

　　而此時輸入與輸出之間的關係，可以由電感器會達到伏特一秒平衡的相關式
推導而得，亦即由圖 3-10(f)之電壓波形圖形可以得知

$$\left[\left(\frac{N_2}{N_1}\right)V_I - V_o\right]D_1 T_s = V_o D_2 T_s$$

將上式化簡可以得出

$$\frac{V_o}{V_I} = \frac{N_2}{N_1} \cdot \frac{D_1}{D_1 + D_2} \tag{3-17}$$

另外，$D_1$ 與 $D_2$ 之間的關係，則推導如下，由於

$$\Delta I = \frac{V_o D_2 T_s}{L_o}$$

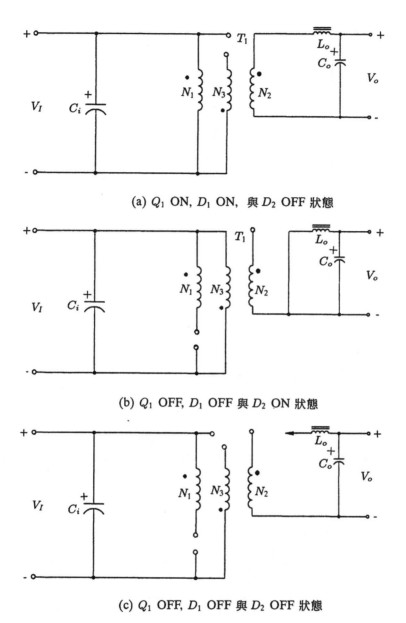

(a) $Q_1$ ON, $D_1$ ON, 與 $D_2$ OFF 狀態

(b) $Q_1$ OFF, $D_1$ OFF 與 $D_2$ ON 狀態

(c) $Q_1$ OFF, $D_1$ OFF 與 $D_2$ OFF 狀態

圖 3-9　順向式直流轉換器在不連續導通模式下之等效電路

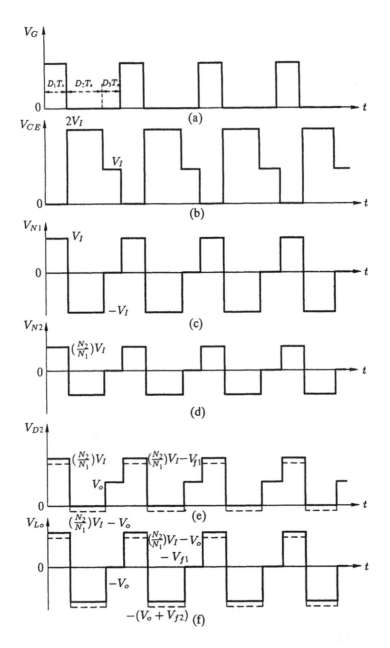

圖 3-10　順向式直流轉換器在不連續導通模式下各點之電壓波形

而且

$$I_{Lo} = I_o \frac{V_o}{R_L}$$

由圖 3-11(b)之電感器電流波形可以得知

$$I_{Lo} = I_o = \frac{1}{2} \cdot \Delta I \cdot (D_1 + D_2)$$

所以，由前面之關係則可獲得

$$\frac{V_o}{R_L} = \frac{1}{2} \cdot \frac{V_o D_2 T_s}{L_o} \cdot (D_1 + D_2)$$

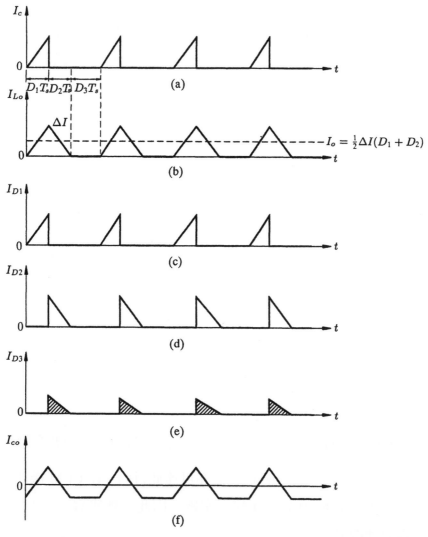

圖 3-11　順向式直流轉換器在不連續導通模式下各點之電流波形

解上面方程式，則

$$D_2 = \frac{-D_1 + \sqrt{D_1^2 + (8L_o / R_L T_s)}}{2} \tag{3-18}$$

因此，由上式吾人可得知，若轉換器工作在 DCM，則 $D_1$，$D_2$ 之變化會隨著負載 $R_L$ 而改變。至於電路上各點之電壓與電流波形，如圖 3-10 與圖 3-11 所示。

### 3-2.4　輸出電壓漣波與零件之選擇

在順向式轉換器中，流經輸出電感器之電流並非是一脈動電流，而為一平滑之電流，因此，再經由電容器濾波之後，漣波電壓之值會比返馳式電源轉換器之漣波電壓來得較小。由圖 3-12 所示可以得知此漣波之大小可表示為

$$\Delta V_o = \frac{\Delta Q}{C_o} = \frac{1}{C_o} \cdot \frac{1}{2} \cdot \frac{\Delta I}{2} \cdot \frac{T_s}{2} = \frac{\Delta I T_s}{8 C_o} \tag{3-19}$$

由於

$$\Delta I = \frac{V_o}{L_o}(1-D)T_s$$

所以

$$\Delta V_o = \frac{T_s^2 V_o}{8 C_o L_o}(1-D)$$

亦可表示為

$$\Delta V_o = \frac{\pi^2 V_o}{2}(1-D)\left(\frac{f_c}{f_s}\right)^2 \tag{3-21}$$

在此 $f_c = \frac{1}{2}\pi\sqrt{L_o C_o}$；所以由以上之式子可以得知，若要減小漣波電壓之大小，就是將 $L_o$ 與 $C_o$ 之大小提高，或是使 $f_c \ll f_s$ 亦可達此目的。在 CCM 操作情況下，電路中之 $L_o$，$C_o$，$V_o$，$T_s$ 與 $D$ 皆為不變之常數，因此，漣波 $\Delta V_o$ 之大小亦不會隨著負載之大小而有所改變。

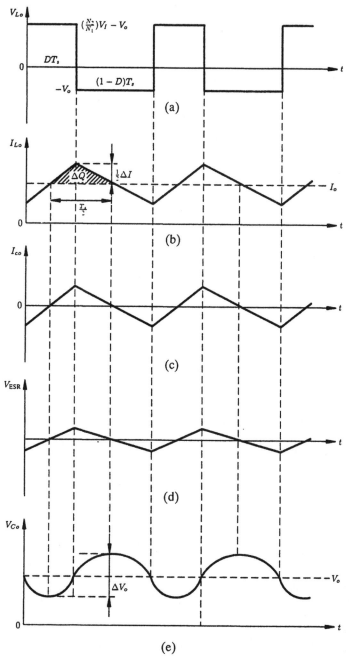

圖 3-12 順向式轉換器操作在 CCM 情況下電感與電容之漣波電壓與電流

　　事實上，在設計一順向式電源轉換器電路，我們都會事先訂定漣波電流與漣波電壓之大小($\Delta I$ 與 $\Delta V_o$)，因此，由(3-16)我們可以很快地設計出電感器之大小為

$$L_o = \frac{V_o}{2I_{oB}}(1-D)T_s = \frac{V_o}{\Delta I}(1-D)T_s \tag{3-22}$$

而電容器之大小可由(3-20)式得知為

$$C_o = \frac{T_s^2 V_o}{8L_o \Delta V_o}(1-D) \tag{3-23}$$

至於其 ESR 之選擇，則考慮如下

$$\text{ESR}_{\max} \le \frac{\Delta V_{o_{\max}}}{\Delta I} \tag{3-24}$$

同時其有效之漣波電流則為

$$I_{Co(\text{rms})} = \frac{\Delta I}{2\sqrt{3}} = \frac{1}{2\sqrt{3}}\frac{V_o}{L_o}(1-D)T_s \tag{3-25}$$

在功率開關 $Q_1$，一般都是使用電晶體或是 MOSFET，因此，在選擇上必須考慮集極一射極之間所能承受電壓值，以及所流過之電流額定值，所以，由圖 3-6(b)即可得知電壓之最大值為 $2V_I$，故

$$V_{CE(\max)}或 V_{DS(\max)} \ge 2V_I \tag{3-26}$$

而電流由圖 3-7(a)可以得知，其最大值可表示為

$$I_{Q1(\max)} = \left(\frac{N_2}{N_1}\right)\left(I_o + \frac{\Delta I}{2}\right) + 磁化電流 I_m = \left(\frac{N_2}{N_1}\right)\left(I_o + \frac{\Delta I}{2}\right) + \frac{DT_sV_I}{L_1} \tag{3-27}$$

在此 $L_1$ 為初級圈之電感值。而 $I_{Q1}$ 之平均電流則可表示為

$$I_{Q1(\text{avg})} = \left(\frac{N_2}{N_1}\right)DI_o = \frac{DI_o}{n} \tag{3-28}$$

接著下來考慮二極體 $D_1$ 與 $D_2$ 之選擇，首先由 $D_1$ 二極體可以得知，其所承受之最大電壓為

$$V_{D1(\max)} = \left(\frac{N_2}{N_1}\right) V_I = \frac{V_o}{D} \tag{3-29}$$

而最大電流由圖 3-7(c)可得知為

$$I_{D1(\max)} = I_o + \frac{\Delta I}{2} \tag{3-30}$$

其平均電流則為

$$I_{D1(avg)} = D I_o \tag{3-31}$$

至於 $D_2$ 二極體，則所承受之最大電壓與電流分別為

$$V_{D2(\max)} = \left(\frac{N_2}{N_1}\right) V_I = \frac{V_o}{D} \tag{3-32}$$

$$I_{D2(\max)} = I_o + \frac{\Delta I}{2} \tag{3-33}$$

$$I_{D2(avg)} = (1 - D) I_o \tag{3-34}$$

## 3-2.5　順向式轉換器之優點與缺點

在各類型之轉換器中，都各有其優點與缺點，因此，在設計上若採用順向式電源轉換器之結構，我們也應該要了解其特性為何，茲分述如下：

1. 順向式電源轉換器與返馳式電源轉換器比較之下，順向式變壓器之銅損 (Copper loss)會比較小，還是因為其初側與次級側之峰值電流較小(由於變壓器不須要間隙，故電感量較高)。如此變壓器之溫升可以減少一些，鐵心之大小在選擇上也可以小一些。

2. 由於輸出電感器之功能就是儲存能量提供負載使用，因此，其後亦具有儲能之電容器在數值大小上則可減小許多，同時，此電容器對漣波電流額定值之大小要求也會較小些。

3. 流經功率開關(交換元件)之峰值電流會較小。

4. 由於流經輸出電感器之電流並非脈動電流，因此，在輸出端之漣波電壓之大小會比返馳式來得小些。

5. 與返馳式轉換器比較起來，價格會貴一些，還是因為增加了輸出電感器與飛輪二極體之故。

6. 在輕載情況下，若轉換器進入 DCM 操作模式，則在其它無回授之輸出端上，其輸出電壓可能會過大，除非在輸出端加入一穩定作用之電阻，一般稱之為 Ballast Resistor 或是 Dummy Resistor，順向式轉換器一般都是設計工作在 CCM 之情況來操作。

### 3-2.6 順向式轉換器之變化型式

在順向式轉換器中，由於功率電晶體 $Q_1$ 須承受 2 倍之輸入電壓，為了減少電晶體之電壓應力，可以使用圖 3-13 所示之電路結構，在此電路中使用兩個功率電晶體，如此每一個電晶體所承受之電壓應力就減少一半，也就是一倍之輸入電壓。同時，使用此種架構可以不須用到箝制電路以及額外的能量回復繞組。

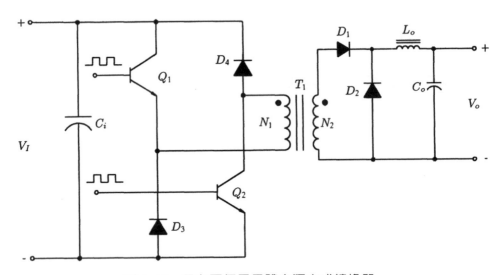

圖 3-13　具有兩個電晶體之順向式轉換器

圖中所示之 $Q_1$ 與 $Q_1$ 功率電晶體會被同時導通(turn on)與截止(turn off)。當電晶體 $Q_1$ 與 $Q_2$ 導通時，電流會流經 $Q_1$，$N_1$ 繞組與 $Q_2$，並將此能量傳遞至次級繞組 $N_2$，由於極性之關係此時 $D_1$ 二極體會導通，然後至輸出電感器 $L_o$ 與輸出電容器 $C_o$，使能量得以提供至負載端。注意此時二極體 $D_3$ 與 $D_4$ 不導通，而當電晶體 $Q_1$ 與 $Q_2$ 截止時，在 $N_1$ 之繞組極性會反轉，此時的 $D_3$ 與 $D_4$ 會導通，如此在 OFF 期間儲存在磁場中之能量就可經由 $D_3$，$N_1$ 與 $D_4$ 回復至直流輸入線上。另外，$D_3$

與 $D_4$ 二極體之作用亦可使得 $Q_1$ 與 $Q_2$ 電晶體之集極－射極電壓不會超過輸入電壓 $V_I$。所以，有時候箝制電路亦可省略不用。

　　由於不須要使用到能量回復繞組，所以，變壓器之製作與設計就較為簡單，而且箝制電路若省略的話，電路之效率就可更高。不過此種電路之缺點就是要使用到兩個功率電晶體，而且驅動電路也較為複雜。

　　若所設計之電源供應器為多重輸出，除了主輸出以外，其它組之輸出若功率較小，則可將順向式轉換器與返馳式結合在一起使用，如圖 3-14 所示。由圖可以得知我們從輸出電感器 $L_{o1}$ 再自行繞製一繞組，經整流濾波即可獲得另外一組輸出電壓 $V_{o2}$，此部份的結構即為返馳之方式。當 $Q_1$ 電晶體導通時，$T_2$ 上就會有能量儲存，而電晶體在截止時，$T_2$ 上之能量就會傳遞至 $V_{o2}$ 輸出。使用此種方式可以在 $T_1$ 上節省一繞組，同時也少了一個飛輪二極體，整體之成本可以減少。不過，由於輸出電感器 $L_{o1}$ 所儲存之能量較為有限，所以，一般若使用此種方式來獲得第二組或第三組之輸出，其輸出功率最好是在主輸出功率之 30%以下較恰當。

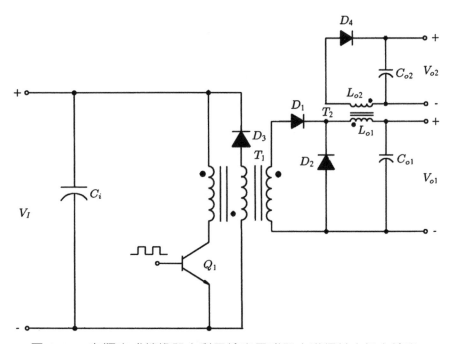

圖 3-14　在順向式轉換器中利用輸出電感器來獲得其它組之輸出

## 3-3 返馳式轉換器之基本工作原理

　　返馳式轉換器(Flyback Converter)亦有人稱之為振鈴扼流圈轉換器(Ringing Choke Converter)，其結構如圖 3-15 所示。而其工作原理則說明如下：

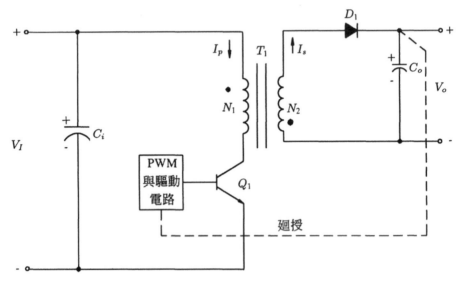

圖 3-15　返馳式電源轉換器電路

　　當電晶體 $Q_1$ 導通時，變壓器 $T_1$ 之初級繞組 $N_1$ 漸漸地會有初級電流流過，此時能量就會儲在其中。不過由於變壓器一次側與二次側之繞組極性是相反的，因此，二極體 $D_1$ 此時會被逆向偏壓，故沒有能量轉移至負載，輸出之能量則繼續由輸出電容器 $C_o$ 來提供。由於在導通期間，能量是儲存在變壓器中，此時惟有初級繞組是在 Active 狀態，故變壓器可視為一簡單之串聯電感器。其導通時之等效電路，如圖 3-16(a)所示，而初級圈 $I_p$ 電流之變化率，則可表示為

$$\frac{di_p}{dt} = \frac{V_I}{L_p} \tag{3-35}$$

在此 $V_I$ 為輸入之直流電壓

　　$L_p$ 為初級圈電感值

由上式則可得知在導通期間初級圈電流會線性增加，此時在鐵心中之磁通密度(flux density)會從剩磁 $B_\gamma$ 增加至工作峰值 $B_\omega$，如圖 3-16(b)所示。

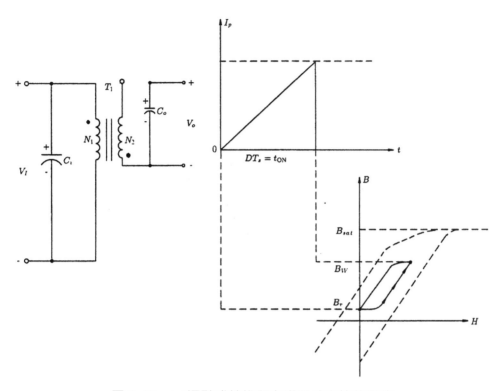

圖 3-16　(a)返馳式轉換器在導通時之等效電路
(b)在導通時之初級電流與磁化曲線

　　當電晶體 $Q_1$ 截止時，初級圈之電流會降為零，此時變壓器之 Ampere-Turns(NI) 並不會改變，這是因為磁通密度 $\Delta B$ 並沒有相對的改變。當磁通密度向負的方向改變時，在所有繞組上之電壓極性將會反轉，並使得 $D_1$ 二極體導通，而磁化電流將會轉移至次級圈，也就是說此時儲存在變壓器之能量會經由 $D_1$ 二極體，傳送至輸出電容器與負載上。而在此期間其等效電路如圖 3-17(a)所示，至於次級圈之電流與磁化曲線之變化，則如圖 3-27(b)所示，$I_s$ 電流會由最大值變化到零，而磁通密度則由峰值 $B_\omega$ 降至 $B_\gamma$。而其電流改變率，則可由下式表示之

$$\frac{di_s}{dt} = \frac{V_s}{L_s} \tag{3-36}$$

在此 $V_s$ 為次級圈之電壓

　　$L_s$ 為變壓器次級圈之電感值

由此，我們大概可以得知在返馳式轉換器中，變壓器除了做隔離作用與調整所需之輸出電壓(Scaling)的作用外，還有一功能就是做儲存能量之用。

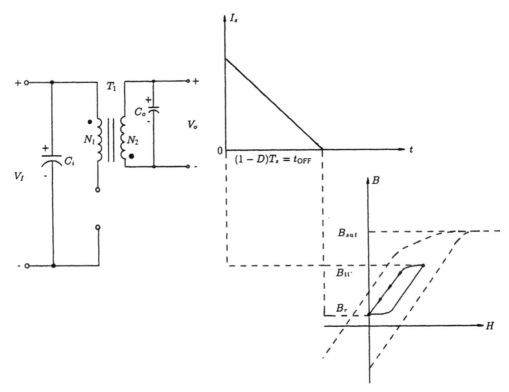

圖 3-17　(a)返馳式轉換器在截止時之等效電路

(b)在截止時之次級電流與磁化曲線

### 3-3.1　返馳式轉換器連續導通模式之穩態分析

在返馳式電源轉換器中，當功率電晶體導通時，能量會儲存在變壓器中，而當其變為截止狀態，能量會轉移至輸出端，若能量沒有完全轉移，而在下一次導通時，還有能量儲存在變壓器中，我們就稱返馳式轉換器是操作在連續導通模式(CCM)或是稱之為不完全能量轉移模式；或是說在下一次導通時，返馳電流沒有降為零，則系統就是在 CCM 之狀態操作。如圖 3-18 所示，就是返馳式轉換器在 CCM 操作下之等效電路。

在圖 3-18(a)所示，當功率電晶體 $Q_1$ 導通時，在初級圈兩端之電壓為

$$v_P(t) = V_I \tag{3-37}$$

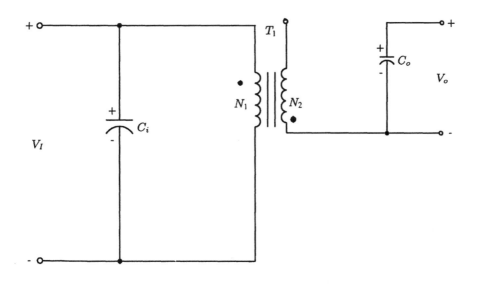

(a) 功率開關 $Q_1$ 在導通時之等效電路

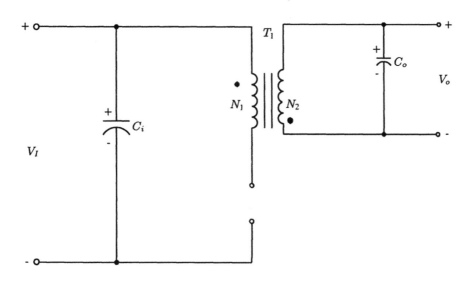

(b) 功率開關 $Q_1$ 在截止時之等效電路

圖 3-18　返馳式直流轉換器在連續導通模式之等效電路

而流經此初級繞組兩端之電流則爲$(0 \leq t \leq DT_s)$

$$i_p(t) = i_p(o) + \frac{1}{L}\int_o^t v_p(t)dt = i_p(o) + \frac{1}{L_p}V_I t$$

在 $t = DT_s$ 時，由上式可以表示爲

$$i_p(DT_s) = i_p(o) + \frac{1}{L_p}V_I DT_s \tag{3-38}$$

在此操作狀態下，能量是儲在變壓器中，此時 $D_1$ 二極體不導通，輸出之能量則由輸出電容器 $C_o$ 來提供。

　　當 $Q_1$ 電晶體截止時，如圖 3-18(b)所示之等效電路，此時次級圈兩端之電壓為

$$v_s(t) = V_o \tag{3-39}$$

而流經次級繞組兩端之電流則為$(DT_s \le t \le T_s)$

$$i_s(t) = i_s(DT_s) - \frac{1}{L_s}\int_{DT_s}^{t} v_s(t)dt = ni_p(DT_s) - \frac{1}{L_s}V_o(t - DT_s)$$

所以，在 $t = T_s$ 時，由上式可以表示為

$$i_s(T_s) = ni_p(DT_s) - \frac{1}{L_s}V_o(1 - D)T_s \tag{3-40}$$

由於轉換器在穩態時，吾人可得知

$$i_s(T_s) = ni_p(o) \tag{3-41}$$

所以，將(3-38)式代入(3-40)式可以得出

$$i_s(T_s) = ni_p(o) + \frac{n}{L_p}V_I DT_s - \frac{1}{L_s}V_o(1 - D)T_s$$

故由上式可得出

$$\frac{nV_I D}{L_p} = \frac{V_o(1 - D)}{L_s} \tag{3-42}$$

由於

$$L_p = n^2 L_s \tag{3-43}$$

將(3-43)式代入(3-42)式可以獲得輸入與輸出之間的關係式為

$$\frac{V_o}{V_I} = \frac{1}{n} \cdot \frac{D}{1 - D} \tag{3-44}$$

若考慮二極體之順向降壓則為

$$\frac{(V_o + V_f)}{V_I} = \frac{1}{n} \cdot \frac{D}{1-D}$$

(3-45)

至於電路上各點電壓與電流波形,則如圖 3-19 與圖 3-20 所示。

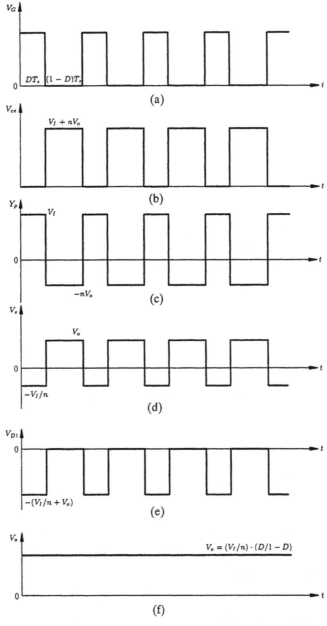

圖 3-19　返馳式直流轉換器在連續導通模式下各點之電壓波形

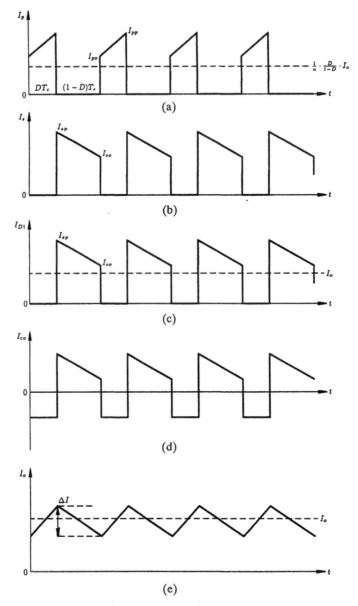

圖 3-20 返馳式直流轉換器在連續導通模式下各點之電流波形

事實上，若要推導出輸入與輸出之間的關係式，則可利用伏特一秒平衡 (Volt-Second balance)之觀念來推導，我們可以從變壓器初級圈或次級圈之電壓波形來獲得結果，例如我們從初級圈 $V_p$ 之波形可以得知

$$V_I \times DT_s = nV_o \times (1 - D)T_s \tag{3-46}$$

所以，化簡可得到(3-44)式相同之結果。

若考慮返馳式轉換器其輸入電壓之變化範圍爲 $V_{I_{\min}}$ 至 $V_{I_{\max}}$，則輸入與輸出之關係式分別爲

$$\frac{V_o}{V_{I_{\min}}} = \frac{1}{n} \cdot \frac{D_{\max}}{1 - D_{\max}} \tag{3-47}$$

且

$$\frac{V_o}{V_{I_{\max}}} = \frac{1}{n} \cdot \frac{D_{\min}}{1 - D_{\min}} \tag{3-48}$$

由以上之關係式可以得知，工作週期 $D$ 只與 $n$，$V_o$，$V_I$ 有關，而與負載之大小無關，當電路設計完成之後 $n$，$V_o$ 都是保持不變，此時衹與輸入電壓 $V_I$ 有關了。若功率轉換沒有任何損失的話，則

$$\frac{I_o}{I_I} = \frac{V_I}{V_o} = n \cdot \frac{1 - D}{D} \tag{3-49}$$

### 3-3.2　返馳式轉換器 CCM/DCM 之邊界條件

如果返馳電流(或是次級繞組之電流)在下一週期功率電晶體 $Q_1$ 導通之前，其電流會到達零值，則轉換器就是操作在完全能量轉換器模式(Complete Energy Transfer Mode)或是在不連續導通模式(DCM)。也就是在導通期間，所有的能量是儲存在變壓器初級圈之電感中，而在返馳期間將所有之能量轉移至輸出電路。在圖 3-21(a)所示爲 CCM 情況下初級與次級繞組之電流波形；圖 3-21(b)所示 CCM/DCM 之邊界情視，此時剛好在電晶體導通之時，返馳電流會降爲零，而圖 3-21(c)所示則爲 DCM 之情況。

由圖 3-21(b)之返馳電流波形可以得知，流經此次級繞組之平均電流可以表示爲

$$I_{sB} = I_{oB} = \frac{\Delta I_{sB} \cdot (1 - D)}{2} \tag{3-50}$$

由於

$$\Delta I_{sB} = \frac{V_o}{L_s}(1 - D)T_s = \frac{n^2 V_o}{L_p}(1 - D)T_s \tag{3-51}$$

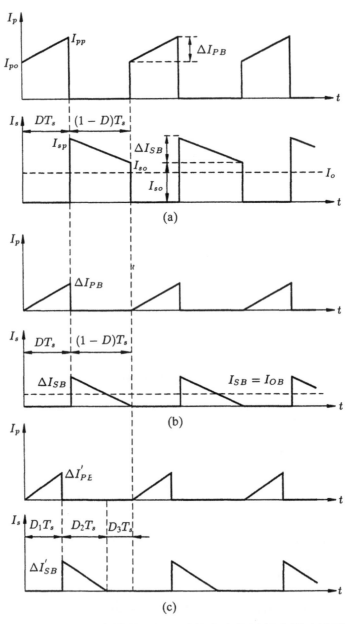

圖 3-21 返馳式變壓器初級繞組與次級繞組之電流波形

(a)CCM 情況 (b)CCM/DCM 邊界情況 (c)DCM 情況

所以

$$I_{sB} = I_{oB} = \frac{n^2 V_o}{2L_p}(1-D)^2 T_s \tag{3-52}$$

因此，返馳式轉換器若要操作在 CCM，則其條件就是

$$I_o > I_{sB} = I_{oB} = \frac{n^2 V_o}{2L_p}(1-D)^2 T_s \tag{3-53}$$

或是其初級繞組之電感值必須大於臨界之電感值 $L_{pB}$，也就是

$$L_p > L_{pB} = \frac{n^2 V_o}{2I_{oB}}(1-D)^2 T_s \tag{3-54}$$

反之，若要使返馳式轉換器操作在 DCM，則初級繞組之電感值 $L_p$ 就必須低於臨界電感值 $L_{pB}$。上式中若將輸出二極體之順向電壓降 $V_f$ 考慮進去的話，則可表示為

$$L_p > L_{pB} = \frac{n^2 (V_o + V_f)}{2I_{oB}}(1-D)^2 T_s \tag{3-55}$$

另外，由(3-50)式可以得知

$$\Delta I_{sB} = \frac{2I_{oB}}{1-D} \tag{3-56}$$

由於初級繞組與次級繞組之電壓與電感值皆為一常數，所以流經其上之電流斜率不會改變，因此，由圖 3-21(a)之電流波形吾人可以得知

$$\frac{(2I_{so} + \Delta I_{sB}) \cdot (1-D)}{2} = I_o$$

將上式化簡可以得出

$$I_{so} = \frac{I_o}{1-D} - \frac{\Delta I_{sB}}{2} = \frac{I_o - I_{oB}}{1-D} \tag{3-57}$$

而其峰值電流則為

$$I_{sp} = I_{so} + \Delta I_{sB} = \frac{I_o}{1-D} + \frac{\Delta I_{sB}}{2} \tag{3-58}$$

將(3-56)式代入(3-58)式則可得知

$$I_{sp} = \frac{I_o}{1-D} + \frac{I_{oB}}{1-D} = \frac{I_o + I_{oB}}{1-D} \tag{3-59}$$

同理，我們亦可得知初級繞組 $I_{po}$ 與 $I_{pk}$ 之電流為

$$I_{po} = \frac{I_{so}}{n} = \frac{1}{n}\left( \frac{I_o}{1-D} - \frac{\Delta I_{sB}}{2} \right) = \frac{1}{n}\left( \frac{I_o - I_{oB}}{1-D} \right) \tag{3-60}$$

且

$$I_{pp} = \frac{I_{sp}}{n} = \frac{I_o + I_{oB}}{n(1-D)} \tag{3-61}$$

### 3-3.3　返馳式轉換器不連續導通模式之穩態分析

　　返馳式轉換器一般可以工作在 CCM 或是 DCM 或是含蓋此兩種模式皆可。在圖 3-22 所示為操作在 DCM 情況下之等效電路，第一個操作狀態在 $D_1 T_s$ 期間，$Q_1$ 導通，$D_1$ 截止，如圖 3-22(a)所示；第二個操作狀態在 $D_2 T_s$ 期間，$Q_1$ 截止，$D_1$ 導通，如圖 3-22(b)所示，第三個操作狀態在 $D_3 T_s$ 期間，是 $Q_1$，$D_1$，都處於截止期間，如圖 3-22(c)所示，此時 $T_1$ 繞組上沒有任何電流流過。而各點之電壓與電流波形，則如圖 3-23 與圖 3-24 所示。

　　若要得到返馳式轉換器在 DCM 情況下，輸入與輸出之間的關係，則可由圖 3-23(c)之初級繞組的波形來獲得。由伏特一秒平衡觀念，則可得知

$$V_1 D_1 T_s = nV_o D_2 T_s$$

所以

$$\frac{V_o}{V_I} = \frac{1}{n} \cdot \frac{D_1}{D_2} \tag{3-62}$$

或是表示為

$$D_1 = \frac{nV_o}{V_I} \cdot D_2 \tag{3-63}$$

由於

$$\Delta I_s = \frac{V_o D_2 T_s}{L_s} \tag{3-64}$$

而且

$$I_o = \frac{V_o}{R_L} = \frac{\Delta I_s \cdot D_2}{2} \tag{3-65}$$

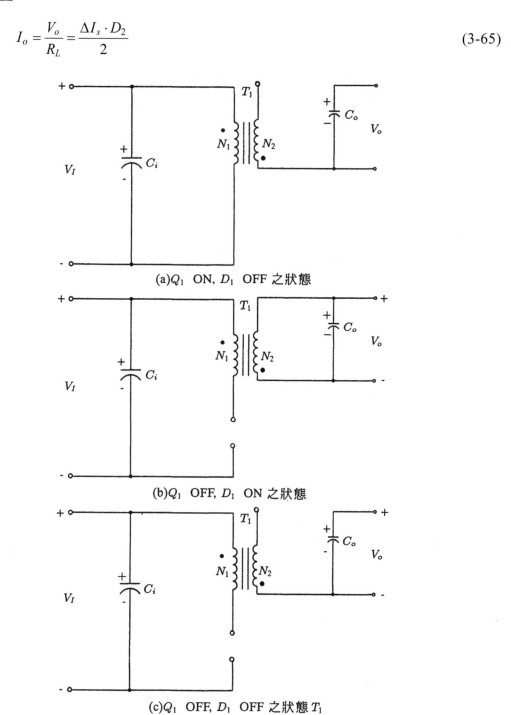

(a)$Q_1$ ON, $D_1$ OFF 之狀態

(b)$Q_1$ OFF, $D_1$ ON 之狀態

(c)$Q_1$ OFF, $D_1$ OFF 之狀態 $T_1$

圖 3-22 返馳式直流轉換器在不連續導通模式下之等效電路

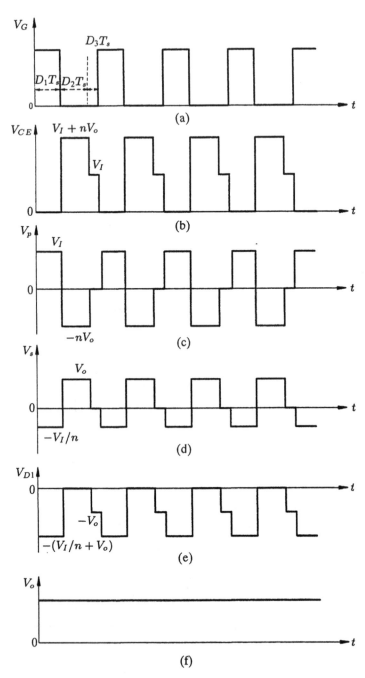

圖 3-23　返馳式直流轉換器在不連續導通模式下各點之電壓波形

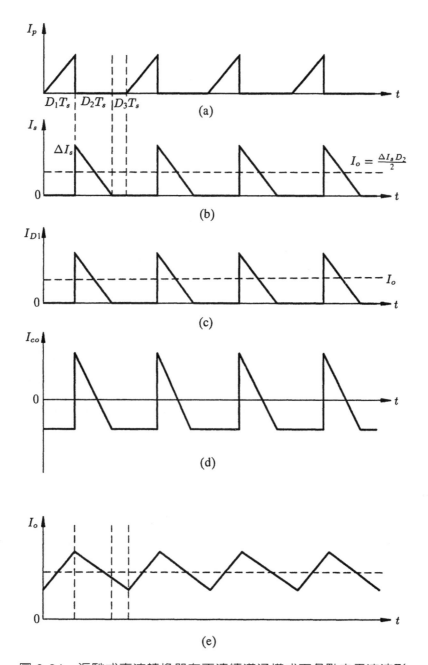

圖 3-24　返馳式直流轉換器在不連續導通模式下各點之電流波形

所以由前面之關係式可以得知

$$\frac{V_L}{R_L} = \frac{1}{2} \cdot \frac{V_o D_2^2 T_s}{L_s} \Rightarrow D_2 = \left[ \frac{2L_s}{R_L T_s} \right]^{\frac{1}{2}} \tag{3-66}$$

若考慮二極體順向壓降 $V_f$，則

$$\frac{V_o}{R_L} = \frac{1}{2} \cdot \frac{(V_o + V_f)D_2^2 T_s}{L_s} \Rightarrow D_2 = \left[ \frac{2V_o L_s}{(V_o + V_f)R_L T_s} \right]^{\frac{1}{2}} \tag{3-67}$$

由於 $n^2 = L_p/L_s$，所以，(3-66)式或(3-67)式則分別爲

$$D_2 = \left[ \frac{2L_p}{R_L T_s} \right]^{\frac{1}{2}} \cdot \frac{1}{n} \tag{3-68}$$

或

$$D_2 = \left[ \frac{2V_o L_p}{(V_o + V_f)R_L T_s} \right]^{\frac{1}{2}} \cdot \frac{1}{n} \tag{3-69}$$

由上面之式子可以得知，在返馳式轉換器中若工作在 DCM 之模式，工作週期會隨著負載 $R_L$ 而改變(此時 $L_p$，$T_s$ 與 $n$，$V_o$ 皆爲常數值)，$R_L$ 變小(輸出電流變大)，工作週期會變大；反之，$R_L$ 變大(輸出電流變小)，工作週期則變小。

### 3-3.4　輸出電壓漣波與零件之選擇

　　在本節中我們將探討返馳式轉換器之漣波大小，以及在零件選擇上所須考慮之耐電壓與耐電流之值。在此亦假設二極體之漣波電流會全部流至輸出電容器，而平均電流則流至負載上。由圖 3-25 操作在 CCM 情況下之輸出電壓漣波，其峰對峰值爲 $\Delta V_o$，所以，經由充電能量 $\Delta Q$，則其值可表示爲

$$\Delta V_o = \frac{\Delta Q}{C_o} = \frac{I_o D T_s}{C_o} = \frac{V_o}{R_L} \cdot \frac{D T_s}{C_o} \tag{3-70}$$

而漣波之百分比，則可表示爲

$$\frac{\Delta V_o}{V_o} = \frac{D T_s}{R_L C_o} \times 100\% \tag{3-71}$$

由於設計上我們會先行規定出漣波之大小，所以，$\Delta V_o$ 事實上爲已知值，故由(3-70)式可以設計出吾人所需之輸出電容器之大小，其值爲

$$C_o = \frac{V_o DT_s}{\Delta V_o R_L} \text{ 或是 } \frac{I_o DT_s}{\Delta V_o} \tag{3-72}$$

而輸出電容器 $C_o$ 之 ESR 大小，則可由下式決定

$$\text{ESR}_{max} \le \frac{\Delta V_o}{I_{sp}} = \frac{\Delta V_o(1-D)}{I_o + I_{oB}} \tag{3-73}$$

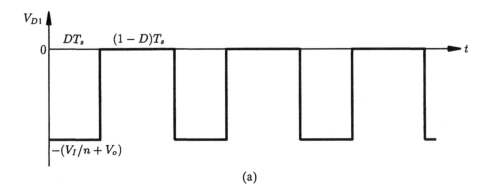

(a)

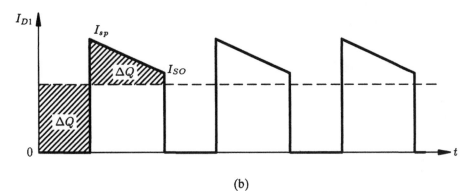

(b)

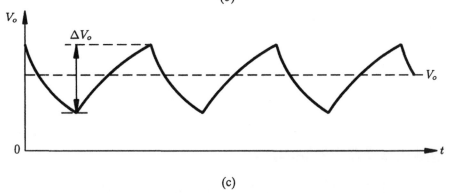

(c)

圖 3-25　返馳式轉換器操作在 CCM 情況下之輸出電壓漣波

另外，須考慮輸出電容器之漣波電流值，由圖 3-20(d)可以計算得知，其值為

$$I_{co(\text{rms})} = \frac{V_o}{R_L}\sqrt{\frac{D}{1-D} + \frac{D}{12}\left[\frac{(1-D)R_L T_s}{L_s}\right]^2} \tag{3-74}$$

接著考慮功率電晶體所須承受之耐壓值，以及流過之電流額定值，所以，由圖 3-19(b)可以得知在選擇功率電晶體時，其最大耐壓值必須承受

$$V_{CE(\text{max})}\text{或 } V_{DS(\text{max})} \geq V_I + nV_o \tag{3-75}$$

而電流最大值，由圖 3-20(a)所示為 $I_{pp}$，此值由(3-61)式推導而得為

$$I_{Q1(\text{max})} = I_{pp} = \frac{I_o + I_{oB}}{n(1-D)} \tag{3-76}$$

至於流經 $Q_1$ 之平均電流則為

$$I_{Q1(\text{avg})} = \frac{DI_o}{n(1-D)} \tag{3-77}$$

由圖 3-19(e)可以得知二極體 $D_1$ 之最大電壓值為 $\frac{V_I}{n}+V_o$，故

$$V_{D1(\text{max})} \geq \frac{V_I}{n}V_L \tag{3-78}$$

而最大電流由圖 3-20(c)可以得知為

$$I_{D1(\text{max})} = I_{sp} = \frac{I_o + I_{oB}}{1-D} \tag{3-79}$$

其流過之平均電流則為

$$I_{D1(\text{avg})} = I_o$$

### 3-3.5 返馳式轉換器之優點與缺點

在前面已經針對返馳式轉換器探討說明其基本工作原理，DCM 與 CCM 之穩態分析，接著綜合其特性說明返馳式轉換器之優點與缺點，分述如下：

1.  一般若考慮使用返馳式轉換器之結構來設計交換式電源供應器，其著眼點最主要是比較簡單，價格便宜。這是因為變壓器本身就是一個扼流圈(Choke)，可做為能量儲存之用。因此，輸出端就不須使用電感器。同時，也比順向式轉換器少了一個飛輪二極體。

2.  在變壓器與輸出元件中所流經之電流，則具有高漣波電流，因此，效率會被減低。由於此種限制，一般返馳式轉換器都設計在 150W 以下。

3.  返馳式轉換器在設計上可以操作在 DCM 或是 CCM，或是同時在設計之範圍內包含此兩種模式，一般在重載為 CCM，而在輕載範圍為 DCM。尤其是在輸入電壓操作範圍較廣之情況，或是輸出負載變化較大之狀態下，可以設計操作在兩種不同模式下。

4.  返馳式轉換器在穩態(Steady-State)情況，於"ON"期間磁通密度之變化會等於在"OFF"期間(返馳期間)磁通密度之變化，如下所示：

    $$\Delta\phi = \frac{V_I \cdot DT_s}{N_1} = \frac{V_s \cdot (1-D)T_s}{N_2}$$

    由上式可知，如果對磁通密度而言，已建立一穩定之工作點，則初級每一圈之伏特一秒(Volt-seconds)必定會等於次級每一圈之伏特一秒。

5.  返馳式轉換器若操作在 DCM 情況，則具有簡單一階極值(Single-pole)之轉移函數，並且在變壓器次級具有高的輸出阻抗。(若要傳輸更多功率時，須要增加脈波寬度)因此，交換式電源供應器若採用電流模式控制(Current Mode Control)，則在 DCM 之操作下，可以大大減少控制迴路問題。

6.  返馳式轉換器若操作在 CCM 情況，則轉移函數就變為二階系統(具有 2 個極值)，並具有低的輸出阻抗。(若要傳輸更多功率時，脈波寬度僅有輕微增加；理論上是不變的)。同時，在 CCM 操作模式會具有右半平面之零點(right-half-plan zero)產生；因此在高頻會產生超過 180° 之相位移，如此會使得系統變得不穩定。若系統是使用電流模式控制，並沒有消除穩定度之問題；一般解決之方法就是降低其低頻之增益，使暫態響應(Transient Response)變慢。

7.  在返馳式變壓器中，都會考慮設計到空氣間隙(Air Gap)之大小；由於空氣間隙可以儲存許多額外之能量，因此空氣隙之大小就會大大影響到所傳輸之功率。

由於空氣間隙具有較高之磁阻(reluctance)，所以，一般在間隙所儲存之能量會大於在變壓器鐵心本身所儲存之能量。如圖 3-26(a)所示為空氣間隙較小之情況，而圖 3-26(b)所示則為空氣間隙較大之情況，圖中斜線部份所示之面積，即為所轉移之能量，間隙愈大轉移之能量愈多。圖中磁通曲線所包含之面積為鐵心之損失。

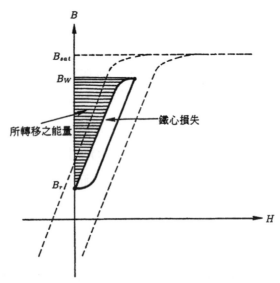

(a) 在返馳式轉換器之變壓器中，當鐵心之空氣間隙較小時之磁化迴路曲線

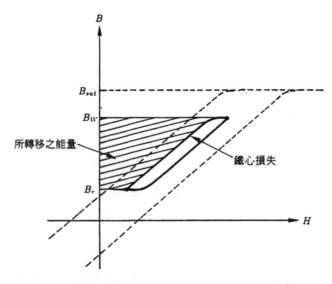

(b) 鐵心空氣間隙較大時之磁化迴路曲線

圖 3-26

### 3-3.6　返馳式轉換器之變化型式

在圖 3-27 所示為具有兩個電晶體之返馳式轉換器，此兩個電晶體會同時導通或截止。當電晶體 $Q_1$，$Q_2$ 導通時，則電流會流經 $Q_1$，$T_1$ 與 $Q_2$，並將能量儲存在 $T_1$ 中，由於極性之關係，此時 $D_3$ 不導通；而當 $Q_1$，$Q_2$ 截止時，$T_1$ 上之極性反轉，使得 $D_3$ 二極體導通，並將能量傳遞至負載，注意此時 $D_1$，$D_2$ 二極體亦會導通，如此在截止情況下，$Q_1$ 與 $Q_2$ 集極－射極之電壓就會被箝制在輸入電壓 $V_I$，而不會高過於 $V_I$ 值。因此，在選擇電晶體時，就可以考慮使用耐壓較低之值。先前之返馳式轉換器，其電晶體之耐壓則需大於 $V_I + nV_o$ 之值，所以，若輸入電壓過高，則零件之選擇就麻煩多多了。當然，若使用雙電晶體之返馳式轉換器，則需多出一個電晶體，兩個二極體，而且驅動電路會較複雜些，此乃為其缺點。

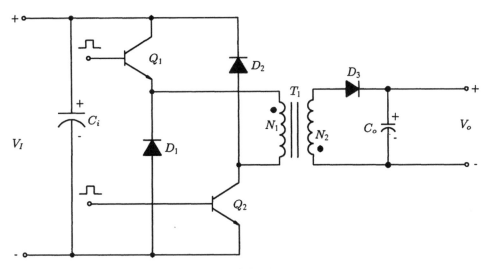

圖 3-27　具有兩個電晶體之返馳式轉換器

由於電晶體集極－射極之最大電壓被限制在輸入電壓之值，因此，箝制電路 (Snubber circuit) 一般可以省略不用。所以，整個電路在效率上會較高些。

如果輸出部份有好幾組，則考慮使用返馳式電源轉換器會比較經濟些，如圖 3-28 所示，僅需使用二極體與電容器即可在變壓器上繞製出不同之輸出。

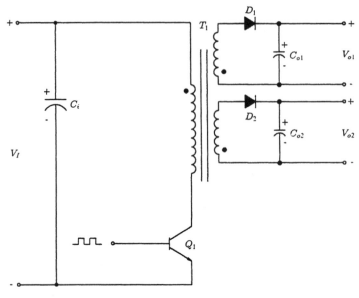

圖 3-28　具有多重輸出之返馳式電源轉換器電路

## 3-4　半橋式轉換器之基本工作原理

在圖 3-29 所示就是基本的半橋式轉換器電路(Half-Bridge Converter)或是稱之為半橋推挽式轉換器(Half-Bridge Push-Pull)。此種轉換器若應用在較高輸入電壓下，功率開關 $Q_1$, $Q_2$ 在耐壓之選擇上可以較低，較爲方便；在此種電路架構中，$C_1$ 與 $C_2$ 電容器剛好可以做爲選擇 AC 115V/230V 之倍壓電路之用，並達到濾波與儲能之功能。而此兩個電容器由於串聯在輸入端，同時其大小一樣，故在其上之電壓爲時 $V_I/2$。至於整個電路之工作原理分析如下：

當交換元件 $Q_1$ 導通時，則在初級圈 $N_p$ 繞組上會有 $V_I/2$ 之電壓產生，此時次級圈之負載反射電流以及變壓器之磁化電流會在電晶體 $Q_1$ 與初級繞組 $N_p$ 上建立起來；而由於變壓器極性之關係二極體 $D_2$ 爲逆向偏壓不導通，$D_1$ 二極體順向偏壓會導通，此時電流就會流經輸出電感器 $L_o$ 以及輸出電容器 $C_o$，並提供至負載輸出端。

當電晶體 $Q_1$ 截止時，而此時 $Q_2$ 亦在截止情況尚未導通，則在 $Q_1$ 與 $Q_2$ 連接之處會有負電壓之振鈴產生；因此，如果儲存在一次側漏電感(Leakage Inductance)之能量足夠大時，則二極體 $D_4$ 就會被導通，如此就可以箝制此負的振鈴電壓，並將此多餘的返馳能量回輸至電源輸入端。

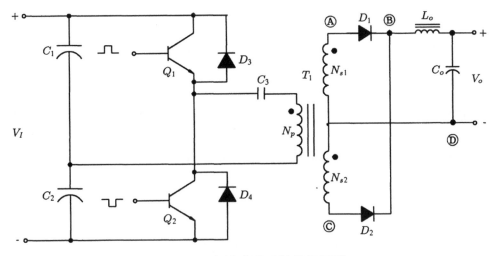

圖 3-29　半橋式電源轉換器電路

　　接著當電晶體 $Q_2$ 導通，則在初級圈 $N_p$ 繞組上會有 $V_I/2$ 之負電壓產生，同樣的，此時次級圈之負載反射電流以及變壓器之磁化電流會在電晶體 $Q_2$ 與初級繞組 $N_p$ 上建立起來。而此時二極體 $D_1$ 為逆向偏壓不導通，$D_2$ 二極體則順向偏壓會導通，所以，電流此時就會流經輸出電感器 $L_o$，以及輸出電容器 $C_o$，並提供至負載輸出端。

　　同樣的，當電晶體 $Q_2$ 截止時，而此時 $Q_1$ 亦在截止情況，則在 $Q_1$ 與 $Q_2$ 連接之處會有正的振鈴電壓產生，如此可使得 $D_3$ 二極體被導通，而儲存在洩漏電感中之能量亦可回輸至電源輸入端。

　　我們知道當 $Q_1$ 與 $Q_2$ 都處於截止情況時，在變壓器所有繞組上之電壓都會降為零，但是由於輸出電感 $L_o$ 之強迫性動作，使得電流能夠繼續流經輸出二極體。當次級繞組上之電壓降為零時，此時 $D_1$ 與 $D_2$ 輸出二極體所流經過之電流會幾近相等，其動作就如飛輪二極體(flywheel diodes)，並且會箝制次級繞組之電壓至零電位。

　　至於在飛輪期間會有一個小小且重要之影響就是其初級繞組之磁化電流會轉移至次級繞組，使得流至兩個輸出二極體之電流會稍有不平衡之現象產生。雖然此電流與負載電流比較起來較小，不過在飛輪期間其效果卻可保持磁通密度在恆定之值。因此，當另外一個功率電晶體導通時，則磁通密度可由$-B$ 變化至$+B$ 之範圍。如果輸出二極體 $D_1$ 與 $D_2$ 之順向電壓(forward Voltage)不互相匹配的話，則在飛輪期間就會有淨電壓(Net Voltage)在次級繞組上產生，若此時都在"OFF"期間，而此電壓具有相同之方向，則將使得鐵心趨於飽和之狀態。

在穩態情況下，於"ON"期間流經輸出電感器 $L_o$ 之電流會線性增加，而在"OFF"期間則會線性減少；至於流經電感器之平均電流就是轉換器之輸出電流。

### 3-4.1　半橋式轉換器連續導通模式之穩態分析

在圖 3-30 所示就是半橋式轉換器在連續導通模式之等效電路；由圖 3-30(a)可得知其為 $Q_1$，$D_1$ 在"ON"時之等效電路，圖 3-30(b)為 $Q_1$，$Q_2$ 在"OFF"，而 $D_1$，$D_2$ 在"ON"時之等效電路，而圖 3-30(c)則為 $Q_2$，$D_2$ 在"ON"時之等效電路。至於各點之電壓與電流波形則如圖 3-31，3-32 所示。要注意的是在半橋式結構中，在二次側輸出電感器之電壓與電流波形，其頻率則為振盪頻率之兩倍。

接著下來我們要分析半橋式轉換器之輸出電壓與輸入電壓，工作週期之間的關係。由圖 3-30(a)之等效電路可以得知

$$V_{NS1} = V_{Lo} + V_o = L_o \frac{di_{L_o}}{dt} + V_o$$

所以

$$\frac{di_{Lo}}{dt} = \frac{V_{NS1} - V_o}{L_o} \qquad (3\text{-}80)$$

因此，在 $DT_s$ 之導通期間，其電流之變化量 $\Delta I_{Lo}^+$ 則可表示為

$$\Delta I_{Lo}^+ = \frac{V_{NS1} - V_o}{L_o} \times DT_s \qquad (5\text{-}81)$$

另外，由圖 3-30(b)之等效電路可以得知，此時 $Q_1$，$Q_2$ 都在"OFF"狀態，而在繞組上則無任何電壓之變化，因此

$$V_{Lo} + V_o = 0$$

$$L_o \frac{di_{Lo}}{dt} + V_o = 0$$

所以

$$\frac{di_{Lo}}{dt} = -\frac{V_o}{L_o}$$ (3-82)

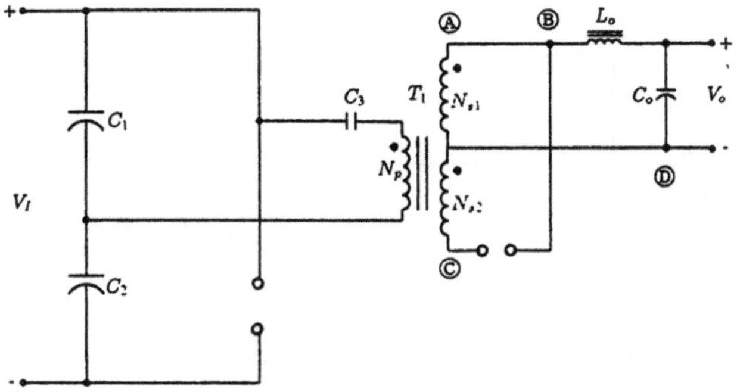

(a)$Q_1$，$D_1$ 在導通時之等效電路

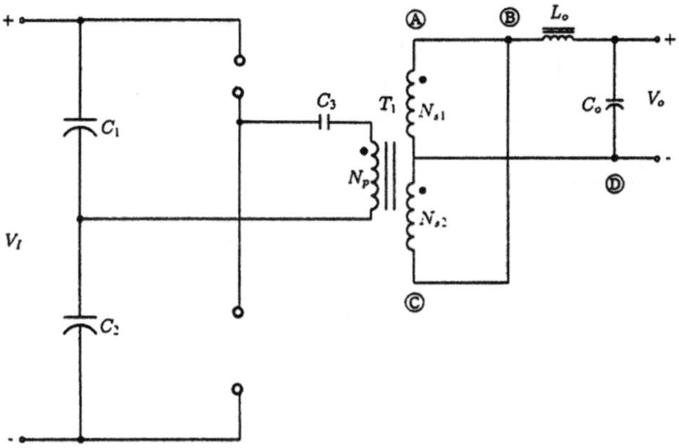

(b)$Q_1$，$Q_2$ 在截止且 $D_1$，$D_2$ 在導通時之等效電路

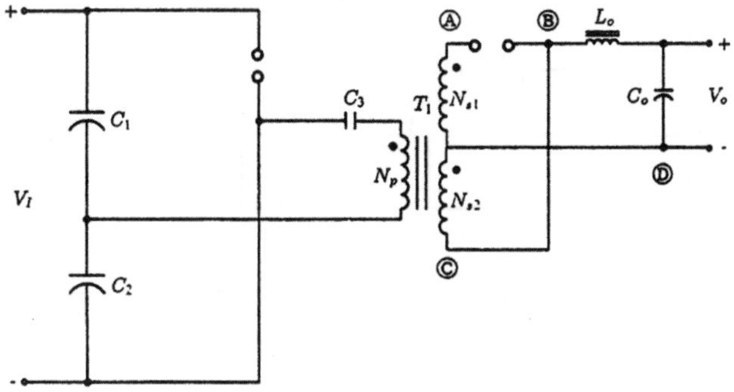

(c)$Q_2$，$D_2$ 在導通時之等效電路

圖 3-30　半橋式直流轉換器在連續導通模式之等效電路

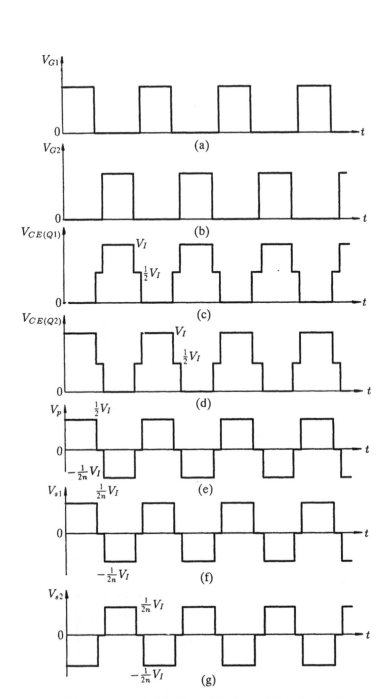

圖 3-31　半橋式轉換器電路上各點之電壓波形

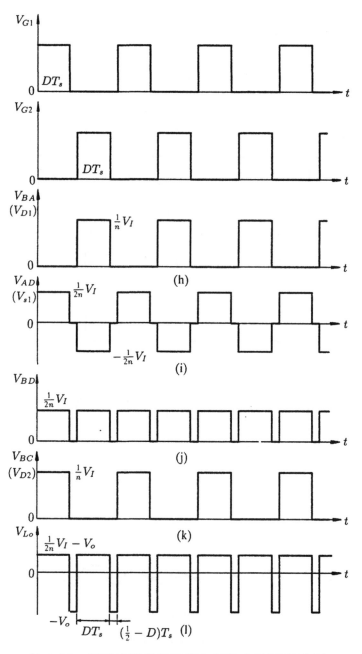

圖 3-31　半橋式轉換器電路上各點之電壓波形(續)

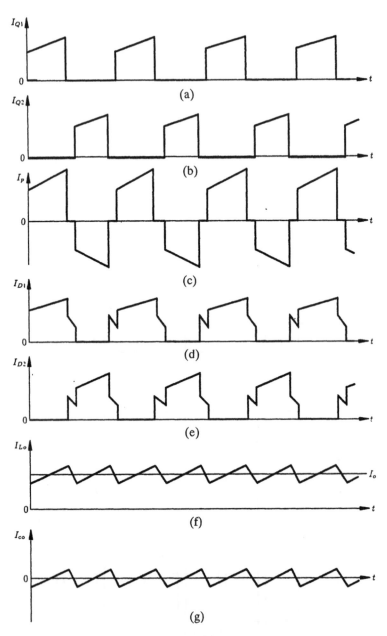

圖 3-32　半橋式轉換器電路上各點之電流波形

要注意的是由於頻率變為兩倍，意即週期減為一半，所以，此時在 $Q_1$，$Q_2$ 截止期間，其時間為 $\left(\dfrac{1}{2}-D\right)T_s$，故在此時間電流之變化量則可表示為

$$\Delta I_{Lo}^- = \frac{V_o}{L_o} \times \left(\frac{1}{2}-D\right)T_s \tag{3-83}$$

由於流經電感器之電流是一種連續形式，所以，此電流之變化量應該相等，因此，由(3-81)式與(3-83)式可以得出

$$\frac{V_{NS1} - V_o}{L_o} \times DT_s = \frac{V_o}{L_o} \times \left(\frac{1}{2} - D\right)T_s$$

化簡上式，則

$$V_o = 2V_{NS1}D \tag{3-84}$$

由於

$$\frac{V_{NS1}}{V_{NP}} = \frac{N_{S1}}{N_P} \Rightarrow V_{NS1} = \left(\frac{1}{2}V_I\right)\left(\frac{N_{S1}}{N_P}\right) = \frac{V_I}{2n} \tag{3-85}$$

將(3-85)式代入(3-84)式，則可以得知

$$V_o = \frac{V_I D}{n} \tag{3-86}$$

或是表示為

$$\frac{V_o}{V_I} = \frac{D}{n} \tag{3-87}$$

事實上，此結果與順向式轉換器之結果相同。若考慮二極體之順向壓降 $V_F$，則上式可以表示為：

$$\frac{(V_o + V_F)}{V_I} = \frac{D}{n} \tag{3-88}$$

當然若由伏特一秒之平衡(Volt-Second Balance)觀點，則由圖 3-32(g)之電感器 $L_o$ 電壓波形可得出

$$\left(\frac{V_I}{2n} - V_o\right) \times DT_s = V_o \times \left(\frac{1}{2} - D\right)T_s \tag{3-89}$$

所以，上式經化簡亦可得出(3-87)式之結果。若考慮轉換器之輸入電壓範圍為 $V_{I\min}$ 至 $V_{I\max}$ 則

$$\frac{V_o}{V_{I\min}} = \frac{D_{\max}}{n} \tag{3-90}$$

且

$$\frac{V_o}{V_{I\max}} = \frac{D_{\min}}{n} \tag{3-91}$$

若半橋式轉換器沒有任何能量損失，則

$$\frac{I_o}{I_I} = \frac{V_I}{V_o} = \frac{n}{D} \tag{3-92}$$

### 3-4.2　半橋式轉換器 CCM/DCM 之邊界條件

在半橋式電源轉換器之電路中，CCM/DCM 之邊界情況就是功率開關 $Q_1$，$Q_2$ 在 OFF 期間，流經電感器 $L_o$ 之電流剛好為零。如圖 3-33 所示。所以，在此邊界情況，流經電感器之平均電流可以表示為

$$I_{LoB} = I_{oB} = \frac{1}{2}\Delta I \tag{3-93}$$

由於

$$\Delta I = \frac{V_o}{L_o} \times (\frac{1}{2} - D)T_s$$

所以，將上式代入(3-93)式即可得出

$$I_{LoB} = I_{oB} = \frac{V_o}{2L_o}(\frac{1}{2} - D)T_s \tag{3-94}$$

因此，半橋式轉換器若要操作在 CCM，則其條件就是

$$I_o > L_{LoB} = I_{oB} = \frac{V_o}{2L_o}(\frac{1}{2} - D)T_s \tag{3-95}$$

或是其電感值必須大於臨界之電感值 $L_{oB}$，也就是

$$L_o > L_{oB} = \frac{V_o}{2I_{oB}}(\frac{1}{2} - D)T_s \tag{3-96}$$

反之，若是電感值低於臨界電感值 $L_{oB}$，則轉換器就會進入不連續導通模式 (DCM)，一般來說，半橋式轉換器與順向式轉換器一樣，大都操作在 CCM 情況較恰當。

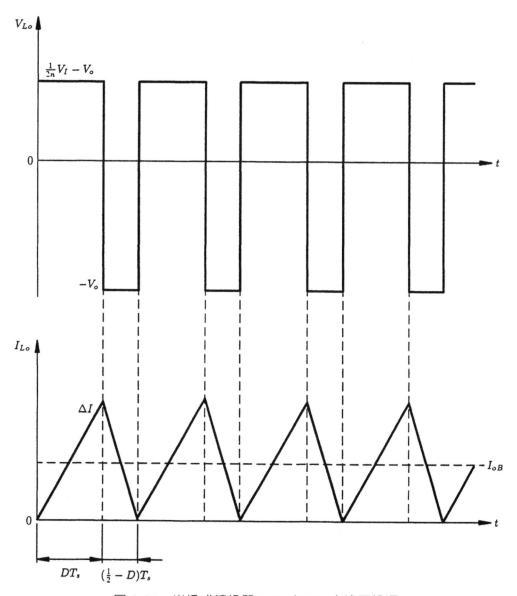

圖 3-33　半橋式轉換器 DCM/CCM 之邊界情況

### 3-4.3　輸出電壓漣波與零件之選擇

在本節中我們將針對半橋式轉換器之輸出電壓漣波，以及零件之應力(Stress)大小來做探討。要注意的是在半橋式結構中，輸出之漣波其頻率會變成原來振盪頻率之 2 倍，也就是週期變為 $\frac{1}{2}T_s$；如圖 3-34(b)所示漣波電壓之波形，而此漣波之大小則可表示為

$$\Delta V_o = \frac{\Delta Q}{C_o} = \frac{1}{C_o} \cdot \frac{1}{2} \cdot \frac{\Delta I}{2} \cdot \frac{T_s}{4} = \frac{\Delta I T_s}{16 C_o} \tag{3-97}$$

由於

$$\Delta I = \frac{V_o}{L_o}\left(\frac{1}{2} - D\right)T_s$$

所以

$$\Delta V_o = \frac{T_s^2 V_o}{16 C_o L_o}\left(\frac{1}{2} - D\right) \tag{3-98}$$

亦可表示為

$$\Delta V_o = \frac{\pi^2 V_o}{4}\left(\frac{1}{2} - D\right)\left(\frac{f_c}{f_s}\right)^2 \tag{3-99}$$

在此

$$f_c = \frac{1}{2\pi\sqrt{L_o C_o}}$$

由以上之結果可以得知，若要半橋式轉換器操作在 CCM 情況下，電路中之 $L_o$，$C_o$，$V_o$，$T_s$ 與 $D$ 皆為不變之常數，因此，漣波 $\Delta V_o$ 之大小亦不會隨著負載之大小而有所改變。同樣要減小漣波之大小，就是將 $L_o$，$C_o$ 之數值提高，或是使 $f_c \ll f_s$ 亦可達此目的。

至於輸出電感 $L_o$ 之大小，則可由(3-94)式推導而得

$$L_o = \frac{V_o}{2I_{oB}}\left(\frac{1}{2} - D\right)T_s \tag{3-100}$$

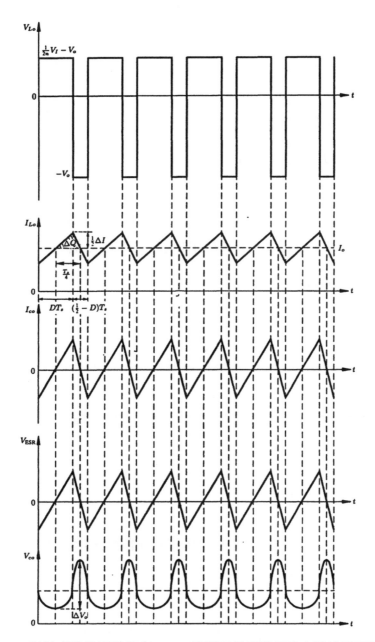

圖 3-34　半橋式轉換器操作在 CCM 情況下電感與電容之漣波電壓與電流

而輸出電容值之大小可由(3-98)式得知為

$$C_o = \frac{T_s^2 V_o}{16 \Delta V_o L_o} \left( \frac{1}{2} - D \right) \tag{3-101}$$

至於 ESR 之選擇，則考慮如下

$$\text{ESR}_{\max} \leq \frac{\Delta V_{o_{\max}}}{\Delta I} \tag{3-102}$$

而電容器之有效漣波電流之要求爲

$$I_{Co(\text{rms})} = \frac{\Delta I}{2\sqrt{3}} = \frac{1}{2\sqrt{3}} \frac{V_o}{L_o}\left(\frac{1}{2} - D\right)T_s \tag{3-103}$$

至於功率開關在選擇上則必須考慮集極－射極之間所能承受電壓值，以及所流過之電流額定值，所以，由圖 3-31(c)或(d)即可得知電壓之最大值爲 $V_I$，因此

$$V_{CE_{(\max)}} \text{ 或 } V_{DS(\max)} \geq V_I \tag{3-104}$$

而電流由圖 3-32(a)或(b)可以得知，其最大值可表示爲

$$I_{Q1(\max)} = \left(\frac{N_{s1}}{N_p}\right)\left(I_o + \frac{\Delta I}{2}\right) + 磁化電流 I_m = \left(\frac{1}{n}\right)\left(I_o + \frac{\Delta I}{2}\right) + \frac{DT_sV_I}{4L_p} \tag{3-105}$$

在此 $L_p$ 爲初級圈之電感值。至於流經 $Q_2$ 電晶體之最大電流則與 $I_{Q1(\text{avg})}$ 相同；而其平均電流則可表示爲

$$I_{Q1(\text{avg})} = \left(\frac{N_{s1}}{N_p}\right)DI_o = \frac{DI_o}{n} \tag{3-106}$$

另外，二極體之選擇則須考慮其最大之峰值逆向電壓，由圖 3-31(h)可以得知

$$V_{D1(\max)} = \left(\frac{N_{s1}}{N_p}\right)V_I = \frac{V_I}{n} = \frac{V_o}{D} \tag{3-107}$$

而流經二極體之最大電流，由圖 3-32(d)可以得知爲

$$I_{D1(\max)} = I_o + \frac{\Delta I}{2} \tag{3-108}$$

其平均電流則可表示爲

$$I_{D1(\text{avg})} \approx DI_o \tag{3-109}$$

在圖 3-29 中之半橋式轉換器電路，由圖中可得知在變壓器之初級繞組中，串聯了一個電容器 $C_3$；此電容之作用可以平衡兩個電晶體之不匹配，而造成伏特一秒不平衡，加入此電容使得直流偏壓會成比例將伏特一秒不平衡部份予以去掉，此時繞組上交流波形的直流準位會向上移動，而達成伏特一秒之平衡作用。例如電晶體 $Q_1$ 能夠快速截止，而 $Q_2$ 卻要緩慢地方能達到截止狀態，則很容易造成不平衡之現象發生。而此情形在變壓器中會有磁通擺動之現象發生，如此可能會造成鐵心的飽和，以及電晶體集極電流波尖之產生，使得整個轉換器之效率降低，甚至會使得電晶體有熱跑脫之現象，而損壞電晶體。

至於此電容值之計算，我們可以考慮此耦合電容器會與輸出濾波電感形成一串聯共振電路，所以

$$f_R = \frac{1}{2\pi\sqrt{L_R C}} \tag{3-110}$$

在此 $f_R$：共振頻率

$L_R$：反射濾波電感值

$C$：耦合電容值

由於

$$L_R = \left(\frac{N_p}{N_{s1}}\right)^2 L_o = n^2 L_o \tag{3-111}$$

代入(3-110)式可以得出

$$C = \frac{1}{4\pi^2 f_R^2 n^2 L_o} \tag{3-112}$$

而一般為了使耦合電容器能夠線性充電，共振頻率 $f_R$ 之選擇必須低於轉換器之操作頻率 $f_s$。一般在電路之設計，大都考慮選定共振頻率之大小約為操作頻率之四分之一，也就是

$$f_R = 0.25 f_s \tag{3-113}$$

不過要注意的是，所設計出來之電容值，其上之電壓不可過高，以免影響轉換器之穩壓率，可以由下面之式子來檢查其電壓大小

$$V_{C3} = \frac{I_I}{C_3} DT_s \tag{3-114}$$

在此 $I_I$：初級端之平均電流。

　　$DT_s$：電容器充電時間，$D$ 值大約在 0.4 左右。

一般大都希望充電電壓之範圍介於 $V_I/2$ 的 10%至 20%之間，大約在 16V 至 32V 之範圍，如此比較能夠獲得較好之穩壓率。如果由(3-114)式檢查結果超出範圍，則可由下式重新計算

$$C_3 = \frac{I_I \times DT_s}{\Delta V_{C3}} \tag{3-115}$$

此時$\Delta V_{C3}$ 就是我們設定在 16V～32V 之間的電壓值。

### 3-4.4　半橋式轉換器之優點與缺點

　　綜合前面之分析討論我們可以將半橋式轉換器之優點與缺點分述如下：

1. 半橋式轉換器非常適合應用在輸入電壓較高之情況，因為在此結構中 $Q_1$，$Q_2$ 電晶體之耐壓祇要大於輸入電壓即可，因此，只要選擇此種較低耐壓之電晶體，零件本身也會較便宜些。

2. $D_3$，$D_4$ 二極體其動作就如能量回復元件，而且可以箝制電晶體之集極電壓至輸入電源電壓，並可消除電壓超越量(Overshoot)之產生。也就是說當電晶體變為 OFF 時，此二極體會將變壓器漏電感值之能量折回至主要的直流匯流排上，如此高能量之漏電感脈衝波尖就不會出現在電晶體集極上。由於二極體有能量回復之作用，所以，變壓器之能量回復繞組就可以省略了。

3. 由於輸出之電壓與電流波形，其頻率變為原來之兩倍，因此，輸出電感 $L_o$ 與輸出電容 $C_o$ 之元件值可以減少。

4. 由於半橋式之結構本身天生麗質，因此很適合操作在 AC 115V/230V 之系統。

5. 由於鐵心之磁通密度在半橋式結構中可以在正負週期中變化，因此，變壓器之利用率較高。

6. 半橋式轉換器之結構，其缺點就是稍微複雜些，另外，就是電晶體導通時，流過集極之電流會加倍。

## 3-5　推挽式轉換器之基本工作原理

在圖 3-35 所示就是推挽式電源轉換器之電路結構，此種電路其實就是由兩個順向式轉換器所組成之結構。電晶體 $Q_1$，$Q_2$ 會處於交互導通之狀態，此時能量則經由變壓器 $T_1$，以及二極體 $D_1$，$D_2$ 傳遞至輸出，並經由 $L_o$，$C_o$ 來獲得所需之直流輸出電壓。在此推挽操作情況下，漣波頻率則為工作頻率之兩倍，而且會比順向式轉換器有較低之漣波。不過，一般來說推挽式轉換器並不太適合操作在較高輸入電壓之情況，這是因為功率電晶體之耐壓至少要承受兩倍之輸入電壓。同時，其變壓器一次側為中間抽頭式，因此，在每一半週僅有一半之繞組在動作，變壓器一次側之利用率就不如半橋或全橋式轉換器。在此情況下，推挽式轉換器之變壓器還是會使用到 *B-H* 曲線之各半部，鐵心之大小僅需返馳式或順向式的一半即可。所以，推挽式轉換器若能應用在較低之輸入電壓則較恰當。在此種電路結構中，$Q_1$，$Q_2$ 電晶體之最大工作週期不可以超過 0.5。至於整個電路之工作原理分析如下：

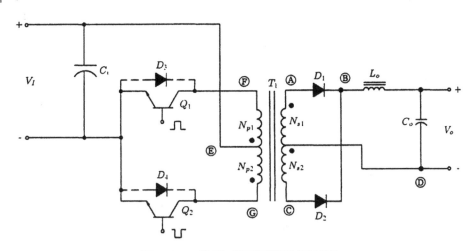

圖 3-35　推挽式電源轉換器電路

　　當功率電晶體 $Q_1$ 導通時，則一次側繞組 $N_{p1}$ 就會有電壓降產生，此電壓乃為輸入端之電壓；在此情況下，所有繞組之起始端(黑色圓圈標記之處)乃為正電位，此時繞組 $N_{p2}$，$N_{s1}$，$N_{s2}$ 都會有電壓感應產生。由於 $Q_2$ 電晶體此時是在不導通之狀態，所以，這個時候在電晶體集極至射極兩端之耐壓就是 $N_{p2}$ 漣波上之電壓加上輸入電壓 $V_1$，而 $N_{p2}$ 繞組所感應之電壓就是輸入電壓 $V_1$；因此，其耐壓大小就相當於是 $2V_1$，也就是在選擇電晶體時，必須能夠承受 2 倍之輸入電壓方可，否則會有燒毀之餘。而在次級繞組中，由於極性之關係，此時 $D_1$ 二極體會導通，電流則經由電感 $L_o$，流至輸出負載與輸出電容器 $C_o$ 中，同時，能量則會儲存在電感 $L_o$ 中。

　　在 $Q_1$ 導通狀態，流經一次側之電流乃由負載所反射之電流，以及一次側電感值所產生之微小的磁化電流(Magnetizing Current)所組合而成。而在這段導通時間，流經一次側之電流乃因一次側電感值與輸出電感值之影響，而呈線性增加。接著當控制電路將導通時間結束之後，此時 $Q_1$ 就會被截止了。由於能量會儲存在一次側與洩漏電感，這個時候電晶體 $Q_1$ 的集極就會變成正電位，而電晶體 $Q_2$ 的集極，也因變壓器極性反轉之作用變成負的電位，如此會使得跨於電晶體 $Q_2$ 兩端之 $D_2$ 二極體導通，而將返馳能量回輸至電源輸入線上。而在同時，此返馳能量會將 $D_2$ 二極體導通，並將能量傳遞至輸出端，至於此能量大小則依一次側與二次倒之洩漏電感而定。

　　而當 $Q_1$ 截止，緊接著會有一小段時間 $Q_2$ 亦在截止狀態，此兩個功率元件都處於 OFF 之情況。而在此期間，輸出電感 $L_o$ 則可繼續經由 $D_1$ 與 $D_2$ 二極體提供其能量至輸出負載與輸出電容器中，此時 $D_1$ 與 $D_2$ 之功能就是飛輪作用之二極體。如果在輸出電感器 $L_o$ 之電流超過了所反射之磁化電流大小，則在此期間，二極體 $D_1$ 與 $D_2$ 會幾近在相等之導通狀態，並其有相同順向電壓降。所以，此時在次級繞組兩端就沒有任何電壓降產生。而在鐵心之磁通密度也沒有任何改變，也就是說在 $Q_1$，$Q_2$ 處於 OFF 時，鐵心之磁通密度並不會回到零點，這也是推挽式轉換器重要特性之一。

　　當 $Q_1$，$Q_2$ 處於 OFF 之期間結束之後，緊接著下來就是功率電晶體 $Q_2$ 會被導通，則變壓器繞組上會有電壓感應產生，此時 $D_2$ 二極體會被導通，電流則經由電感 $L_o$，流至輸出負載與輸出電容器 $C_o$ 中，當然能量也會儲存在電感 $L_o$ 中。當 $Q_2$ 導通狀態結束之後，由於能量也會儲存在一次側與洩漏電感中，這個時候 $Q_2$ 的集極就會變成正電位，而電晶體 $Q_1$ 的集極，也因變壓器極性反轉之作用變成負的電位，如此會使得跨於電晶體 $Q_1$ 兩端之 $D_3$ 二極體導通，而將返馳能量回輸至電源輸入線上。而在同時，此返馳能量會將 $D_1$ 二極體導通，並將能量傳遞至輸出端，同樣的，$Q_1$，$Q_2$ 此時都在 OFF 狀態時，輸出電感 $L_o$ 則可繼續經由 $D_1$ 與 $D_2$ 二極體，提供其能量至輸出負載與輸出電容器中，如此就完成整個週期之操作。

### 3-5.1　推挽式轉換器連續導通模式之穩態分析

在圖 3-36 所示就是推挽式轉換器操作在連續導通模式時之等效電路；由圖 3-36(a)可得知其為 $Q_1$，$D_1$ 在導通時之等效電路，圖 3-36(b)為 $Q_1$，$Q_2$ 在截止，而 $D_1$，$D_2$ 在導通時之等效電路，而圖 3-36(c)則為 $Q_2$，$D_2$ 在導通時之等效電路。至於各點之電壓與電流波形則如圖 3-37 與 3-38 所示。推挽式與半橋式相同，在二次側輸出電感器之電壓與電流波形，其頻率則為振盪頻率之兩倍。

接著下來我們要分析推挽式轉換器之輸出電壓與輸入電壓，工作週期之間的關係。由圖 3-36(a)之等效電路可以得知

$$V_{NS1} = V_{Lo} + V_o = L_o \frac{di_{Lo}}{dt} + V_o$$

所以

$$\frac{di_{Lo}}{dt} = \frac{V_{NS1} - V_o}{L_o} \tag{3-116}$$

因此，在 $DT_s$ 之導通期間，其電流之變化量 $\Delta I_{Lo}^+$ 則可表示為

$$\Delta I_{Lo}^+ = \frac{V_{NS1} - V_o}{L_o} \times DT_s \tag{3-117}$$

另外，由圖 3-36(b)之等效電路可以得知，此時 $Q_1$，$Q_2$ 都在截止狀態，而在繞組上則無任何電壓之變化，因此

$$V_{Lo} + V_o = 0 \Rightarrow L_o \frac{di_{Lo}}{dt} + V_o = 0$$

所以

$$\frac{di_{Lo}}{dt} = -\frac{V_o}{L_o} \tag{3-118}$$

要注意的是由於頻率變為兩倍，意即週期減為一半，所以，此時在 $Q_1$，$Q_2$ 截止期間，其時間為 $\left(\dfrac{1}{2}-D\right)T_s$，故在此時間電流之變化量則可表示為

$$\Delta I_{Lo}^- = \frac{V_o}{L_o} \times \left(\frac{1}{2}-D\right)T_s \tag{3-119}$$

由於流經電感器之電流是一種連續形式，所以，此電流之變化量應該相等，因此，由(3-117)式與(3-119)式可以得出

$$\frac{V_{NS1}-V_o}{L_o} \times DT_s = \frac{V_o}{L_o} \times \left(\frac{1}{2}-D\right)T_s$$

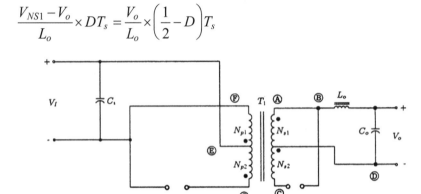

(a)$Q_1$，$D_1$ 在導通時之等效電路

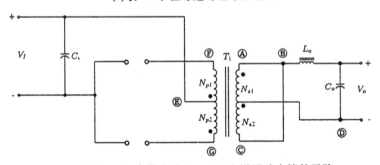

(b)$Q_1$，$Q_2$ 在截止且 $D_1$，$D_2$ 在導通時之等效電路

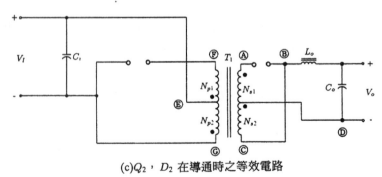

(c)$Q_2$，$D_2$ 在導通時之等效電路

圖 3-36　推挽式直流轉換器在連續導通模式之等效電路

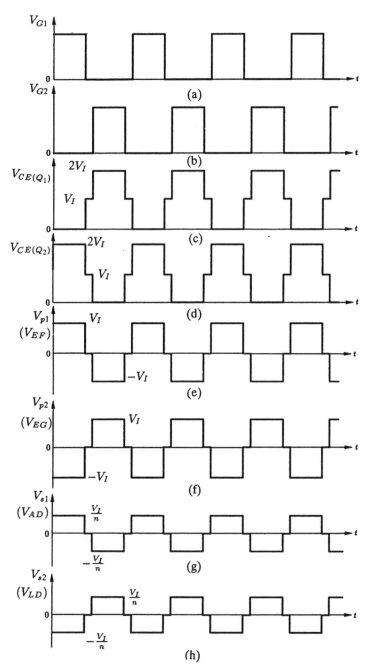

圖 3-37　推挽式轉換器電路上各點之電壓波形

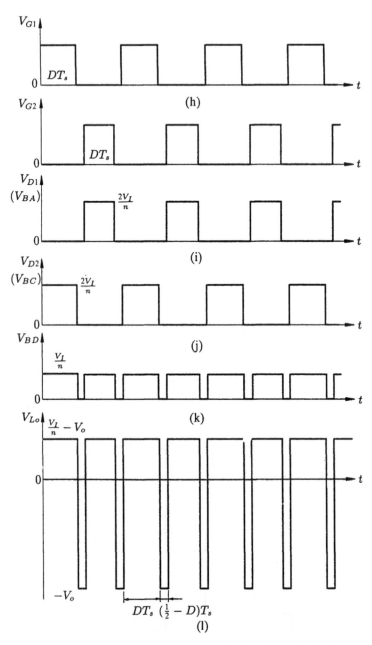

圖 3-37 推挽式轉換器電路上各點之電壓波形(續)

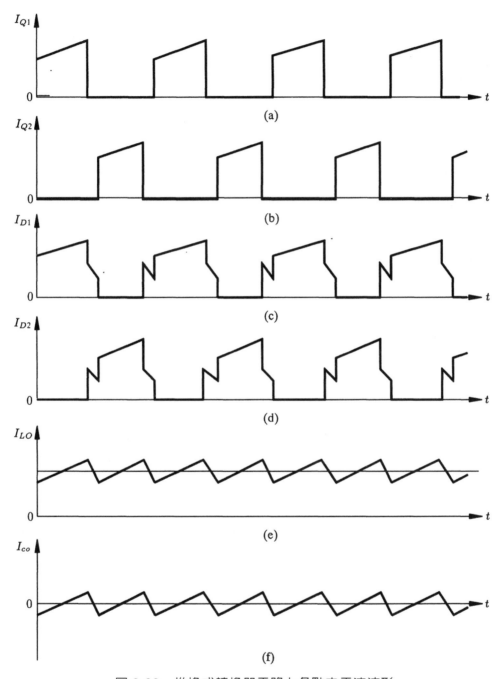

圖 3-38　推挽式轉換器電路上各點之電流波形

化簡上式，則

$$V_o = 2V_{NS1}D \qquad\qquad (3\text{-}120)$$

由於

$$\frac{V_{NS1}}{V_{NP1}} = \frac{N_{S1}}{N_{P1}}$$

所以

$$V_{NS1} = V_{NP1} \times \left(\frac{N_{S1}}{N_{P1}}\right) = V_I\left(\frac{N_{S1}}{N_{P1}}\right) = \frac{V_I}{n} \tag{3-121}$$

將(3-121)式代入(3-120)式,則

$$V_o = \frac{2V_I D}{n} \tag{3-122}$$

或是表示為

$$\frac{V_o}{V_I} = \frac{2D}{n} \tag{3-123}$$

在此 $0 < D < 0.5$,若考慮二極體之順向壓降 $V_F$,則上式可以表示為:

$$\frac{(V_o + V_F)}{V_I} = \frac{2D}{n} \tag{3-124}$$

同樣的,若由伏特一秒之平衡觀點,則由圖 3-37(1)之電感器 $L_o$ 電壓波形可得出

$$\left(\frac{V_I}{n} - V_o\right) \times D T_s = V_o \times \left(\frac{1}{2} - D\right) T_s \tag{3-125}$$

所以,上式經過化簡之後,亦可得出(3-123)相同之結果。若考慮轉換器之輸入電壓範圍為 $V_{I_{\min}}$ 至 $V_{I_{\max}}$ 則

$$\frac{V_o}{V_{I_{\min}}} = \frac{2D_{\max}}{n} \tag{3-126}$$

且

$$\frac{V_o}{V_{I_{\max}}} = \frac{2D_{\min}}{n} \tag{3-127}$$

若推挽式轉換器沒有任何能量損失，則

$$\frac{I_o}{I_I} = \frac{V_I}{V_o} = \frac{n}{2D} \tag{3-128}$$

## 3-5.2　推挽式轉換器 CCM/DCM 之邊界條件

在推挽式電源轉換器之電路中，CCM/DCM 之邊界情況就是功率開關 $Q_1$，$Q_2$ 在 OFF 期間，流經電感器 $L_o$ 之電流剛好為零。如圖 3-39 所示。所以，在此邊界情況，流經電感器之平均電流可以表示為

$$I_{LoB} = I_{oB} = \frac{1}{2}\Delta I \tag{3-129}$$

由於

$$\Delta I = \frac{V_o}{L_o} \times \left(\frac{1}{2} - D\right)T_s$$

所以，將上式代入(3-129)式即可得出

$$I_{LoB} = I_{oB} = \frac{V_o}{2L_o}\left(\frac{1}{2} - D\right)T_s \tag{3-130}$$

因此，若要推挽式轉換器操作在 CCM，則其條件就是

$$I_o > I_{LoB} = I_{oB} = \frac{V_o}{2L_o}\left(\frac{1}{2} - D\right)T_s \tag{3-131}$$

或是其電感值必須大於臨界之電感值 $L_{oB}$，也就是

$$L_o > L_{oB} = \frac{V_o}{2I_{oB}}\left(\frac{1}{2} - D\right)T_s \tag{3-132}$$

反之，若是電感值低於臨界電感值 $L_{oB}$，則轉換器就會進入不連續導通模式(DCM)。一般來說，推挽式轉換器與順向式，半橋式轉換器一樣，大都操作在 CCM 情況較恰當。

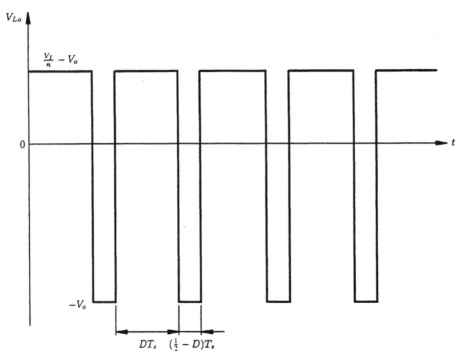

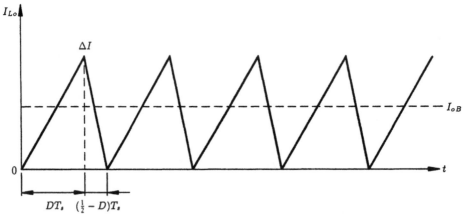

圖 3-39 推挽式轉換器 DCM/CCM 之邊界情況

### 3-5.3 輸出電壓漣波與零件之選擇

在前面幾中,我們已分析過推挽式轉換器之整個工作原理與特性,接著下來將針對推挽式轉換器之輸出電壓漣波,以及零件之應力大小來做探討。要注意的是在推挽式結構中,輸出之漣波其頻率會變成原來振盪頻率之 2 倍,也就是週期變為 $\frac{1}{2}T_s$;其漣波大小亦如(3-97)式可表示為

$$\Delta V_o = \frac{\Delta Q}{C_o} = \frac{1}{C_o} \cdot \frac{1}{2} \cdot \frac{\Delta I}{2} \cdot \frac{T_s}{4} = \frac{\Delta I T_s}{16 C_o} \qquad (3\text{-}133)$$

由於

$$\Delta I = \frac{V_o}{L_o}\left(\frac{1}{2} - D\right)T_s$$

所以

$$\Delta V_o = \frac{T_s^2 V_o}{16 C_o L_o}\left(\frac{1}{2} - D\right) \qquad (3\text{-}134)$$

亦可表示為

$$\Delta V_o = \frac{\pi^2 V_o}{4}\left(\frac{1}{2} - D\right)\left(\frac{f_c}{f_s}\right)^2 \qquad (3\text{-}135)$$

在此

$$f_c = \frac{1}{2\pi\sqrt{L_o C_o}}$$

此結果與半橋式轉換器(3-99)之結果相同，所以，推挽式轉換器操作在 CCM 情況下，電路中之 $L_o$，$C_o$，$V_o$，$T_s$ 與 $D$ 皆為不變之常數，因此，漣波$\Delta V_o$之大小亦不會隨著負載之大小而有所改變。若要減小漣波之大小，就須將 $L_o$，$C_o$ 之數值變大，或是使 $f_c \ll f_s$ 亦可達此目的。

至於輸出電感 $L_o$ 之大小，則可由(3-130)式推導而得

$$L_o = \frac{V_o}{2I_{oB}}\left(\frac{1}{2} - D\right)T_s \qquad (3\text{-}136)$$

而輸出電容值之大小可由(3-134)式得知為

$$C_o = \frac{T_s^2 V_o}{16 \Delta V_o L_o}\left(\frac{1}{2} - D\right) \qquad (3\text{-}137)$$

至於 ESR 之選擇，則考慮如下

$$\mathrm{ESR}_{\max} \le \frac{\Delta V_{o_{\max}}}{\Delta I} \tag{3-138}$$

而電容器之有效漣波電流之要求為

$$I_{Co(\mathrm{rms})} = \frac{\Delta I}{2\sqrt{3}} = \frac{1}{2\sqrt{3}} \frac{V_o}{L_o} \left( \frac{1}{2} - D \right) T_s \tag{3-139}$$

至於功率開關在選擇上，則必須考慮集極－射極之間所能承受電壓值，以及所流過之電流額定值，所以，由圖 3-37(c)或(d)即可得知電壓之最大值為 $2V_I$，因此

$$V_{CE_{(\max)}} \text{ 或 } V_{DS_{(\max)}} \ge 2V_I \tag{3-140}$$

而電流由圖 3-38(a)或(b)可以得知，其最大值可表示為

$$I_{Q1(\max)} = \left( \frac{N_{S1}}{N_{P1}} \right)\left( I_o + \frac{\Delta I}{2} \right) + 磁化電流\ I_m = \left( \frac{1}{n} \right)\left( I_o + \frac{\Delta I}{2} \right) + \frac{DT_sV_I}{2L_{P1}} \tag{3-141}$$

在此 $L_{P1}$ 為初級圈 $N_{P1}$ 繞組之電感值。至於流經 $Q_2$ 電晶體之最大電流則與 $I_{Q1(\max)}$ 相同；而其平均電流則可表示為

$$V_{Q1(\mathrm{avg})} = \left( \frac{N_{S1}}{N_{P1}} \right)DI_o = \frac{DI_o}{n} \tag{3-142}$$

同樣的 $I_{Q2(\mathrm{avg})}$ 之值亦如(3-142)式。因此，輸入之平均電流則為

$$I_i = \frac{2DI_o}{n} \tag{3-143}$$

另外，二極體之選擇則須考慮其最大之峰值逆向電壓，由圖 3-37(i)可以得知

$$V_{D1(\max)} = \frac{2V_I}{n} = \frac{V_o}{D} \tag{3-144}$$

而流經二極體之最大電流，由圖 3-38(c)可以得知為

$$I_{D1(\max)} = I_o + \frac{\Delta I}{2} \tag{3-145}$$

其平均電流則可表示為

$$I_{D1(\text{avg})} = DI_o \tag{3-146}$$

### 3-5.4　推挽式轉換器之優點與缺點

綜合前面之分析討論，我們可以將推挽式轉換器之優點與缺點分述如下：

1. 使用推挽式轉換器之優點就是功率電晶體所需承受之電流要比半橋式小一倍；不過耐壓卻要承受兩倍之輸入電壓方可，此為其缺點之一，因此，不太適合應用在輸入電壓較高之場合。

2. 雖然使用兩個功率電晶體，不過由於其驅動電路之負端可以共通，因此，在驅動上較簡單些。

3. 推挽式轉換器有一個較嚴重之缺點就是變壓器鐵心飽和之問題。如果兩個功率電晶體特性不一樣，就會在 $B\text{-}H$ 曲線的一個方向上發生磁通擺動，使得鐵心驅於飽和區域，如此在電晶體就會有很大的電流尖波產生。而這些過大之電流波尖在電晶體上會造成很大之功率損失，使得電晶體會有發燙現象產生，電晶體特性會變得更不平衡，鐵心更容易趨於飽和狀態，且產生更高的飽和電流，此種惡劣情況將連續下去，直到電晶體達到熱跑脫(Thermal Runaway)現象，最後導致電晶體之破壞。

4. 一般要解決第 3 點之偏磁現象，方法如下：
   - 在鐵心中加入間隙，由於會造成漏電感之增加，則須額外加入箝制電路。
   - 使用對稱修正電路，確使變壓器達到平衡操作。
   - 減少電晶體之導通時間，增加兩個電晶體同時截止(OFF)之時間。
   - 儘量選擇特性一樣之電晶體。

5. 由於輸出之電壓與電流波形，其頻率變為原來之兩倍；因此，輸出電感 $L_o$ 與輸出電容 $C_o$ 之元件值可以減少。

6. 由於鐵心之磁通密度在推挽式結構中，可以在正負週期中變化，因此，變壓器之利用率較高。

## 3-6　全橋式轉換器之基本工作原理

在圖 3-40 所示就是全橋式(Full Bridge)電源轉換器電路,此種結構必須使用到四個功率電晶體來當交換開關;因此,比以前所討論之轉換器結構還複雜些。由於半橋式轉換器之結構,雖然電晶體耐壓可以選擇較低之值,但是電流卻須承受較大之值;而推挽式轉換器之結構,雖然電晶體所須承受之電流可以選擇較小,但是耐壓卻須較大之值。因此,若能結合以上兩種優點,在電晶體之選擇上只須較低之耐壓與較低之耐電流,則較能更方便應用在高功率之輸出上。而此種電路結構就是全橋式轉換器。

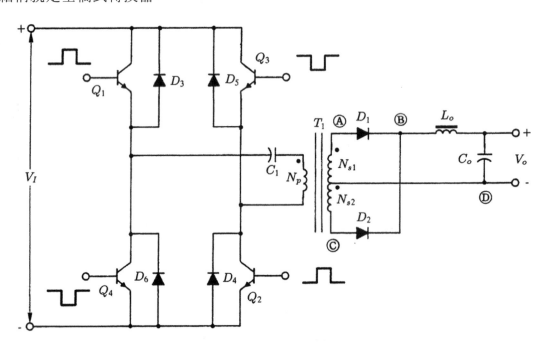

圖 3-40　全橋式電源轉換器電路

在全橋式電路中,電晶體 $Q_1$,$Q_2$ 會同時導通,同樣的,$Q_3$,$Q_4$ 也會同時導通;不過 $Q_1$,$Q_2$ 與 $Q_3$,$Q_4$ 是處於交互導通之狀態,而能量則經由變壓器 $T_1$,以及二極體 $D_1$,$D_2$ 傳遞至輸出,並經由 $L_o$,$C_o$ 來獲得所需之直流輸出電壓。亦如半橋式,推挽式轉換器,其輸出之漣波頻率為工作頻率之兩倍。由於鐵心可以在 $B$-$H$ 曲線正負半週工作,故其利用率就如同半橋式轉換器一般。至於整個電路之工作原理分析如下:

　　假設當驅動電路將 $Q_1$ 與 $Q_3$ 電晶體導通時，則電流就會由 $V_I$ 正端 → $Q_1$ → $C_1$ → $T_1$ 之 $N_p$ 繞組 → $Q_2$ → 至 $V_I$ 負端，此時在 $N_p$ 繞組上就會電壓降產生，而流經此路之電流乃為負載之反射電流與變壓器之磁化電流(Magnetizing Current)。而在 $N_p$ 繞組上之電壓降乃為輸入端之電壓 $V_I$，在此情況下，黑色圓圈所標記各繞組之處乃為正電位，因此，$N_{S1}$，$N_{S2}$ 都會有電壓降感應產生，由於極性之關係，此時，$D_1$ 二極體會導通，而電流則經由電感 $L_o$ 流至輸出負載與輸出電容 $C_o$ 中，同時，能量則會儲存在電感 $L_o$ 中。由於此時 $Q_3$，$Q_4$ 電晶體不導通，所以，在電晶體集極一射極兩端最大之電壓就是輸入電壓 $V_I$；也就是在選擇電晶體時，其耐壓祇要大於 $V_I$ 即可。接著當控制電路將 $Q_1$，$Q_2$ 之導通時間結束之後。此時 $Q_1$，$Q_2$ 就會被截止，由於磁化電流會在變壓器一次側與洩漏電感中建立能量，故在此返馳動作期間，變壓器之繞組極性會反轉，如此 $D_4$，$D_5$ 二極體會導通，能量則經由此路徑回至直流輸入線上。而在同時，此返馳能量亦會將輸出二極體 $D_2$ 導通，並將能量傳遞至輸出端。

　　當電晶體 $Q_1$，$Q_2$ 截止，此時緊接著會有一小段時間 $Q_3$，$Q_4$ 亦在截止狀態，這個時候 $Q_1$，$Q_2$，$Q_3$，$Q_4$ 都是處於 OFF 之情況。故在此期間，輸出電感 $L_o$ 則可繼續經由 $D_1$ 與 $D_2$ 二極體，提供其能量至輸出負載與輸出電容器中，如此 $D_1$ 與 $D_2$ 之功能此時就是飛輪作用之二極體。同樣的，亦如推挽式轉換器，在此時鐵心之磁通密度並不會回到零點，而且在次級繞組兩端也沒有任何電壓降產生，磁通密度則保持在 $+\hat{B}$ 或 $-\hat{B}$。

　　所以，在全橋式轉換器中，磁通密度之變化由 $-\hat{B}$ 至 $+\hat{B}$ 其範圍則為 $2\hat{B}$；如此變壓器在設計時，初級繞組之圈數就可以比較少些。

　　當 $Q_1$，$Q_2$ 與 $Q_3$，$Q_4$ 處於 OFF 之期間結束之後，緊接著下來就是功率電晶體 $Q_3$，$Q_4$ 會被導通，則變壓器繞組上會有電壓感應產生，此時二極 $D_2$ 體會被導通，電流則經由電感 $L_o$ 流至輸出負載與輸出電容器 $C_o$ 中，當然能量也會儲存在電感 $L_o$ 中。當 $Q_3$，$Q_4$ 導通狀態結束，由於能量也會儲存在一次側與洩漏電感中，故在此返馳動作期間，變壓器之繞組極性會反轉，如此 $D_3$，$D_4$ 二極體會導通，能量則經由此路徑回至直流輸入線上。同樣的，此返馳能量亦會將輸出二極體 $D_1$ 導通，並將能量傳遞至輸出端。

當 $Q_3$，$Q_4$ 截止，此時緊接著會有一小段時間 $Q_1$，$Q_2$ 亦在截止狀態，這個時候 $Q_1$，$Q_2$，$Q_3$，$Q_4$ 都是處於 OFF 之情況。故在此期間，輸出電感 $L_o$ 則可繼續經由 $D_1$ 與 $D_2$ 二極體，提供其能量至輸出負載與輸出電容器中。

### 3-6.1　全橋式轉換器連續導通模式之穩態分析

在圖 3-41 所示就是全橋式直流轉換器在連續導通模式下之等效電路；由圖 3-41(a)可得知為 $Q_1$，$Q_2$，$D_1$ 在導通時之等效電路，圖 3-41(b)可得知為 $Q_1$，$Q_2$，$Q_3$，$Q_4$ 在截止，而 $D_1$，$D_2$ 在導通時之等效電路，而圖 3-41(c)則為 $Q_3$，$Q_4$，$D_2$ 在導通時之等效電路。至於各點之電壓與電流波形則如圖 3-42 與 3-43 所示。同樣的，全橋式與半橋式，推挽式相同，在二次側輸出電感器之電壓與電流波形，其頻率則為振盪頻率之兩倍。

接著下來我們要分析全橋式直流轉換器在連續導通模式下，輸出電壓與輸入電壓，工作週期之間的關係。由圖 3-41(a)之等效電路可以得知

$$V_{NS1} = V_{Lo} + V_o = L_o \frac{di_{Lo}}{dt} + V_o$$

所以

$$\frac{di_{Lo}}{dt} = \frac{V_{NS1} - V_o}{L_o} \tag{3-147}$$

因此，在 $DT_s$ 之導通期間，其電流之變化量 $\Delta I_{Lo}^+$ 則可表示為

$$\Delta I_{Lo}^+ = \frac{N_{NS1} - V_o}{L_o} \times DT_s \tag{3-148}$$

另外，由圖 3-41(b)之等效電路可以得知，此時 $Q_1$，$Q_2$，$Q_3$，$Q_4$ 都在截止狀態，而在繞組上則無任何電壓之變化，因此

$$V_{Lo} + V_o = 0 \Rightarrow L_o \frac{di_o}{dt} + V_o = 0$$

所以

$$\frac{di_o}{dt} = \frac{V_o}{L_o} \tag{3-149}$$

要注意的是由於頻率變為兩倍，也就是說週期減為一半，所以，此時電晶體都在截止的這段期間，其時間為 $\left(\dfrac{1}{2}-D\right)T_s$，故在此時間電流之變化量則可表示為

$$\Delta I_{Lo}^- = \frac{V_o}{L_o} \times \left(\frac{1}{2}-D\right)T_s \tag{3-150}$$

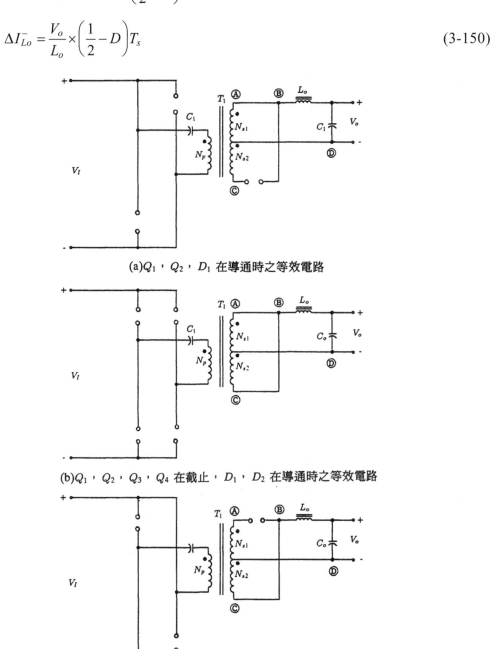

(a)$Q_1$，$Q_2$，$D_1$ 在**導通**時之**等效電路**

(b)$Q_1$，$Q_2$，$Q_3$，$Q_4$ 在**截止**，$D_1$，$D_2$ 在**導通**時之**等效電路**

(c)$Q_3$，$Q_4$，$D_2$ 在**導通**時之**等效電路**

圖 3-41 全橋式直流轉換器在連續導通模式下之等效電路

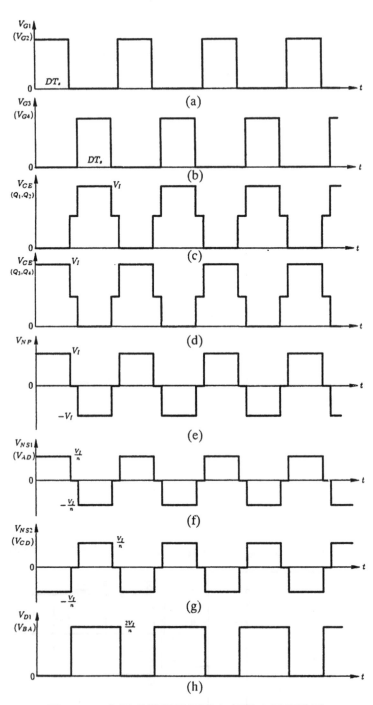

圖 3-42　全橋式轉換器電路上各點之電壓波形

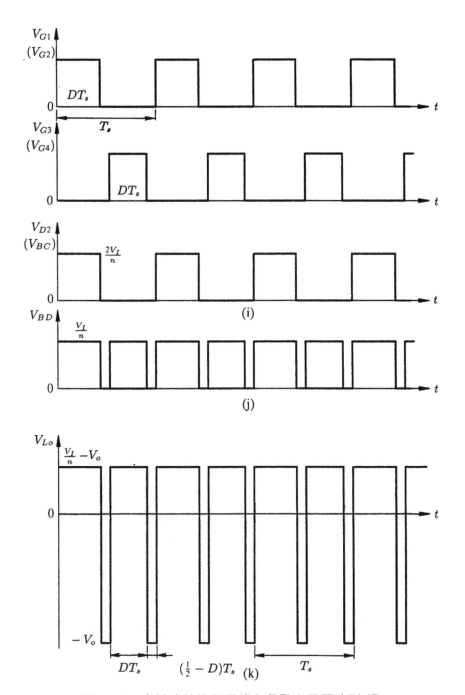

圖 3-42 全橋式轉換器電路上各點之電壓波形(續)

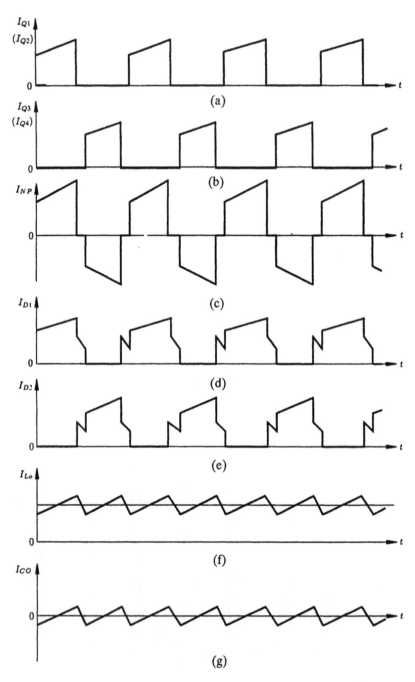

圖 3-43　全橋式轉換器電路上各點之電流波形

由於流經電感器之電流是一種連續形式，所以，此電流之變化量應該相等，因此，由(3-148)式與(3-150)式可以得出

$$\frac{N_{NS1} - V_o}{L_o} \times DT_s = \frac{V_o}{L_o} \times \left(\frac{1}{2} - D\right)T_s$$

化簡上式,則

$$V_o = 2V_{NS1}D \tag{3-151}$$

由於

$$\frac{V_{NS1}}{V_{NP}} = \frac{N_{S1}}{N_P}$$

所以

$$V_{NS1} = V_{NP} \times \left(\frac{N_{S1}}{N_P}\right) = \frac{V_I}{n} \tag{3-152}$$

將(3-152)式代入(3-151)式,則

$$V_o = \frac{2V_I D}{n} \tag{3-153}$$

或是表示為

$$\frac{V_o}{V_I} = \frac{2D}{n} \tag{3-154}$$

在此 $0 < D < 0.5$,若考慮二極體之順向壓降 $V_F$,則上式可以表示為:

$$\frac{(V_o + V_F)}{V_I} = \frac{2D}{n} \tag{3-155}$$

同樣的,若由伏特一秒之平衡觀點,則由圖 3-42(k)之電感器 $L_o$ 電壓波形可得出

$$\left(\frac{V_I}{n} - V_o\right) \times DT_s = V_o \times \left(\frac{1}{2} - D\right)T_s \tag{3-156}$$

所以,上式經過化簡之後,亦可得出(3-154)相同之結果。若考慮轉換器之輸入電壓範圍為 $V_{I_{\min}}$ 至 $V_{I_{\max}}$ 則

$$\frac{V_o}{V_{I_{\min}}} = \frac{2D_{\max}}{n} \tag{3-157}$$

且

$$\frac{V_o}{V_{I_{max}}} = \frac{2D_{min}}{n} \tag{3-158}$$

若全橋式轉換器沒有任何能量損失，則

$$\frac{I_o}{I_I} = \frac{V_I}{V_o} = \frac{n}{2D} \tag{3-159}$$

### 3-6.2 全橋式轉換器 CCM/DCM 之邊界條件

在全橋式轉換器之電路中，CCM/DCM 之邊界情況就是功率開關 $Q_1$，$Q_2$，$Q_3$，$Q_4$ 在 OFF 期間，流經電感器 $L_o$ 之電流剛好為零。如圖 3-44 所示。所以，在此邊界情況，流經電感器之平均電流可以表示為

$$I_{LoB} = I_{oB} = \frac{1}{2}\Delta I \tag{3-160}$$

由於

$$\Delta I = \frac{V_o}{L_o} \times \left(\frac{1}{2} - D\right)T_s$$

所以，將上式代入(3-160)式即可得出

$$I_{LoB} = I_{oB} = \frac{V_o}{2L_o}\left(\frac{1}{2} - D\right)T_s \tag{3-161}$$

因此，若要全橋式轉換器若要操作在 CCM，則其條件就是

$$I_o > I_{LoB} = I_{oB} = \frac{V_o}{2L_o}\left(\frac{1}{2} - D\right)T_s \tag{3-162}$$

或是其電感值必須大於臨界之電感值 $L_{oB}$，也就是

$$L_o > L_{oB} = \frac{V_o}{2I_{oB}}\left(\frac{1}{2} - D\right)T_s \tag{3-163}$$

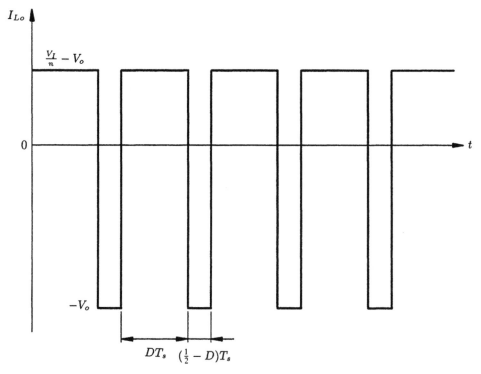

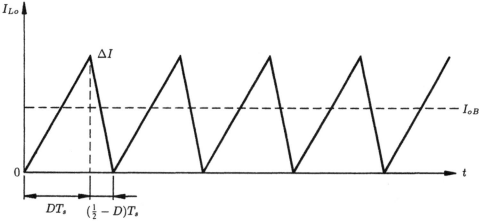

圖 3-44 全橋式轉換器 CCM/DCM 之邊界情況

反之，若是電感值低於臨界電感值 $L_{oB}$，則轉換器就會進入不連續導通模式(DCM)
操作。一般來說，全橋式轉換器亦大都操作在 CCM 之情況。

### 3-6.3　輸出電壓漣波與零件之選擇

在本節中將分析全橋式轉換器輸出電壓漣波,以及零件之應力大小。同樣的,全橋式轉換器之輸出漣波頻率會變成原來振盪頻率之兩倍,也就是週期變為 $\frac{1}{2}T_s$;其漣波大小亦如(3-133)式可表示為

$$\Delta V_o = \frac{\Delta Q}{C_o} = \frac{1}{C_o} \cdot \frac{1}{2} \cdot \frac{\Delta I}{2} \cdot \frac{T_s}{4} = \frac{\Delta I T_s}{16C_o} \tag{3-164}$$

由於

$$\Delta I = \frac{V_o}{L_o}\left(\frac{1}{2} - D\right)T_s$$

所以

$$\Delta V_o = \frac{T_s^2 V_o}{16C_o L_o}\left(\frac{1}{2} - D\right) \tag{3-165}$$

亦可表示為

$$\Delta V_o = \frac{\pi^2 V_o}{4}\left(\frac{1}{2} - D\right)\left(\frac{f_c}{f_s}\right)^2 \tag{3-166}$$

在此

$$f_c = \frac{1}{2\pi\sqrt{L_o C_o}}$$

此結果與半橋式,推挽式轉換器所得到之結果相同。所以,全橋式轉換器若工作在 CCM 情況下,電路中之 $L_o$,$C_o$,$T_s$ 與 $D$ 皆為不變之常數,因此,漣波$\Delta V_o$之大小在理論上亦不會隨著負載之大小有所改變。若要減小漣波之大小,就須將 $L_o$,$C_o$ 之數值變大,或是使 $f_c \ll f_s$ 亦可達此目的。

至於輸出電感 $L_o$ 之大小,則可由(3-161)式推導而得

$$L_o = \frac{V_o}{2I_{oB}}\left(\frac{1}{2} - D\right)T_s \tag{3-167}$$

而輸出電容值之大小可由(3-165)式得知為

$$C_o = \frac{T_s^2 V_o}{16 \Delta V_o L_o} \left( \frac{1}{2} - D \right) \tag{3-168}$$

至於 ESR 之選擇，則考慮如下

$$\text{ESR}_{\text{max}} \leq \frac{\Delta V_{o_{\text{max}}}}{\Delta I} \tag{3-169}$$

而電容器之有效漣波電流之要求為

$$I_{Co(\text{rms})} = \frac{\Delta I}{2\sqrt{3}} = \frac{1}{2\sqrt{3}} \frac{V_o}{L_o} \left( \frac{1}{2} - D \right) T_s \tag{3-170}$$

在功率電晶體選擇上，同樣的也須考慮集極－射極之間所能承受電壓值，以及所流過之電流額定值；所以，由圖 3-42(c)或(d)即可得知電壓之最大值為輸入電壓 $V_I$，因此

$$V_{CE_{(\text{max})}} \text{ 或 } V_{DS_{(\text{max})}} \geq V_I \tag{3-171}$$

而流經電晶體之電流，則由圖 3-43(a)或(b)可以得知，其最大值可表示為

$$I_{Q1(\text{max})} = \left( \frac{N_{S1}}{N_P} \right) \left( I_o + \frac{\Delta I}{2} \right) + 磁化電流 \, I_m = \left( \frac{1}{n} \right) \left( I_o + \frac{\Delta I}{2} \right) + \frac{DT_s V_I}{2L_P} \tag{3-172}$$

在此 $L_p$ 為初級圈 $N_{P1}$ 繞組之電感值。至於流經 $Q_2$，$Q_3$，$Q_4$ 電晶體之最大電流則與 $I_{Q1(\text{max})}$ 相同；而其平均電流則可表示為

$$I_{Q1(\text{avg})} = \left( \frac{N_{S1}}{N_P} \right) D I_o = \frac{D I_o}{n} \tag{3-173}$$

同樣的，其它電晶體之平均電流亦如(3-173)式。因此，輸入端之平均電流則為

$$I_i = \frac{2D I_o}{n} \tag{3-174}$$

另外，二極體之選擇則須考慮其最大之峰值逆向電壓，由圖 3-42(h)可以得知

$$V_{D1(\text{max})} = \frac{2V_I}{n} \tag{3-175}$$

而流經二極體之最大電流，由圖 3-43(d)可以得知為

$$I_{D1(max)} = I_o + \frac{\Delta I}{2} \tag{3-176}$$

其平均電流則可表示為

$$I_{D1(avg)} = DI_0 \tag{3-177}$$

### 3-6.4　全橋式轉換器之優點與缺點

　　在前面幾節之討論中，我們已經將全橋式轉換器之工作原理做過詳細之分析，在此將綜合此轉換器之優點與缺點分述如下：

1. 全橋式轉換器只要一組變壓器之初級繞組即可，且可以在輸入電壓 $V_I$ 下，被驅動工作在兩個方向上(即 $Q_1$，$Q_2$ 導通或 $Q_3$，$Q_4$ 導通狀態)。

2. 變壓器可以工作在正負兩個方向，鐵心利用率較高，且有較高之效率。

3. 由於全橋式轉換器之功率電晶體，其所須承受之電壓與電流都比其它轉換器小，因此，非常適合應用在大功率輸出之裝置上。

4. 由於此種結構必須使用到四個功率電晶體，因此，驅動電路會比較複雜，所以，比其它轉換器在價格上就會貴些。

5. 由於 $D_3$，$D_4$，$D_5$，$D_6$ 四個回復二極體，可以提供返馳能量回復之路徑，所以，變壓器就不需要再繞製能量回復繞組。

6. 此四個二極體同時可以消除由漏電感所引起之電壓波尖。

7. 由於輸出之電壓與電流波形，其頻率變為原來之兩倍；因此，輸出電感 $L_o$ 與輸出電容 $C_o$ 之元件值可以減小。

# 第四章
# 其它型式之直流
# 電源轉換器電路

## 4-1 概論

　　交換式直流電源轉換器電路，除了第二章與三章所介紹之型式外，在本章還要介紹一些其它型式之轉換器電路；例如：振鈴扼流圈轉換器(Ring Choke Converter；RCC)，'CUK 轉換器以及非對稱半橋電源轉換器(Asymmetrical Half-Bridge Converter)，主動箝位電源轉換器(Active Clamp Converter)，全橋相移式電源轉換器(Phase Shift Full Bridge Converter)與 LLC 半橋諧振或電源轉換器，茲分別就其基本工作原理簡述如下。

## 4-2 振鈴扼流圈轉換器之基本工作原理

　　一般 RCC 電路，大都應用於較小功率輸出，以及價格成本較低之交換式電源供應器上。也就是說此種電路結構比較簡單，所使用到零件數目比較少，所以，在 10W 至 50W 之間應用較為廣泛，由於此種電路結構其振盪頻率會隨著輸入電壓或負載之不同而改變，因此也稱之為 Free Running Blocking Oscillator Converter。

在圖 4-1 所示就是一個簡單的 RCC 基本電路，其基本工作原理簡單說明如下：

當 $V_{in}$ 輸入電壓提供至 RCC 電路時，在電阻 $R_1$ 上就會有電流產生，並流經 $Q_1$ 轉換電晶體之基極，而使得 $Q_1$ 導通成為飽和之狀態。由於電晶體的導通，所以，此時在初級側 $N_1$ 繞組上就會有電流流通，此電流則為

$$I_{P(peak)} = I_C = \frac{(V_{in} - V_{ce})}{L_P}(D_{max}T_s) = \frac{(V_{in} - V_{ce})}{L_P}t_{on} \qquad (4\text{-}1)$$

在此 $D_{max}T_s$ 為電晶體之最大導通時間

$L_P$ 為變壓器 $N_1$ 繞組之電感值

而在此同時，變壓器 $N_3$ 繞組上亦會有磁通建立，所以，$N_3$ 繞組上會有電壓 $V_b$ 產生。如此使得 $R_2$ 上有電流產生，並流經 $Q_1$ 基極，繼續使得 $Q_1$ 在導通狀態，此基極電流可表示如下：

$$I_b = \frac{V_b}{R_2} = \left(\frac{N_3}{N_1}\right)\left(\frac{V_{in} - V_{ce}}{R_2}\right) \qquad (4\text{-}2)$$

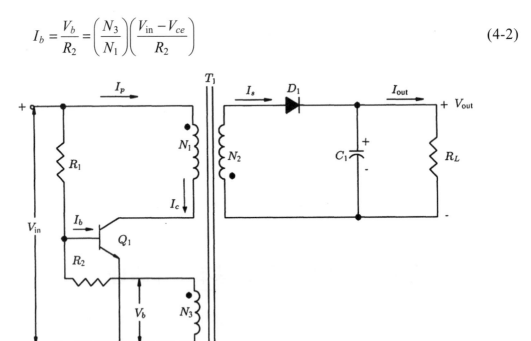

圖 4-1　RCC 基本電路

另外，在此時二次側 $N_2$ 繞組上之電壓因對二極體 $D_1$ 而言為逆向偏壓，故 $N_2$ 繞組上不會有電流流通。因此，流過初級側 $N_1$ 繞組之電流就成為變壓器 $T_1$ 之激磁電流，此時能量就會儲存在變壓器中。由(4-1)式可以得知，流經電晶體之電流

$I_c$ 將隨時間成比例增大，可是當電晶體之基極電流成為不能使電晶體達到飽和狀態時，也就是 $\beta I_b < I_c$ 之情況下，轉換電晶體就會脫離飽和狀態，此時電晶體之 $V_{ce}$ 電壓就會增大，而流經 $N_1$ 繞組之電流就會下降，而在 $N_3$ 繞組之 $V_b$ 電壓亦變成負值，如此 $V_{ce}$ 之電壓更趨增加，使得轉換電晶體更快速達到關閉(Turn off)之狀態。此時由於極性反轉之關係，在 $N_2$ 繞組上之電壓會將 $D_1$ 二極體導通，因此，原來儲存在變壓器之能量就會經由 $N_2$，$D_1$，$C_1$ 傳遞至負載輸出端。

此時，若輸出電壓為 $V_{out}$，二極體 $D_1$ 之順向電壓降為 $V_{d1}$，則跨於 $N_2$ 繞組之電壓 $V_{n2}$ 為

$$V_{n2} = V_{out} + V_{d1} \tag{4-3}$$

若 $N_2$ 繞組之電感量為 $L_s$，則流通此繞組或二極體 $D_1$ 之電流則為

$$I_{S(peak)} = I_{d1} = \frac{V_{n2}}{L_s}(D_{max}T_s) = \frac{(V_{out} + V_{d1})}{L_s}t_{on} \tag{4-4}$$

或是

$$I_{S(peak)} = \frac{N_1}{N_2}I_{P(peak)} \tag{4-5}$$

由於變壓器會將所儲存之能量全部移至輸出負載，因此，流經二極體 $D_1$ 之電流就會漸漸變成零，如此使得二極體 $D_1$ 變成在截止狀態。而此時在各組繞組上之電壓則為零，不過轉換開關 $Q_1$ 則會因為起動電阻 $R_1$ 之作用而開始導通，如此又再度回到原來剛開始之狀態，而這些 ON，OFF 之反覆動作，將使電路持續振盪，達到 Free running 之結果。此電路之振盪頻率 $f_s$ 將會隨著輸入電壓以及負載之大小而改變，一般其關係式可推導如下：

假設初級側 $N_1$ 繞組之電感量為 $L_P$，電流為 $I_P$，則輸入功率可以表示為

$$P_{in} = \frac{1}{2}L_P I_P^2 f_s = \frac{1}{2}L_P \cdot (\frac{V_{n1} \cdot t_{on}}{L_P})^2 f_s = \frac{[(V_{in} - V_{ce}) \cdot t_{on}]^2}{2L_P}f_s$$
$$= \frac{[(V_{in} - V_{ce})]^2 \cdot (D/f_s)^2}{2L_P} \cdot f_s = \frac{(V_{in} - V_{out})^2 D^2}{2L_P f_s} \tag{4-6}$$

此時若輸出電壓為 $V_{\text{out}}$，輸出電流為 $I_{\text{out}}$，則輸出功率可以表示為

$$P_{\text{out}} = (V_{\text{out}} + V_{d1})I_{\text{out}} \tag{4-7}$$

假設，輸入功率 $P_{\text{in}}$ 與輸出功率 $P_{\text{out}}$ 相等，則

$$\frac{(V_{\text{in}} - V_{ce})^2 D^2}{2 L_P f_s} = (V_{\text{out}} + V_{d1})I_{\text{out}}$$

所以，由上式可以得到

$$f_s = \frac{(V_{\text{in}} - V_{ce})^2 D^2}{2 L_P (V_{\text{out}} + V_{d1})I_{\text{out}}} \tag{4-8}$$

由上式可以得知，當輸入電壓與輸出電壓一定時，振盪頻率 $f_s$ 與負載電流 $I_{\text{out}}$ 成反比，也就是當輸出電流愈大時，振盪頻率 $f_s$ 愈低；反之，則愈高。由於 RCC 電路頻率 $f_s$ 會改變，因此，在電路設計時則要特別留心，最好振盪頻率不要低於 20 kHz。由(4-8)式亦可得出初級側繞組之電感量 $L_P$ 為

$$L_P = \frac{(V_{\text{in}} - V_{ce})^2 D^2}{2 f_s (V_{\text{out}} + V_{d1})I_{\text{out}}} \tag{4-9}$$

至於在圖 4-1 之 RCC 電路中各點之電壓波形與電流波形，如圖 4-2 與圖 4-3 所示。

## 4-3　'CUK 轉換器之基本工作原理

　　由第二章中之三種轉換器結構的分析與討論，並且由其電流波形圖則可獲知這些轉換器主要缺點就是在輸入端或輸出端會有脈動電流的形式產生。而此不連續的電流乃是造成高電壓漣波的主要原因，甚至於會導致嚴重的傳導與輻射之電磁干擾 EMI 問題。而這三種基本直流轉換器的輸出電壓乃是由控制交換元件的導通時或是工作週期 $D$ 來決定之。而在此僅有 buck-boost 型式的轉換器，其輸出所得之電壓可以低於($D < 0.5$)或高於($D > 0.5$)輸入直流電壓。而其它 buck 型式的轉換器，輸出電壓會低於輸入電壓；boost 型式的轉換器所得到的輸出電壓會高於輸入電壓。

　　而為了克服改進這些轉換器的缺點，在本節中將討論分析新型式無漣波的 'CUK 轉換器。

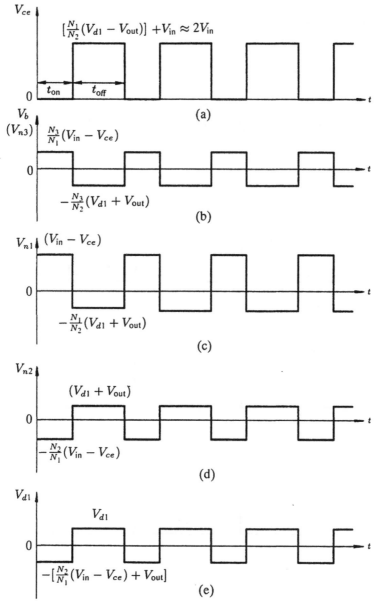

圖 4-2　RCC 電路各點之電壓波形

　　在圖 4-4 所示乃為新型式無漣波輸出的'CUK 轉換器之基本電路架構，以及輸入與輸出的電流波形。由圖中可得知它們皆為連續的電流，而非脈動的電流形式。至於此種轉換器則可推演出各種型式的'CUK 轉換器電路，如圖 4-5 所示就是無隔離(nonisolated)型式的'CUK 轉換器，而圖 4-6 所示的電路則具有隔離(isolated)型式的'CUK 轉換器。

　　現在,則將基本的'CVK 轉換器電路之操作原理說明如下:首先由圖 4-4 可得知,功率開關 MOSFET $Q_1$ 在此當做交換元件來使用,會在飽和與截止的區域操作。而電容器 $C_1$ 則做為輸入端與輸出端之間的能量轉移元件。因此,當功率開關 $Q_1$ 在關閉(OFF)狀態時,二極體 $D_1$ 就會在導通狀態(在 $D'T_s$ 期間),此時輸入電流會經由電感器 $L_P$ 在正的方向將電容器 $C_1$ 充電。而在電感器 $L_{o1}$ 的能量會轉移至輸出端,如此可使得輸出電流 $I_{o1}$ 為非脈動的電流。

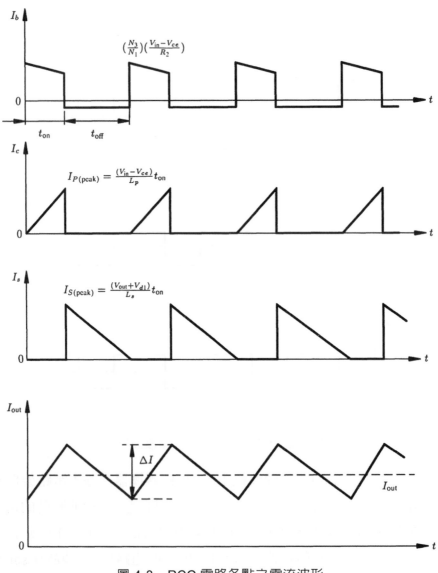

圖 4-3　RCC 電路各點之電流波形

　　而當功率開關 $Q_1$ 在導通(ON)狀態時，二極體 $D_1$ 就會在關閉的狀態(在 $DT_s$ 期間)，此時電容器 $C_1$ 的正端點就會接到地電位，也就是說電容器 $C_1$ 會經由負載 $R_{L1}$ 與電感器 $L_{o1}$ 放電。因此，電容器 $C_2$ 端的電壓就會變成負的輸出電壓。所以，當操作週期 $T_s$ 一再重複時，功率開關 $Q_1$ 就會依次重複在導通與關閉的狀態。

　　由於此種轉換器結合了 buck-boost 的特性，而且其能量的轉移為電容性的。因此，在理論上祇要能將變壓器與電感器設計適當，則可得知'CUK 轉換器的輸入與輸出電流幾乎會近似於純直流的特性，此時交換漣波則予以忽略之。另外，由圖 4-5 與圖 4-6 可以看出，如果將輸入電感器 $L_P$ 與輸出電感器 $L_{o1}$ 耦合在相同的鐵心上時，在負載端幾乎可以達到無漣波的輸出電流。

　　而由於這二個耦合電感器構成了一個變壓器，因此，每一繞組的有效電感值，經由交互的感應能量轉移，其值會被改變。這也就是說這二個電感值將會增加，如此能夠減少輸入與輸出的漣波值。所以，如果初級對次級圈數比能夠與變壓器應感應耦合係數匹配，則輸出的電流漣波就可能完全被消除。同樣的，如果同時將變壓器，輸入電感器 $L_P$ 與輸出電感器 $L_{o1}$ 都耦合在相同的鐵心上時，則輸入端與輸出端亦可同時達到無漣波的電流。

## 4-3.1　無隔離型式'CUK 轉換器的穩態分析

　　假設在圖 4-4 中基本無隔離型式的'CUK 轉換器電路是操作在穩定狀態(Steady State)，此時將對其做簡單的穩態分析。而轉換器的導通週期($DT_s$)與關閉週期($D'T_s$)之等效電路，則表示於圖 4-7 中。因此，在 $DT_s$ 週期裏，功率開關 $Q_1$ 會在導通狀態，而且二極體 $D_1$ 則在關閉狀態。所以，由圖 4-7(b)則可得到二個方程式為：

$$V_{LP(ON)} = V_g$$

$$V_{Lo1(ON)} = V_{c1} - V_{o1}$$

　　另外，在 $D'T_s$ 週期裏，功率開關 $Q_1$ 會在關閉狀態，而二極體 $D_1$ 是在導通狀態。所以，由圖 4-7(c)則亦可得到二個方程式為：

$$V_{LP(OFF)} = V_{c1} - V_g$$

$$V_{Lo1(OFF)} = V_{o1}$$

然而爲了達到電感器的伏特一秒之平衡(Volt-Second balance)，則

$$DT_sV_{LP(\text{ON})} = D'T_sV_{LP(\text{OFF})}$$

$$DT_sV_{Lo1(\text{ON})} = D'T_sV_{Lo1(\text{OFF})}$$

因此，將以上所得到的方程式，經由代數運算後，則可推演出以下之結果，表示如下：

$$V_{c1} = \frac{V_{o1}}{D} = V_g + V_{o1}$$

$$V_{LP(\text{ON})} = V_g$$

$$V_{LP(\text{OFF})} = V_{c1} - V_g = V_{o1}$$

$$V_{Lo1(\text{ON})} = V_{c1} - V_{o1} = V_g$$

$$V_{Lo1(\text{OFF})} = V_{o1}$$

而且

$$\frac{V_{o1}}{V_g} = \frac{D}{D'}$$

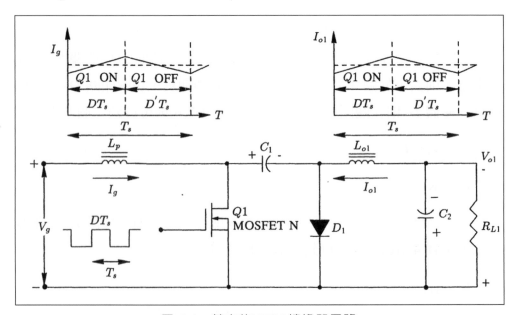

圖 4-4　基本的'CUK 轉換器電路

因此，由上式即可得知，祇要控制轉換器交換頻率的工作週期，就可以將輸出電壓昇高或下降。若假設在電路中，功率的轉換沒有任何損失，則亦可得到電流之關係為：

$$\frac{I_g}{I_{o1}} = \frac{V_{o1}}{V_g} = \frac{D}{D'}$$

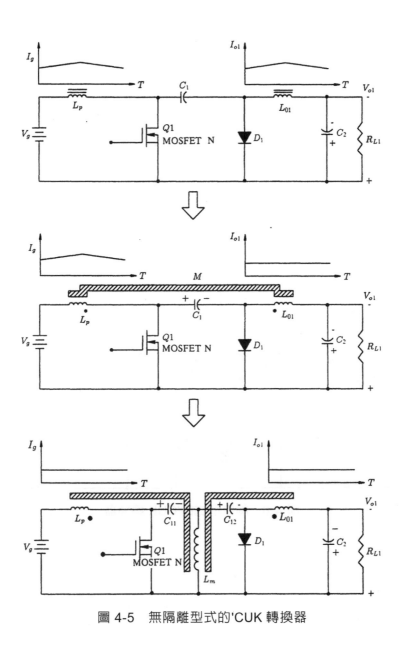

圖 4-5 無隔離型式的 'CUK 轉換器

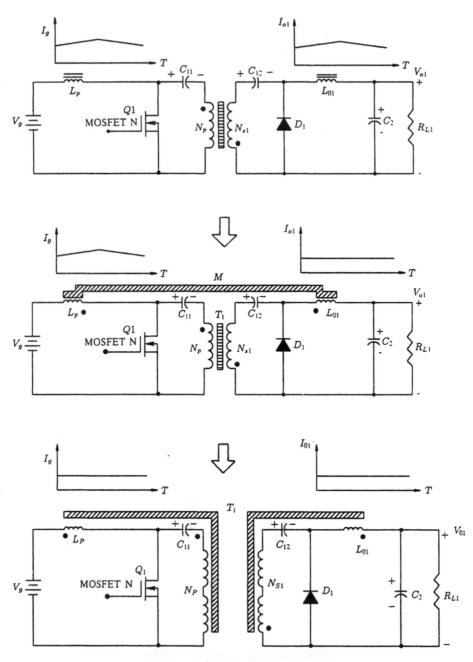

圖 4-6　隔離型式的'CUK 轉換器

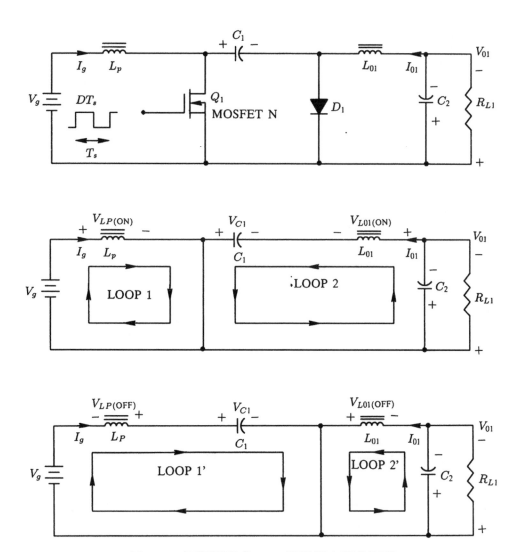

圖 4-7　無隔離型式'CUK 轉換器之等效電路

　　至於輸入電感器 $L_P$ 與輸出電感器 $L_{o1}$ 之電壓與電流波形，則示於圖 4-8 與圖 4-9 中。而能量轉移電容器 $C_1$ 之電壓與電流波形，則示於圖 4-10 中。

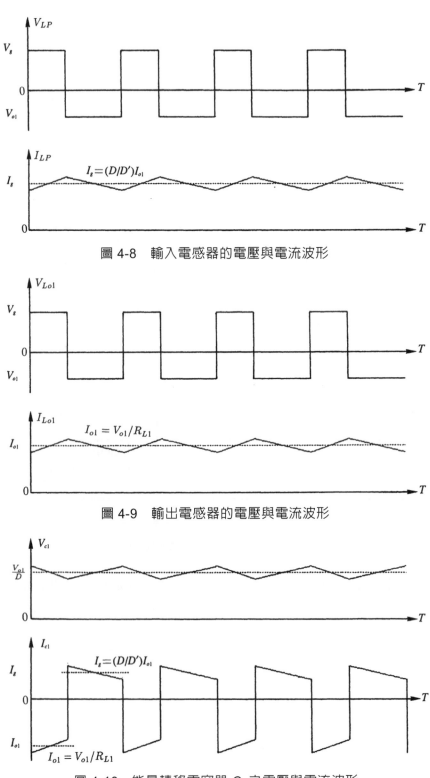

圖 4-8　輸入電感器的電壓與電流波形

圖 4-9　輸出電感器的電壓與電流波形

圖 4-10　能量轉移電容器 $C_1$ 之電壓與電流波形

## 4-3.2 隔離型式'CUK 轉換器的穩態分析

在圖 4-11 所示乃為直流隔離型式的'CUK 轉換器。在這個電路中使用了變壓器來達到隔離之效果,同時由其圈數比之設定,亦可獲致所期望的輸出電壓。而其操作原理則與無隔離型式的'CUK 轉換器類似。因此,由圖 4-11(c)所示的等效電路乃是在 $D'T_s$ 之週期裏,此時功率開關 $Q_1$ 處於關閉狀態。因而輸入電流會將原先儲存於輸入電感器 $L_P$ 的能量,流經電容器 $C_P$ 與變壓器的初級圈。在此變壓器的次級與初級的圈數比為 $a$,則此時會有 $1/a$ 倍的電流感應至變壓器次級端,而電流則會流經導通的二極體並將電容器 $C_1$ 充電。在此期間,輸出電感器 $L_{o1}$ 會將所儲存的能量釋放至負載,因此,二極體所承載的電流為 $1/a$ 輸入電流與輸出電流之和。

在圖 4-11(b)中所示的等效電路,此時功率開關 $Q_1$ 是處於 $DT_s$ 的導通週期,並且輸入電流會在 $L_P$ 中儲存能量。由於在 $D'T_s$ 期間電容器 $C_P$ (與 $C_1$)已被充電至正電壓,此時則會經由 MOSFET 與變壓器初級圈放電,並轉移所儲存的能量至輸出電路。而由於 MOSFET 在導通狀態時,會使得電容器 $C_P$ 的正端被接地,而在瞬時電容器上的電壓降則必須保持相同,如此使得變壓器初級圈的電壓降被拉至負的準位。因此,此突然的電壓降經由變壓器耦合至電容器 $C_1$ 的負端,並使得二極體 $D_1$ 截止。此時輸出電流則必須流經電容器 $C_1$ 與變壓器的次級圈,並與初級圈的電流達到匹配,如此 $C_P$ 與 $C_1$ 會將其能量釋放至電感器 $L_{o1}$ 與負載上。在此工作週期,MOSFET 所承載的電流為輸入電流與 $a$ 倍輸出電流之和。

接著也將對此種隔離型式的'CUK 轉換器做簡單的穩態分析,首先由圖 4-11(b)導通週期的等效電路,即可得到三個電壓方程式為:

$$V_{LP(\text{ON})} = V_g$$

$$V_{LP(\text{ON})} = \frac{V_{NS1(\text{ON})}}{a} = V_{CP}$$

$$V_{Lp1(\text{ON})} = V_{C1} + V_{NS1(\text{ON})} - V_{o1}$$

而另外在圖 4-11(c)關閉週期的等效電路中,亦可獲得以下三個電壓方程式為:

$$V_{LP(\text{OFF})} = V_{CP} + V_{NP(\text{OFF})} - V_g$$

$$V_{NS1(\text{OFF})} = aV_{NP(\text{OFF})} = V_{C1}$$

$$V_{Lo1(\text{OFF})} = V_{o1}$$

同時為了達到輸入電感器，輸出電感器與變壓器的伏特一秒平衡(Volt-second balance)，則須

$$DT_sV_{LP(ON)} = D'T_sV_{LP(OFF)}$$

$$DT_sV_{Lo1(ON)} = D'T_sV_{Lo1(OFF)}$$

$$DT_s\,V_{NP(ON)} = D'T_sV_{NP(OFF)}$$

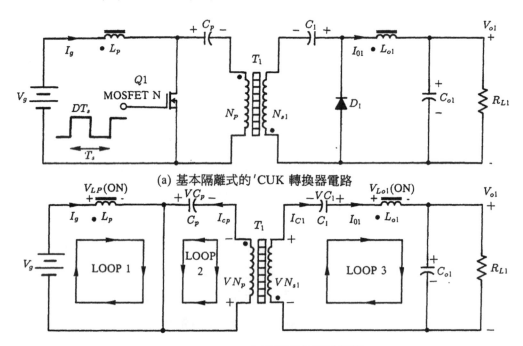

(a) 基本隔離式的 'CUK 轉換器電路

(b)MOSFET $Q_1$ 在導通時的等效電路

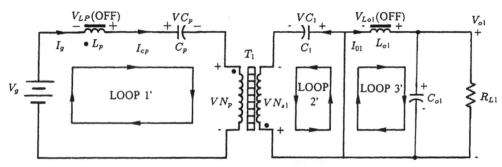

(c)MOSFET $Q_1$ 在關閉時的等效電路

圖 4-11　隔離型式'CUK 轉換器之等效電路

因此，將上面所得到的方程式，經由代數運算後，則可獲致以下之結果為：

$$V_{CP} = V_g$$

$$V_{C1} = V_{o1}$$

$$V_{LP(\text{ON})} = V_g$$

$$V_{LP(\text{OFF})} = \frac{V_{o1}}{a}$$

$$V_{Lo1(\text{ON})} = aV_g$$

$$V_{Lo1(\text{OFF})} = V_{o1}$$

$$V_{NP(\text{ON})} = V_g$$

$$V_{NP(\text{OFF})} = \frac{V_{o1}}{a}$$

$$V_{NS1(\text{ON})} = aV_g$$

$$V_{NS1(\text{OFF})} = V_{o1}$$

而且

$$\frac{V_{o1}}{V_g} = a\frac{D}{D'}$$

由上式推導的結果可得知，當圈數比 $a$ 固定時，祇要控制轉換器交換頻率的工作週期 $D$，即可改變輸出電壓之大小。

同樣地若假設在隔離型式'CUK 轉換器的電路中，功率的轉換沒有任何損失，則亦可得到電流之關係為：

$$\frac{I_g}{I_{o1}} = \frac{V_{o1}}{V_g} = a\frac{D}{D'}$$

在此 $I_{o1}$ 為平均輸出電流，所以

$$I_{o1} = \frac{V_{o1}}{R_{L1}}$$

至於輸入電感器 $L_P$ 與輸出電感器 $L_{o1}$ 的電壓與電流波形,則表示於圖 4-12 與圖 4-13 中。而變壓器初級圈與次級圈之電壓波形,則表示於圖 4-14 中。另外在圖 4-15 與圖 4-16 中所示乃為能量轉移電容器 $C_P$ 與 $C_1$ 之電路與電流波形。

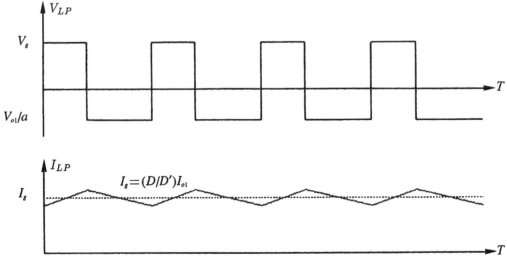

圖 4-12　輸入電感器的電壓與電流波形

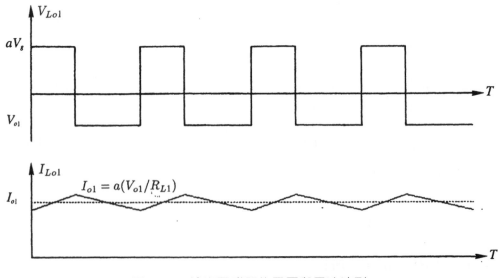

圖 4-13　輸出電感器的電壓與電流波形

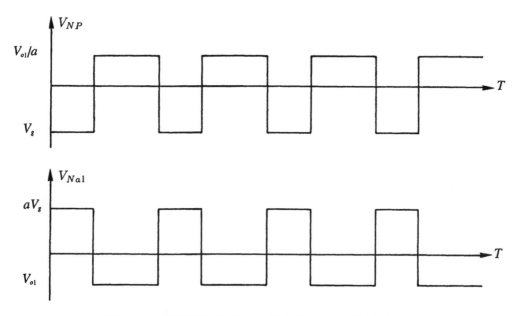

圖 4-14　變壓器初級圈 $N_P$ 與次級圈 $N_{S1}$ 的電壓波形

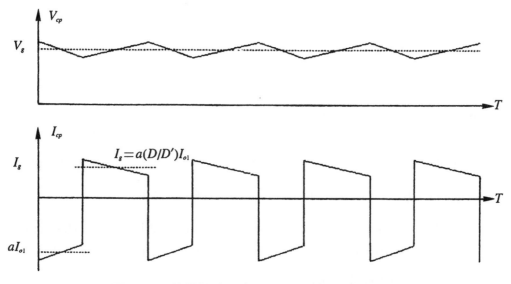

圖 4-15　能量轉移電容器 $C_P$ 之電壓與電流波形

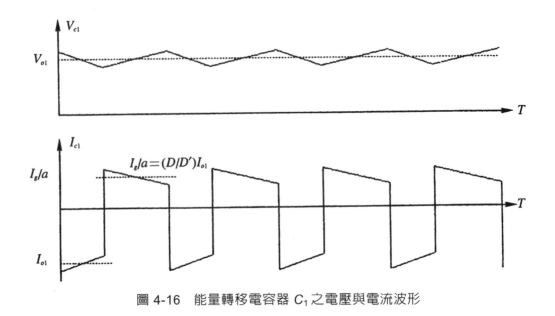

圖 4-16　能量轉移電容器 $C_1$ 之電壓與電流波形

### 4-3.2　耦合電感器的分析

由前面'CUK 直流轉換器的穩態分析可得知，輸入電感器 $L_P$ 與輸出電感器 $L_{o1}$ 的穩態電壓波形會成比例(proportional)，而且會同相(in phase)。

而這個重要的特色，就是二個電感器可以耦合(coupling)在一起的依據。

在圖 4-17 所示乃為'CUK 轉換器的耦合電感器。由於將電感器 $L_P$ 與 $L_{o1}$ 都繞在同一鐵心上，如此不僅可以耦合增加電感值，減少銅損失(copper losses)與鐵心損失(core looses)；而且也可以減少整個轉換器的尺寸大小，重量與元件的數目，同時更可達到零漣波的境界。因此，耦合電感器的作用並不會影響基本的直流特性，而對整個'CUK 直流轉換器來說還可以達到提高效率的目的。

由於變壓器次級圈電壓與初級圈電壓會成比例變化，而其比例係數則為 $N_{S1}/N_P = a$。因此，由直流穩態的分析中可得知 $V_{Lo1} = aV_{LP}$。所以，由圖 2-17 可推導出耦合電感器的電壓矩陣為

$$\begin{bmatrix} V_{LP} \\ V_{Lo1} \end{bmatrix} = \begin{bmatrix} V_{LP} \\ aV_{LP} \end{bmatrix} = \begin{bmatrix} L_P & M \\ M & L_{o1} \end{bmatrix} \begin{bmatrix} \dfrac{di_g}{dt} \\ \dfrac{di_{o1}}{dt} \end{bmatrix}$$

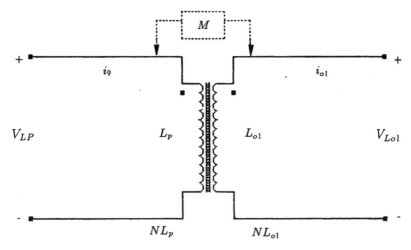

圖 4-17 輸入與輸出的耦合電感器

在此 $L_P$：輸入電感器本身的電感值(self-inductance)。

$L_{o1}$：輸出電感器本身的電感值。

$M$：輸入與輸出電感器之間的互感值(mutual inductance)。

而由上面的電壓矩陣則可求出得

$$\begin{bmatrix} \dfrac{di_g}{dt} \\ \dfrac{di_{o1}}{dt} \end{bmatrix} = \begin{bmatrix} \dfrac{L_{o1}}{L_P L_{o1} - M^2} & \dfrac{-M}{L_P L_{o1} - M^2} \\ \dfrac{-M}{L_P L_{o1} - M^2} & \dfrac{L_P}{L_P L_{o1} - M^2} \end{bmatrix} \begin{bmatrix} V_{LP} \\ aV_{LP} \end{bmatrix}$$

所以，由上式即可推導出

$$\frac{di_g}{dt} = \frac{L_{o1} - aM}{L_P L_{o1} - M^2} V_{LP}$$

$$\frac{di_{o1}}{dt} = \frac{aL_P - M}{L_P L_{o1} - M^2} V_{LP}$$

因此，由上面二個方程式可以推論出以下二種情況，茲將其分別解析說明之：

## 【情況 A】

如果 $L_{o1} = aM$，則可得出

$$\frac{di_g}{dt} = 0 \text{ 且 } \frac{di_{o1}}{dt} = \frac{V_{LP}}{M}$$

因此，可得知輸入電流 $i_g$ 可以減低至零漣波的情況，而輸出電流 $i_{o1}$ 還是保持與無耦合的情況相同。

## 【情況 B】

如果 $aL_P = M$，則可得出

$$\frac{di_g}{dt} = \frac{aV_{LP}}{M} \text{ 且 } \frac{di_{o1}}{dt} = 0$$

因此，亦可得知輸出電流 $i_{o1}$ 的漣波可以被減低至零漣波的情況，而輸入電流 $i_g$ 還是保持與無耦合的情況相同。

所以，在'CUK 直流轉換器中，祇要將輸入電感器與輸出電感器耦合在相同的鐵心上，就可以使得輸入電流或輸出電流達到零漣波之要求。因此，'CUK 轉換器此種極佳的特性就非常適用於對漣波很敏感的電子裝置。綜合以上的分析結果，整理成如下表 4-1 所示。

表 4-1　'CUK 轉換器零漣波之條件

| 情況 | 零漣波條件 | $\dfrac{di_g}{dt}$ | $\dfrac{di_{o1}}{dt}$ |
|:---:|:---:|:---:|:---:|
| A | 零輸入電流漣波 $L_{o1} = aM$ | 0 | $\dfrac{V_{LP}}{M}$ |
| B | 零輸出電流漣波 $aL_P = M$ | $\dfrac{aV_{LP}}{M}$ | 0 |

## 4-4　非對稱半橋電源轉換器

### 4-4.1　概論

　　非對稱半橋電源轉換器(Asymmetrical Half-Bridge Converter)與主動箝位轉換器(Active Clamp Converter)在開關元件上只須兩個功率開關，在使用上較具經濟價值，因此這兩種電路架構在業界會被工程師所採用。不過主動箝位轉換器卻存在著開關應力要求較大以及兩個功率開關零電壓導通條件相差過大的問題。所以此型轉換器較不適合操作於高壓輸入的應用電路。

　　非對稱半橋電源轉換器由於功率開關的橋式結構，會使得功率開關的應力要求較主動箝位轉換器為低，同時兩功率開關零電壓交換暫態期間由於輸出電感電流的參與，也會使得兩功率開關的零電壓交換條件差距較主動箝位轉換器為小。若與全橋相移式轉換器(Full Bridge Phase Shift Converter)相較下可省了兩個功率開關與一次側循環電流的問題。

### 4-4.2　非對稱半橋順向式電源轉換器

　　非對稱半橋電源轉換器可以區分為返馳式與順向式兩種架構，在返馳式轉換器中，由於其輸出整流結構較簡易，因此很適合應用在多組輸出的電源系統中。在順向式轉換器中，因有較小的輸出均方根電流，應用於單組輸出電源系統中較具優勢。在圖 4-18 所示為非對稱半橋順向式電源轉換器，電路中一次側包含兩個功率開關元件 $Q_1$ 與 $Q_2$、諧振電感 $L_r$ 與阻隔電容(blocking capacitor)$C_c$；二次側為中心抽頭的變壓器加上整流二極體 $D_1$ 與 $D_2$，以及電感電容所組成之低通濾波電路。

　　其中功率開關 $Q_1$ 與 $Q_2$ 具有互補的控制信號，諧振電感 $L_r$ 利用兩個開關之間的死區時間(Dead Time)與開關寄生電容 $C_A$ 與 $C_B$ 產生諧振，可分別達到兩個功率開關的零電壓交換(ZVS)。

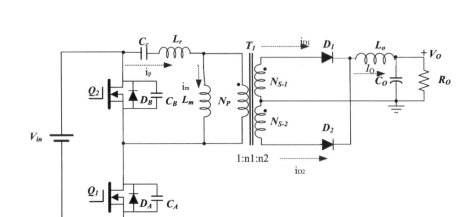

**圖 4-18　非對稱半橋順向式電源轉換器**

### 4-4.3　電路動作分析

　　在本節中將針對非對稱半橋順向式轉換器之電路動作原理作一詳細的分析與介紹，為了簡化分析則假設：

1. 阻隔電容 $C_C$ 足夠大，將此電容上的電壓降 $V_C$ 視為定值。

2. 輸出電感 $L_O$ 足夠大，將輸出電流 $I_O$ 視為定值。

3. 變壓器主繞組 $L_m$ 足夠大，將激磁電流 $I_m$ 視為定值。

　　在圖 4-19 所示為此電路之控制時序與波形圖，其中 $t_0$ 至 $t_8$ 的電路動作原理說明如下：

1. 模式 1：$[t < t_0]$ (能量傳送)
   當 $t < t_0$ 時，功率開關 $Q_1$ 導通，電流會由電源端流入阻隔電容 $C_C$、變壓器一次側繞組與功率開關 $Q_1$ 的主通道，此時變壓器一次側繞組跨壓等於 $V_{in} - V_C$，能量經由隔離變壓器傳送到負載，如圖 4-20 所示。

2. 模式 2：$[t_0 \le t \le t_1]$ (線性充放電)
   當 $t = t_0$ 時，功率開關 $Q_1$ 會截止，此時原來流經主通道的電流會轉而流經功率開關之寄生電容 $C_A$ 與 $C_B$，如圖 4-21 所示。由於輸出電感電流反映到一次側的關係，會使得一次側電流幾乎保持不變，此結果可以看成一定電流對功率開關之寄生電容充放電(會對 $C_A$ 充電、$C_B$ 放電)，會一直到寄生電容 $C_A$ 之跨壓 $V_{CA}$ 被充電到 $V_{in} - V_C$ 時，此時變壓器一次側跨壓為零，二極體 $D_2$ 導通，二次側電路進入飛輪區。

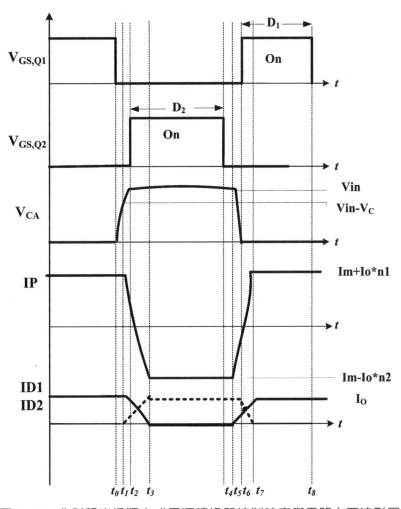

圖 4-19　非對稱半橋順向式電源轉換器控制時序與電路主要波形圖

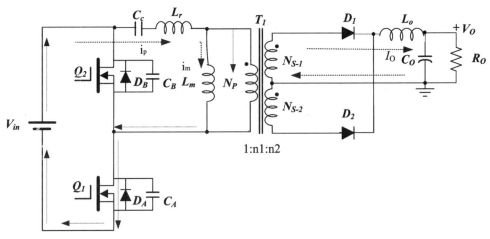

圖 4-20　能量傳送區($t < t_0$)主電路電流路徑

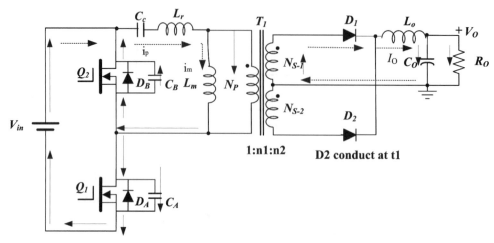

圖 4-21　線性充放電區($t_0 \leq t \leq t_1$)主電路電流路徑

於此階段中流經變壓器一次側的電流可以表示為：

$$I_P(t) = I_m + I_O n_1 \tag{4-10}$$

寄生電容 $C_A$ 之跨壓 $V_{CA}$ 可以表示為：

$$V_{CA}(t) = \frac{I_P(t) \cdot t}{C_r} \tag{4-11}$$

$V_{CA}$ 由零上升到 $V_{in} - V_C$ 的時間為：

$$t_{10} = t_1 - t_0 = \frac{(V_{in} - V_C) \cdot C_r}{I_P(t)} \tag{4-12}$$

這其中 $C_r$ 是由 $C_A$、$C_B$ 與變壓器的線間電容所組成。

3. 模式 3：$[t_0 \leq t \leq t_1]$ (諧振暫態)

在此區段變壓器一次側跨壓為零，輸出整流二極體 $D_2$ 導通，二次側會進入飛輪區，此時變壓器的一次側與二次側可以視為解耦，至於一次側能量不再藉由變壓器傳送到二次側，而此時負載側會藉由 $L_O$ 與 $C_O$ 來提供能量。在圖 4-22 所示為此模式下諧振暫態區主電路的電流路徑圖。

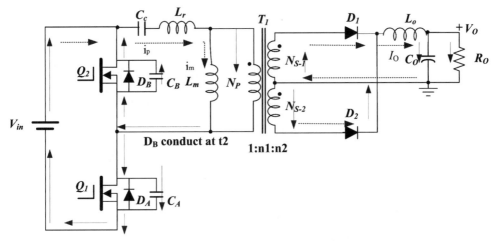

圖 4-22 諧振暫態區($t_1 \leq t \leq t_2$)主電路電流路徑

由於變壓器解耦可視為短路狀態，在一次側中，諧振電感 $L_r$ 與功率開關之寄生電容 $C_r$ 產生諧振，可求解電路之微分方程，並配合 $I_P(t_1) = (I_m + I_O n_1)$ 與 $V_{CA}(t_1) = V_{in} - V_C$ 之起始條件，則可得：

$$i_P(t) = (I_m + I_O n_1)\cos[\omega_r(t - t_1)] \quad t_1 < t < t_2 \tag{4-13}$$

$$V_{CA}(t) = V_{in} - V_C + Z_r(I_m + I_O n_1)\sin[\omega_r(t - t_1)] \quad t_1 < t < t_2 \tag{4-14}$$

其中 $\omega_r = \dfrac{1}{\sqrt{L_r C_r}}$ 為諧振頻率 (Resonant frequency)，$Z_r = \sqrt{\dfrac{L_r}{C_r}}$ 為特性阻抗 (Characteristic impedance)。

若要獲致功率開關 $Q_2$ 達到零電壓之狀況，則跨壓 $V_{CA}$ 必須在 $t_2$ 前由 $V_{in} - V_C$ 上升到 $V_{in}$，也就是說(4-14)式必須滿足：

$$\sqrt{L_r C_r}\,\sin^{-1}\left(\frac{V_C}{(I_m + I_O n_1)\cdot Z_r}\right) \leq t_2 - t_1 \tag{4-15}$$

$$\frac{V_C}{(I_m + I_O n_1)\cdot Z_r} \leq 1 \tag{4-16}$$

所以將上式可寫為

$$\frac{1}{2}L_r(I_m + I_O n_1)^2 \geq \frac{1}{2}C_r V_C^2 \tag{4-17}$$

由上式可以得知只有當諧振電感 $L_r$ 所儲存的能量超過某一個值後，跨壓 $V_{CA}$ 才會從 $V_{in} - V_C$ 上升到 $V_{in}$，此時諧振電感的數值越大會越容易達到功率開關之零電壓導通。在 $t_0 \sim t_1$ 階段，輸出側映射到一次側之電流對諧振電感進行儲能，此一能量將會在 $t_1 \sim t_2$ 階段來協助功率開關 $Q_1$ 達到零電壓導通之機制。

4. 模式 4：$[t_2 \leq t \leq t_3]$ (輔助開關責任週期損失)

當 $t = t_2$，跨壓 $V_{CA}$ 會到達 $V_{in}$ 時，功率開關 $Q_2$ 的反向二極體 $D_B$ 導通，所以可達到功率開關 $Q_2$ 的零電壓切換動作，同時功率開關 $Q_1$ 的電壓 $V_{CA}$ 也會被箝制在 $V_{in}$，可降低功率開關耐壓的問題。在二次側的整流二極體仍處於飛輪模式，此時變壓器依舊在解耦合狀態。

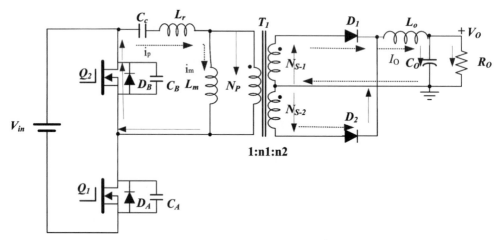

圖 4-23　輔助開關責任週期損失($t_1 \leq t \leq t_2^*$)主電路電流路徑

此週期內可以依照流經變壓器一次側的電流 $I_P(t)$ 之正負分為兩個小區間，以下將分別說明：

1. $I_P(t) > 0$；在此區間 $t_2 \sim t_2^*$ 諧振電感之儲能會經由功率開關 $Q_2$ 的主通道對阻隔電容 $C_C$ 充電，如圖 4-23 所示，而跨在漏感上之電壓 $V_C$ 會使一次側電流以固定之斜率 $\dfrac{V_C}{L_r}$ 下降，一次側電流可以表示為

$$I_P(t) = I_P(t_2) - \frac{V_C}{L_r}(t - t_2) \tag{4-18}$$

其中 $I_P(t_2)$ 為 $t = t_2$ 時之變壓器一次側電流大小，此區間當 $L_r$ 之儲能放完後結束。

2. $I_P(t) < 0$；在此區間 $t_2^*\sim t_3$ 會由 $C_C$ 對 $L_r$ 充電，如圖 4-24 所示，變壓器一次側電流會依(4-18)式快速的下降，直到 $I_P(t)$ 下降到 $I_m - I_O n_2$ 時，變壓器兩端脫離解耦合狀態，輸出整流二極體 $D_1$ 截止。在 $t_2$ 時功率開關 $Q_2$ 已經導通，但是要一直到 $t_3$ 時才有功率傳送到二次側，因此 $t_2\sim t_3$ 此區間就是輔助開關的責任週期損失，損失的時間可用下式來表示：

$$t_{32} = t_3 - t_2 = \frac{L_r}{V_C} I_O \left\{ n_2 + n_1 \cos\left[ \sin^{-1}\left( \frac{V_C}{Z_r I_O n_1} \right) \right] \right\} \tag{4-19}$$

由上式可以得知輔助開關的責任週期損失與負載、諧振電感與變壓器二次側之圈數比成正比，較大的諧振電感數值對功率開關的零電壓交換會有所助益，但是其對於功率開關責任週期損失的影響也必須予以考量。

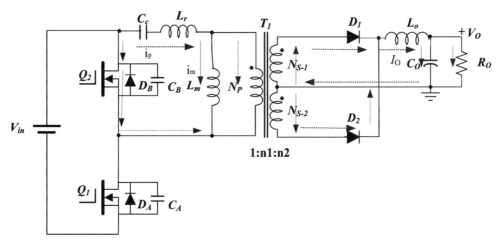

圖 4-24　輔助開關責任週期損失($t_2^* \leq t \leq t_3$)主電路電流路徑

5. 模式 5：$[t_3 \leq t \leq t_4]$ (能量傳送)

當 $t = t_3$ 時，變壓器又會恢復傳送功率的機制，此時在一次側藉由 $C_C$ 所儲存的能量提供給二次側，而二次側所接受到的能量除了提供給負載端外，也會對輸出電感 $L_O$ 充電，如圖 4-25 所示。一次側電流會保持 $I_m - I_O n_2$，跨壓 $V_{CA}$ 依舊箝制在 $V_{in}$。

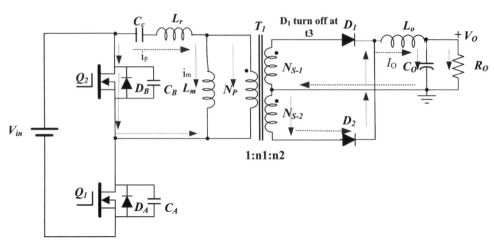

圖 4-25　能量傳送區($t_3 \leq t \leq t_4$)主電路電流路徑

6. 模式 6：[$t_4 \leq t \leq t_5$] (線性充放電)

當 $t = t_4$ 時，功率開關 $Q_2$ 會截止，此時流經 $Q_2$ 主通道的電流會轉而流經功率開關之寄生電容 $C_A$ 與 $C_B$，如圖 4-26 所示。變壓器此時仍未解耦合，因此仍以 $I_m - I_O n_2$ 之定電流對功率開關之寄生電容充放電(對 $C_B$ 充電、$C_A$ 放電)，一直到 $C_A$ 之跨壓 $V_{CA}$ 放電到 $V_{in} - V_C$ 時，變壓器會再度短路，二極體 $D_1$ 又會導通，此時二次側電路會再度進入飛輪區。

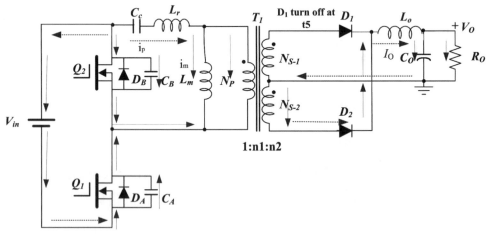

圖 4-26　線性充放電區($t_4 \leq t \leq t_5$)主電路電流路徑

在此區段時間內 $V_{CA}$ 之跨壓可以用下式來予以表示

$$V_{CA}(t) = V_{in} - \frac{(I_O n_2 - I_m)}{C_r} \cdot (t - t_4) \tag{4-20}$$

7. 模式 7：$[t_5 \leq t \leq t_6]$ (諧振暫態)

當寄生電容 $C_A$ 之跨壓 $V_{CA}$ 放電到 $V_{in} - V_C$ 時，變壓器會再度解耦，負載側會藉由 $L_O$ 與 $C_O$ 來提供能量，如圖 4-27 所示。

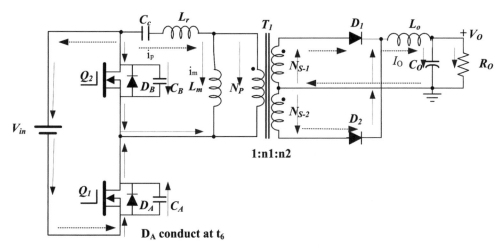

圖 4-27　諧振暫態區($t_5 \leq t \leq t_6$)主電路電流路徑

在一次側變壓器的漏感 $L_r$ 會再度與功率開關之寄生電容 $C_r$ 產生諧振，可求解電路之微分方程，配合 $I_P(t_5) = (I_m - I_O n_2)$ 與 $V_{CA}(t_5) = V_{in} - V_C$ 之起始條件，則可得出：

$$I_P(t) = (I_m - I_O n_2) \cdot \cos[\omega_r(t - t_5)] \quad t_5 < t < t_6 \tag{4-21}$$

$$V_{CA}(t) = V_{in} - V_C + Z_r(I_m - I_O n_2) \cdot \sin[\omega_r(t - t_5)] \quad t_5 < t < t_6 \tag{4-22}$$

若要達到功率開關 $Q_1$ 的零電壓動作，則 $V_{CA}$ 必須在 $t_6$ 前由 $V_{in} - V_C$ 下降到零，所以(4-22)式需滿足

$$\sqrt{L_r C_r} \sin^{-1}\left[ \frac{V_{in} - V_C}{(I_O n_2 - I_m) \cdot Z_r} \right] \leq t_6 - t_5 \tag{4-23}$$

同時段 $t_1 \sim t_2$ 之推導可得：

$$\frac{1}{2} L_r (I_O n_2 - I_m)^2 \geq \frac{1}{2} C_r (V_{in} - V_C)^2 \tag{4-24}$$

上式說明當諧振電感 $L_r$ 所儲存的能量超過某一個值後，$V_{CA}$ 才會從 $V_{in} - V_C$ 下降到零，越大的諧振電感值越容易達到功率開關零電壓導通。流經諧振電感之電流

為輸出側映射到一次側之值，此電流對諧振電感儲能，等到 $t_5 \sim t_6$ 階段再來幫助功率開關 $Q_1$ 達成零電壓交換之機制。此舉與主動箝位順向式轉換器功率開關 $Q_1$ 之零電壓交換有所不同(主動箝位順向式轉換器參與的電流只有激磁電流大小)，因此，使用非對稱半橋順向式轉換器可以顯著降低兩個功率開關零電壓交換條件的差異性。

8. 模式 8：$[t_6 \leq t \leq t_7]$ (主開關責任週期損失)

當 $t = t_6$ 時，$D_A$ 會導通，功率開關 $Q_1$ 可以達到零電壓交換，功率開關 $Q_2$ 的電壓 $V_{CB}$ 會被箝制在 $V_{in}$，因此對二次側而言，整流二極體仍會處於飛輪模式，此時變壓器依然會在解耦合狀態，如圖 4-28 所示。流經變壓器一次側的電流 $I_P$ 會以固定之斜率 $\dfrac{(V_{in} - V_C)}{L_r}$ 迅速的上升。當 $t = t_7$ 時，$I_P(t)$ 會上升到 $I_m + I_O n_1$ 時，此時變壓器兩端會脫離解耦合狀態，輸出整流二極體 $D_2$ 截止，一次側功率藉由變壓器傳送到二次側，此階段電流 $I_P$ 可表示成下式：

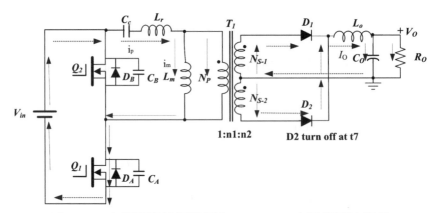

圖 4-28　主開關責任週期損失($t_6 \leq t \leq t_7$)主電路電流路徑

$$I_P(t) = I_P(t_6) + \frac{(V_{in} - V_C)}{L_r}(t - t_6) \tag{4-25}$$

$t_6 \sim t_7$ 此區段時間為主開關的責任週期損失，而損失的時間可表示為：

$$t_{76} = t_7 - t_6 = \frac{L_r}{(V_{in} - V_C)} I_O \left\{ n_1 + n_2 \cos\left[ \sin^{-1}\left( \frac{(V_{in} - V_C)}{Z_r I_O n_2} \right) \right] \right\} \tag{4-26}$$

9. 模式 9：$[t_7 \leq t \leq t_8]$ (能量傳送)

在 $t = t_7$ 時變壓器恢復傳送功率的機制，整個電路動作行為如先前 $t < t_0$ 所述。

### 4-4.4　穩態直流特性分析

　　在進行穩態分析前，假設下列條件成立：

1. 電路已達到穩定狀態。

2. 直流阻隔電容 $C_C$ 足夠大，將其跨壓 $V_C$ 視為定值。

3. 輸出電感 $L_O$ 足夠大，將輸出電流 $I_O$ 視為不變。

4. 變壓器激磁電感遠大於諧振電感。

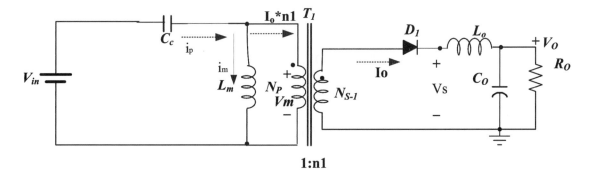

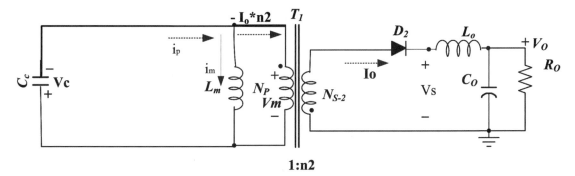

圖 4-29　主功率開關與輔助功率開關導通等效電路

　　在圖 4-29 所示為主功率開關與輔助功率開關導通時之電路圖，接著將說明電路進入穩態時的電路特性：

1. 阻隔電容電壓 $V_C$

　　當主功率開關 $Q_1$ 導通時，變壓器一次側繞組的電壓 $V_m$ 為 $V_{in} - V_C$，當輔助開關 $Q_2$ 導通時，變壓器一次側繞組的電壓 $V_m$ 為 $-V_C$，變壓器必須在一個切換週期內維持伏秒平衡，則可得到：

$$(V_{in} - V_C)D + (-V_C)(1 - D) = 0 \tag{4-27}$$

解上式阻隔電容之平均電壓為

$$V_C = DV_{in} \tag{4-28}$$

2. 電壓轉換比

輸出濾波電感在一週期間亦須維持伏秒平衡(Volt-second balance)，也就是說電感兩端之電壓其平均值必定為零。則可以得出下式為：

$$((V_{in} - V_C)n_1 - V_O)D + ((n_2V_C) - V_O)(1 - D) = 0 \tag{4-29}$$

$$((V_{in} - DV_{in})n_1 - V_O)D + ((n_2DV_{in}) - V_O)(1 - D) = 0$$

$$((1 - D)V_{in}n_1 - V_O)D + (n_2DV_{in} - V_O)(1 - D) = 0$$

$$D(1 - D)n_1V_{in} - V_OD + D(1 - D)n_2V_{in} - (1 - D)V_O = 0$$

$$D(1 - D)V_{in}(n_1 + n_2) = V_o$$

所以電壓轉換比為

$$\frac{V_O}{V_{in}} = (n_1 + n_2)D(1 - D) \tag{4-30}$$

3. 激磁電流與輸出電感漣波電流

直流阻隔電容 $C_C$ 在交換週期內，其充放電流平均值必須為零，故可得出：

$$(I_On_1 + I_m)D + (-I_On_2 + I_m)(1 - D) = 0 \tag{4-31}$$

激磁電流的平均值可表示為

$$I_{m,avg} = I_O[n_2(1 - D) - n_1D] \tag{4-32}$$

由上式可以得知，此電路架構在操作時激磁電流會存在直流偏流值(DC bias current)，僅當 $n_2(1 - D) = n_1D$ 時，此電路直流偏流值才有可能為零。

在主功率開關 $Q_1$ 導通週期，可獲致輸出濾波電感漣波電流為

$$\Delta I_{LO} = \frac{[(V_{in} - V_C)n_1 - V_O] \cdot DT}{L_O} \tag{4-33}$$

由以上三式(4-28)(4-30)(4-33)分別結合可以得出

$$\Delta I_{LO} = \frac{V_O T}{L_O} \cdot \frac{n_1(1-D) - n_2 D}{(n_1 + n_2)} \tag{4-34}$$

## 4-4.5　零電壓交換暫態分析

對於非對稱半橋零電壓交換轉換器而言，當設定輸出電壓時，變壓器的二次側圈數比必須滿足(4-30)式；但對於變壓器兩組圈數比並沒有一定限制，在本節中將說明二次側圈數比與兩個功率開關零電壓交換暫態之關係。由(4-17)式與(4-24)式可以得知，輔助功率開關 $Q_2$ 要達成零電壓交換則須滿足

$$\frac{1}{2} L_r (I_O n_1)^2 \geq \frac{1}{2} C_r D^2 V_{\text{in}}^2 \tag{4-35}$$

主功率開關 $Q_1$ 亦須滿足

$$\frac{1}{2} L_r (I_O n_2)^2 \geq \frac{1}{2} C_r (1-D)^2 V_{\text{in}}^2 \tag{4-36}$$

由(4-35)與(4-36)兩式，若設定二次側圈數比為 1：1 時，則 $Q_1$ 與 $Q_2$ 兩功率開關之零電壓交換條件並不相同(乃因 $D < 1 - D$)，所以在相同諧振電感的條件下，要拉近兩功率開關之零電壓交換的條件，唯有藉由二次側圈數比 $n_1$ 與 $n_2$ 的調整。在相同負載情況下，可以將 $n_2$ 的圈數比稍微較 $n_1$ 略大一些即可，所以主功率開關 $Q_1$ 可以在較低的負載條件下達到零電壓交換。

## 4-4.6　電路設計零件選用

### 4-4.6.1　功率開關元件設計

目前在電力電子高頻交換電路中，常用到的主動開關大多採用功率級金氧半場效電晶體(Power MOSFET)，因其具有較快的切換速度，此乃被選擇的主要因素。一般在功率開關元件的選用上大都會注意其元件的額定耐壓與耐流規格，在非對稱半橋轉換器中，因引入主動開關來達成電壓箝制的目的，因此功率開關元件的跨壓最大為輸入的直流電壓，至於功率開關的耐流問題則依轉換器所設定的額定功率而定。對於非對稱半橋轉換器來說，當主功率開關 $Q_1$ 導通時，其電流之最大值可以下式表示：

$$I_{Q1,max} = \left( I_{O,max} + \frac{\Delta I_{LO,max}}{2} \right) \cdot n_1 + \Delta I_{m,max} \tag{4-37}$$

輔助功率開關 $Q_2$ 導通之最大電流為：

$$I_{Q2,max} = \left( I_{O,max} + \frac{\Delta I_{LO,max}}{2} \right) \cdot n_2 + \Delta I_{m,max} \tag{4-38}$$

在以上兩式中 $I_{O,mac}$、$\Delta I_{LO,max}$ 與 $\Delta I_{m,max}$ 分別表示最大輸出電流、最大輸出電流漣波與最大激磁電流。

　　當電路在操作時，主動開關所包括的損失包含交換損失與導通損失，由於非對稱半橋轉換器可以達到功率開關零電壓交換的機制，因此對於交換損失可以降到最低。為了使轉換器的效率可以提高，一般功率開關的導通損失也必須盡量減到最低，所以在選擇功率開關時要注意開關的導通電阻 $R_{DS(on)}$，一般功率開關的耐電流越大，其導通電阻會越小。另外功率開關要達到零電壓交換的機制，就必須藉由功率開關寄生電容的參與，寄生電容越大則需要越大的能量對其充放電，則需要更大的諧振電感儲存足夠的能量，來將功率開關電壓諧振到所設定的電壓準位，而過大的諧振電感又會造成開關責任週期的損失，因此使用具有較小寄生電容的功率開關也是開關元件的考量之一。由於 MOSFET 的導通電阻越小者，其寄生電容值會越大，因此在功率開關的選擇上必須在此兩者之間作一取捨。

### 4-4.6.2　二極體元件設計

　　在非對稱半橋轉換器中二次側有兩個整流二極體，對於二極體的選用亦需考量其耐壓與耐流問題，在耐流方面因輸出側電流都必須流經整流二極體，所以二極體必須承受的最大電流 $I_{D,max}$ 為

$$I_{D,max} = \left( I_{O,max} + \frac{\Delta I_{LO,max}}{2} \right) \tag{4-39}$$

至於二極體在耐壓方面，二極體 $D_1$ 必須承受的耐壓為

$$V_{D1,peak} = V_{in} D (n_1 + n_2) = \frac{V_O}{(1-D)} \tag{4-40}$$

二極體 $D_2$ 所承受的耐壓為

$$V_{D2,peak} = V_{in} (1-D)(n_1 + n_2) = \frac{V_O}{D} \tag{4-41}$$

### 4-4.6.3　諧振電感設計

不論是主功率開關 $Q_1$ 或是副功率開關 $Q_2$ 的零電壓導通機制，都必須當諧振漏感 $L_r$(包含變壓器的漏感與外加諧振電感)所儲存的能量超過某一個值後才可能發生，若忽略(4-17)與(4-24)式的激磁電流時，可得出

$$\frac{1}{2}L_r(I_O n_1)^2 \geq \frac{1}{2}C_r V_{\text{in}}^2 D^2 \tag{4-42}$$

$$\frac{1}{2}L_r(I_O n_2)^2 \geq \frac{1}{2}C_r V_{\text{in}}^2 (1-D)^2 \tag{4-43}$$

由於 $Q_1$ 與 $Q_2$ 零電壓導通條件不同，因此選擇較難達成零電壓交換的功率開關為設計基準，所以採用(4-43)式為基準，即

$$L_r \geq \frac{C_r V_{\text{in}}^2 (1-D)^2}{(I_O n_2)^2} \tag{4-44}$$

其中 $C_r = \dfrac{8}{3}C_{\text{OSS}} + C_{TR}$

$C_{TR}$ 為變壓器線間電容，大約取 100 pF。

### 4-4.6.4　輸出濾波電路設計

非對稱半橋轉換器其輸出電感與輸出電容除了做濾波功能之外，還可以扮演儲存能量的角色，依據輸出電流的漣波大小，則可得出電路所需的輸出電感。輸出電感選擇越大，電流漣波量會越小，相對的對電路的暫態響應來說，就會變差，因此在設計輸出電感時，就必須予以考量。由(4-34)式可以決定輸出電感之最小值為

$$L_O \geq \frac{V_O}{\Delta I_{LO} \cdot f_S} \cdot \frac{n_1(1-D) - n_2 D}{(n_1 + n_2)} \tag{4-45}$$

選擇輸出電容可由設計者所能接受的電壓漣波量來決定電容值大小，將電解電容器的等效串聯電阻(ESR)納入考量時，利用下式可以求得輸出電容為

$$\Delta V_O = \frac{1}{C_O} \cdot \frac{1}{2} \cdot \left(\frac{\Delta I_{LO}}{2}\right) \cdot \left(\frac{T_S}{2}\right) + \Delta I_{LO} \cdot ESR \tag{4-46}$$

$$C_O = \frac{\Delta I_{LO}}{\Delta V_O} \cdot \left( \frac{1}{8 \cdot f_S} + 65 \cdot 10^{-6} \right) \tag{4-47}$$

一般 ESR 與電容值得乘積為一定值，對電解電容而言，一般約取 $65 \times 10^{-6}$。

### 4-4.6.5　阻隔電容設計

在非對稱半橋轉換器中，變壓器一次側會串聯一個阻隔電容(blocking capacitor)$C_C$，此電容除了可阻隔因變壓器伏秒不平衡時所產生的直流電壓外，並且在輔助開關導通時，也負責對二次側進行提供能量；因此在阻隔電容上的電壓變化量不宜過大，當電壓變化量以 10 伏特為基準時，則所需電容值可由電容充電電流與電壓變化量求得，即

$$C_C = \frac{I_O \cdot n_1 \cdot D}{f_S \cdot \Delta V} \tag{4-48}$$

## 4-5　主動箝位電源轉換器

### 4-5.1　概論

主動箝位電源轉換器(Active Clamp Converter)在開關元件上只須兩個功率開關，在使用上較具經濟價值，其藉由輔助功率開關的介入來達到開關電壓箝制與變壓器洩磁機制，將洩磁過程中所造成的損耗減到最低。兩個功率開關交換的死區時間(Dead Time)，藉由外加諧振電感 $L_r$ 與開關寄生電容 $C_r$ 產生諧振，在功率開關導通前先對開關之寄生電容進行放電，進而達到兩功率開關的零電壓交換。在圖 4-30 所示為主動箝位順向式轉換器之電路架構。

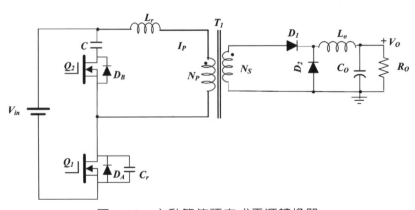

圖 4-30　主動箝位順向式電源轉換器

## 4-5.2　主動箝位順向式電源轉換器

　　主動箝位電源轉換器可以區分為兩種模式，箝位電路至於上方的稱為 High-Side 主動箝位順向式電源轉換器，若箝位電路至於下方稱為 Low-Side 主動箝位順向式電源轉換器。因主動箝位順向式電源轉換器是利用諧振電感與諧振電容使功率開關能夠達成零電壓交換，不僅可以降低功率開關切換所帶來的雜訊與損失，而且可以提高電路操作頻率與整體電路效率，另外主動箝位電路可作為磁重置迴路(magnetic reset circuit)，改善一般順向式轉換器繞製成本高與責任週期小於 0.5 的缺點。

　　在圖 4-30 所示的主動箝位順向式轉換器之電路架構與順向式轉換器的最大不同點，在於多了一個主動箝位功率開關 $Q_2$，配合箝位電容 $C$ 與主動箝位功率開關本身的本質二極體(body diode)$D_B$，組合成一個幾近無損耗的主動式洩磁網路，另外加上諧振電感 $L_r$ 於變壓器初級側，可以利用變壓器在洩磁時儲存在諧振電感 $L_r$ 上的能量，讓主功率開關於再次導通前就先將 $v_{DS}$ 降為零，達到零電壓交換(ZVS)，減少因為提高操作頻率而增加的交換損失。

## 4-5.3　電路動作分析

　　在本節中將針對主動箝位順向式轉換器之電路動作原理作一詳細的分析與介紹，為了簡化分析則假設：

1. 箝位電容 $C$，將此電容上的電壓降 $V_C$ 視為定值。
2. 輸出電感 $L_O$ 足夠大，將輸出電流 $I_O$ 視為定值。
3. 變壓器主繞組 $L_m$ 足夠大，將激磁電流 $I_m$ 視為定值。
4. 所有半導體元件視為理想性。

在圖 4-31 所示為此電路之控制時序與波形圖，其中 $t_0$ 至 $t_8$ 的電路動作原理說明如下：

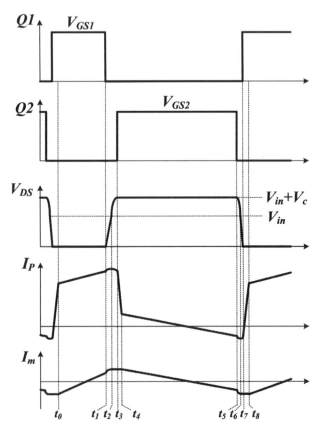

圖 4-31　主動箝位順向式電源轉換器控制時序與電路主要波形圖

1. 模式 1：$[t_0 < t < t_1]$ (能量傳送)

　　當 $t_0$ 時，功率開關 $Q_1$ 導通，跨在變壓器主繞組的電壓為 $V_{in}$，此電壓會對激磁電感($L_m$)與漏感充電($L_r$)，激磁電流會以 $\dfrac{V_{in}}{L_m}$ 之斜率上升，一次側能量經由隔離變壓器傳送到負載，對輸出電感與輸出電容充電，此時整流二極體 $D_1$ 導通，飛輪二極體 $D_2$ 截止。如圖 4-32 所示。輸出側映射到一次側之電流對諧振電感進行儲能，此一能量將會在 $t_2 \sim t_3$ 階段來幫助功率開關 $Q_2$ 達成零電壓導通機制。由電路方程式 $(L_r + L_m)\dfrac{di_{Lr}}{dt} = V_{in}$ 可得出

$$V_{pri}(t) = V_{in} \tag{4-49}$$

$$I_P(t) = \frac{V_{in}}{L_r + L_m}(t - t_0) + I_{Lm}(t_0) + \frac{I_O}{n} \tag{4-50}$$

$$I_{Lr}(t) = I_P(t) \tag{4-51}$$

$$I_{ds}(t) = I_{Lr}(t) \tag{4-52}$$

$$n = \frac{N_P}{N_S} \tag{4-53}$$

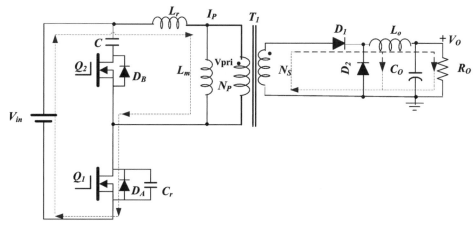

**圖 4-32　能量傳送區($t_0 < t < t_1$)主電路電流路徑**

2. 模式 2：[$t_1 \leq t \leq t_2$] (線性充電)

當 $t = t_1$ 時，功率開關 $Q_1$ 會截止，而主動箝位開關 $Q_2$ 尚未導通，因此主功率開關電壓 $V_{DS}$ 被變壓器次級側反射回來的電流與激磁電流 $I_M$ 充電，此電流對開關寄生電容 $C_r$ 線性充電，此時主變壓器初級側電壓 $V_{pri}$ 開始下降，但因仍大於零伏特，所以整流二極體 $D_1$ 仍維持導通，飛輪二極體 $D_2$ 仍維持截止，直到開關電壓 $V_{DS}$ 升到 $V_{in}$ 時，此階段結束。

於此階段中流經變壓器一次側的電流可以表示為：

$$V_{pri}(t) = V_{in} - V_C(t - t_1) \tag{4-54}$$

$$I_P(t) = \frac{V_{in}}{\sqrt{\dfrac{L_r + L_m}{C}}} \sin\left(\frac{1}{\sqrt{C(L_r + L_m)}}(t - t_1)\right)$$

$$+ I_{p0}(t_1)\cos\left(\frac{1}{\sqrt{C(L_r + L_m)}}(t - t_1)\right) \tag{4-55}$$

$$V_C(t) = V_{\text{in}} - V_{\text{in}} \cos\left(\frac{1}{\sqrt{C(L_r + L_m)}}(t - t_1)\right)$$

$$+ I_{p0}(t_1)\sqrt{\frac{L_r + L_m}{C}} \sin\left(\frac{1}{\sqrt{C(L_r + L_m)}}(t - t_1)\right) \tag{4-56}$$

$I_{p0}(t_1)$ 表諧振電感 $L_r$ 之初值電流

$$I_{ds}(t) = I_{Lr}(t) \tag{4-57}$$

$$I_{Lr}(t) = I_P(t) \tag{4-58}$$

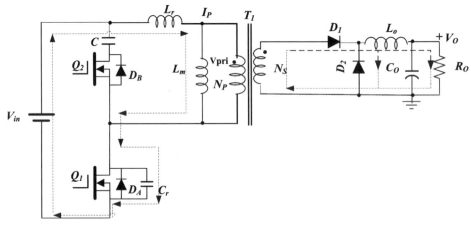

圖 4-33    線性充電區($t_1 \le t \le t_2$)主電路電流路徑

3.  模式 3：[$t_2 \le t \le t_3$] (第一諧振區)

在此區段主功率開關 $Q_1$ 截止，輔助功率開關 $Q_2$ 尚未導通，主變壓器一次側電壓於 $t_2$ 開始降為零伏特，因此由二次側漏電感值大小所決定短暫時間內，整流二極體 $D_1$ 及飛輪二極體 $D_2$ 同時導通，在此一階段，輸入電壓已無繼續供應能量至負載側，此時取而代之是由輸出電感 $L_o$ 提供能量給負載；另外在一次側諧振電感 $L_r$ 與諧振電容 $C_r$ 產生諧振，並進行對諧振電容充電，在時間 $t_3$ 時充電完畢，此時諧振電容上的電壓會等於輸入電壓與箝位電容電壓之和，並直接跨壓在主功率開關 $Q_1$ 的洩源級上。在圖 4-34 所示為此模式下第一諧振區主電路的電流路徑圖。

$$V_{\text{pri}}(t) = 0 \tag{4-59}$$

$$I_P(t) = I_P(t_2)\cos\left[\frac{1}{L_r C}(t - t_2)\right] \tag{4-60}$$

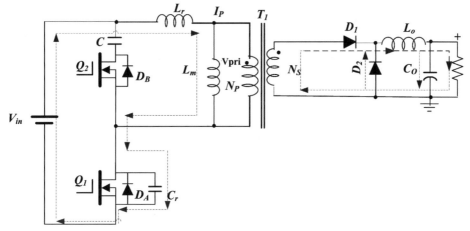

圖 4-34　第一諧振區($t_2 \leq t \leq t_3$)主電路電流路徑

$$V_{Cr}(t) = V_{\text{in}} + I_P(t_2)\sqrt{\frac{L_r}{C}} \sin\left[\frac{1}{\sqrt{L_rC}}(t - t_2)\right] \tag{4-61}$$

$$V_C(t) = \frac{DV_{\text{in}}}{1 - D} \tag{4-62}$$

$$I_{Lr}(t) = I_P(t) \tag{4-63}$$

$$I_{ds}(t) = I_{Lr}(t) \tag{4-64}$$

要特別注意的是，為了達成輔助功率開關 $Q_2$ 的零電壓交換，必須將主功率開關諧振電容電壓充電到至少輸入電壓與箝位電容電壓之和，因此

$$V_{Cr}(t) \geq V_{\text{in}} + V_C \tag{4-65}$$

將上式代入(4-61)式可得

$$\frac{1}{2}L_r[I_P(t_2)]^2 \geq \frac{1}{2}CV_C^2 \tag{4-66}$$

由(4-66)式可以得知，儲存在諧振電感上的能量必須大於某一值時，輔助功率開關才可能達成零電壓導通，在電路設計時，可依此參考得到越大的諧振電感值越容易達到開關之零電壓導通。

4. 模式 4：$[t_3 \leq t \leq t_4]$ (諧振電感洩磁區)

當 $t = t_3$，諧振電容電壓會到達輸入電壓與箝位電容電壓之和，此時諧振電感與磁化電感所儲存的能量經由輔助功率開關二極體 $D_B$ 作為放電路徑，開始釋放能量給箝位電容，如果此時 PWM 控制器令輔助功率開關 $Q_2$ 導通，即可達到功率開關 $Q_2$ 的零電壓交換動作，因箝位電容值夠大，所以箝位電容電壓可視為一定電壓源，並且與諧振電感產生一線性諧振狀態，在時間 $t_4$ 時，諧振電感電流 $I_{Lr}$ 持續下降至與磁化電感電流 $I_{Lm}$ 相等，結束此一階段。

$$i_P(t) = -\frac{V_C}{L_r}t + i_P(t_3) \tag{4-67}$$

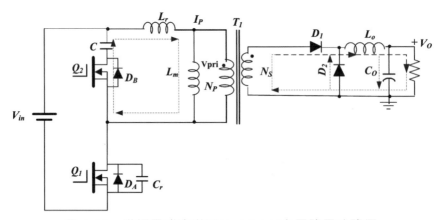

圖 4-35　諧振電感洩磁區($t_3 \leq t \leq t_4$)主電路電流路徑

$$v_{\mathrm{pri}}(t) = 0 \tag{4-68}$$

$$t_{3\sim4} = (i_P(t_3) - I_M)\frac{L_r}{V_C} \tag{4-69}$$

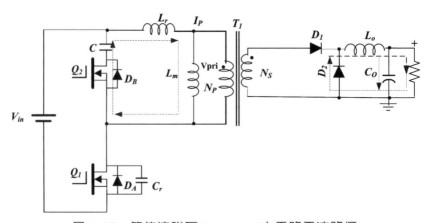

圖 4-36　箝位洩磁區($t_4 \leq t \leq t_5$)主電路電流路徑

5. 模式 5：$[t_4 \leq t \leq t_5]$ (箝位洩磁區)

當 $t = t_4$ 時，輔助功率開關 $Q_2$ 已經由零電壓導通，且諧振電感電流值已降為與激磁電流相同值，主變壓器一次側跨壓 $V_{\text{pri}}$ 被箝制在負箝位電壓值。同時諧振電感與激磁電感所儲存之能量藉由輔助功率開關導通作為放電路徑進行能量釋放至箝位電容，直到諧振電感與激磁電感的電流值為零。

$$i_p(t) = -\frac{V_C}{L_r + L_m}t + i_P(t_4) \tag{4-70}$$

$$v_P(t) = -\frac{L_m}{L_r + L_m}V_C \cong V_C \tag{4-71}$$

$$V_{\text{Q1DS}}(t) = V_{\text{in}} + V_C \tag{4-72}$$

$$I_P(t_5) = -I_M \tag{4-73}$$

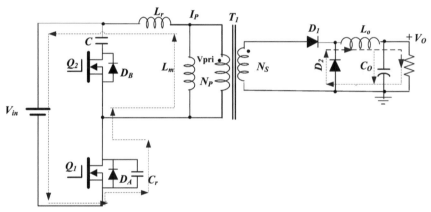

圖 4-37　第二諧振區($t_5 \leq t \leq t_6$)主電路電流路徑

6. 模式 6：$[t_5 \leq t \leq t_6]$ (第二諧振區)

當 $t = t_5$ 時，功率開關 $Q_2$ 會截止，功率開關之寄生電容 $C_r$ 會對諧振電感與激磁電感充電，以保持其電流的連續性，因此功率開關 $Q_1$ 兩端跨壓 $V_{\text{Q1DS}}$ 開始下降，直到 $V_{\text{Q1DS}}$ 電壓等於 $V_{\text{in}}$，結束此階段。諧振電感此時流經的電流約只有激磁電流大小值，這時所存的能量將會在 $t_6 \sim t_7$ 階段來幫助功率開關 $Q_1$ 達成零電壓導通機制。參與功率開關 $Q_2$ 零電壓導通過程為輸出側映射到一次側的電流，而參與功率開關 $Q_1$ 零電壓導通機制卻只是激磁電流，就存在諧振電感上的能量而言，相差很多，因此功率開關 $Q_1$ 的零電壓交換條件將會比功率開關 $Q_2$ 相形困難。

$$V_{\text{pri}}(t) = -V_C(t) \tag{4-74}$$

$$I_P(t) = I_P(t_5)\cos\left[\sqrt{\frac{1}{C(L_r + L_m)}}(t - t_5) - V_C\frac{1}{\sqrt{\frac{(L_r + L_m)}{C}}}\sin\left[\sqrt{\frac{1}{C(L_r + L_m)}}(t - t_5)\right]\right] \tag{4-75}$$

$$V_C(t) = I_P(t_5)\sqrt{\frac{(L_r + L_m)}{C}}\sin\left[\sqrt{\frac{1}{C(L_r + L_m)}}(t - t_5)\right] + V_C\cos\left[\sqrt{\frac{1}{C(L_r + L_m)}}(t - t_5)\right] \tag{4-76}$$

$$V_C(t) = V_{\text{in}} + V_C(t - t_5) \tag{4-77}$$

$$I_{Lr}(t) = I_P(t) \tag{4-78}$$

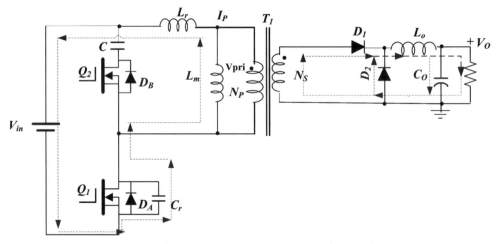

圖 4-38　第三諧振區($t_6 \le t \le t_7$)主電路電流路徑

7. 模式 7：$[t_6 \le t \le t_7]$ (第三諧振區)

$t_6$ 時，變壓器短路，諧振電感再度與功率開關寄生電容進行諧振，同理只有當儲存在諧振電感上之能量大於寄生電容之儲能時，$Q_1$ 兩端電壓才有機會降到零電壓。

$$V_{\text{pri}}(t) = -V_C(t) \tag{4-79}$$

$$I_P(t) = -\frac{V_C}{\sqrt{\dfrac{(L_r+L_m)}{C}}}\cos\left[\frac{1}{\sqrt{C(L_r+L_m)}}(t-t_6)\right]$$

$$+I_P(t_6)\cdot\cos\left[\frac{1}{\sqrt{C(L_r+L_m)}}(t-t_6)\right] \tag{4-80}$$

$$V_C(t) = V_C\cos\left[\frac{1}{\sqrt{C(L_r+L_m)}}(t-t_6)\right]$$

$$+I_P(t_6)\sqrt{\frac{L_r+L_m}{C}}\sin\left[\frac{1}{\sqrt{C(L_r+L_m)}}(t-t_6)\right]+V_{in} \tag{4-81}$$

$$V_C(t) = \frac{DV_{in}}{1-D} \tag{4-82}$$

$$I_{Lr}(t) = I_P(t) \tag{4-83}$$

$$I_{ds}(t) = I_{Lr}(t) \tag{4-84}$$

8. 模式 8：$[t_7 \le t \le t_8]$ (線性轉換區)

當 $t = t_7$ 時，功率開關 $Q_1$ 兩端電壓降到零，可以達到零電壓交換，變壓器仍處於短路狀態，輸入電壓直接加在諧振電感上，因此一次側電流以 $\dfrac{V_{in}}{L_r}$ 之斜率快速上升，二次側仍處於換流狀態，此種現象直到變壓器一次側電流等於輸出電流之映射值時結束。$t_8$ 之後，另一切換週期循環。

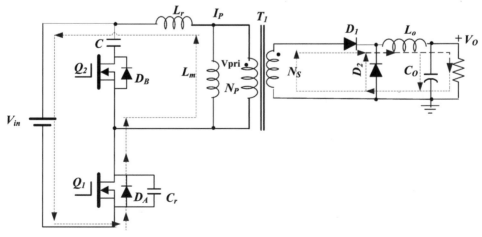

圖 4-39　線性轉換區($t_7 \le t \le t_8$)主電路電流路徑

綜合以上說明可以得知，主動箝位順向式轉換器具有下列優點：

1. 不須用到另外一組洩磁線圈繞組或是採用被動元件消耗洩磁能量。

2. 可以允許操作在較大的責任週期，可以選用較大的主變壓器圈數比或選用較大範圍的輸入電壓。

3. 可以選用較大的主變壓器圈數比，可以有效降低一次側之電流應力以及二次側之電壓應力。

4. 儲存在寄生元件之能量可作為諧振能量及回收，並增加了效率與降低雜訊。

5. 可以達到零電壓交換，因此交換損失減少，如此可以操作在更高的頻率範圍。

### 4-5.4 穩態直流特性分析

在進行穩態分析前，假設下列條件成立：

1. 電路已達到穩定狀態。

2. 直流阻隔電容 $C$ 足夠大，將其跨壓 $V_C$ 視為定值。

3. 輸出電感 $L_O$ 足夠大，將輸出電流 $I_O$ 視為不變。

4. 變壓器激磁電感遠大於諧振電感。

接著說明電路進入穩態時的電路特性：

1. 阻隔電容電壓 $V_C$

   當主功率開關 $Q_1$ 導通時，變壓器一次側繞組的電壓 $V_{\mathrm{pri}}$ 為 $V_{\mathrm{in}}$，當輔助開關 $Q_2$ 導通時，變壓器一次側繞組的電壓 $V_{\mathrm{pri}}$ 為 $-V_C$，變壓器必須在一個切換週期內維持伏秒平衡，則可得到：

$$(V_{\mathrm{in}})D + (-V_C)(1-D) = 0 \tag{4-85}$$

解上式阻隔電容之平均電壓為

$$V_C = \frac{D}{1-D}V_{\mathrm{in}} \tag{4-86}$$

2. 電壓轉換比

輸出濾波電感在一週期間亦須維持伏秒平衡(Volt-second balance)，也就是說電感兩端之電壓其平均值必定為零。則可以得出下式為：

$$\left((V_{in})\frac{1}{n}-V_O\right)D+(-V_O)(1-D)=0 \tag{4-87}$$

所以電壓轉換比為

$$\frac{V_O}{V_{in}}=\frac{D}{n} \tag{4-88}$$

由激磁電感必須達到伏秒平衡(Volt-second balance)可得

$$V_{in}D=V_C(1-D) \tag{4-89}$$

將(4-88)式代入(4-89)式可得

$$V_C=\frac{nV_O}{1-D} \tag{4-90}$$

## 4-5.5 電路設計零件選用

### 4-5.5.1 功率開關元件設計

作為功率開關元件，我們要考慮以下幾個參數：

1. 功率開關在 OFF 時，其電壓阻隔能力。

2. 功率開關在 ON 時，其電流承載容許值。

3. 功率開關在 ON 時的導通阻抗($R_{DS,ON}$)。

4. 功率開關的寄生電容。

其中第三項與第四項分別影響其導通損失與交換損失，通常最大電流相同的功率開關，耐壓越高導通阻抗越大，會產生較大的導通損失，而功率開關可承受的最大電流越大，其導通阻抗愈低，輸出電容 $C_{OSS}$ 愈大，會造成較大的導通交換損失。但因主動箝位順向式轉換器屬於零電壓導通交換，功率開關導通時沒有交換損失，雖然功率開關在截止時仍有不小的交換損失，整體來說，選用耐流較大功率開關損耗較低，尤其是在低壓輸入時，導通損失遠大於交換損失。另外須特別注意的是功率開關的寄生電容不可太大，寄生電容越大，所需的諧振電感也會越大，會造成轉換器效率下降。因此功率開關的選擇須在導通損失可允許的情況下，選擇寄生電容愈小的愈好。

在主、輔助功率開關的電壓應力為

$$V_{DS1(max)} = V_{DS2(max)} = V_{in} + V_C = \frac{V_{in}}{1-D} = \frac{nV_O}{D(1-D)} \tag{4-91}$$

至於其電流應力可表示為

$$I_{Q1(max)} = I_m + I_{O(max)}\frac{1}{n} \tag{4-92}$$

$$I_{Q2(max)} = I_m \tag{4-93}$$

### 4-5.5.2　二極體元件設計

在主動箝位順向式轉換器中二次側有兩個整流二極體，對於二極體的選用亦需考量其耐壓與耐流問題，在耐流方面因輸出側電流都必須流經整流二極體，所以二極體必須承受的最大電流為

$$I_{D1,max} = I_{D2,max} = \left( I_{O,max} + \frac{\Delta I_{LO,max}}{2} \right) \tag{4-94}$$

二極體 $D_1$ 電流有效值為

$$I_{D1(RMS)} = I_{O(max)}\sqrt{D_{max}} \tag{4-95}$$

二極體 $D_2$ 電流有效值為

$$I_{D2(RMS)} = I_{O(max)}\sqrt{1-D_{min}} \tag{4-96}$$

至於二極體在耐壓方面，二極體 $D_1$ 必須承受的耐壓為

$$V_{D1,peak} = \frac{DV_{in}}{1-D}\frac{1}{n} \tag{4-97}$$

二極體 $D_2$ 所承受的耐壓為

$$V_{D2,peak} = \frac{V_{in}}{n} \tag{4-98}$$

### 4-5.5.3　諧振電感設計

諧振電感越大，工作週期損失越大，變壓器為零的時間越長，因此若採用同步整流開關所造成的損耗越大，則諧振電感在設計時必須確保這段時間要越小越好，可令諧振洩磁的時間為工作週期的十分之一以下，由(4-69)式可得出

$$t_{3-4} = \frac{I_O}{n} \frac{L_r}{V_C} \tag{4-99}$$

$$L_r = \frac{DTV_C}{10\frac{I_O}{n}} = \frac{nD^2TV_{\text{in}}}{10I_O(1-D)} \tag{4-100}$$

### 4-5.5.4　輸出濾波電路設計

主動箝位順向式電源轉換器其輸出電感與輸出電容除了做濾波功能之外，還可以扮演儲存能量的角色，依據輸出電流的漣波大小，則可得出電路所需的輸出電感。輸出電感選擇越大，電流漣波量會越小，相對的對電路的暫態響應來說，就會變差，因此在設計輸出電感時，就必須予以考量。除了要能穩壓之外，亦須考慮系統穩定及效率。

若在電氣規格中有要求低的輸出漣波，則輸出電容應選用低 ESR(Equivalent Series Resistance)的陶瓷電容(Multilayer Ceramic Capacitor)、鉭質電容(Tantalum Electrolyte Capacitor)及 OS-CON(Organic Semiconductive Electrolyte Capacitor)。陶瓷電容除了有極低的 ESR 之外，對於高頻雜訊的抑制亦有極佳的效果，優異的高頻特性更是鉭質與 OS-CON 所無法相比的。而其最大的缺點就是電容值較小，若全用陶瓷電容作為輸出電容並不符合成本。因此輸出電容常用鉭質電容或 OS-CON 與陶瓷電容並聯使用，但是鉭質電容因會有燃燒的危險，已逐漸被禁用。若使用一般的電解質電容，雖然其電容值可以製作得很大，但具有較高的 ESR 會造成較大的漣波電壓，為達到相同的濾波效果，必須使用更大的電容或多組並聯以降低整體的 ESR。一般電解電容的電容值和其內部的 ESR 乘積約為 $65 \times 10^{-6}$ F$\Omega$，而 OS-CON 47$\mu$F 電容 ESR 僅有 40m$\Omega$，若要考慮小型化，使用低 ESR 的電容是有必要的。

　　輸出電感本身有大的直流電流通過，因此鐵心可以考慮選用低導磁率(μ)、高飽和磁通密度與高 $Q$ 值的鐵心。一般鐵心可以考慮選擇 MPP 鐵心、鐵粉心(Iron Powder)或是有加上氣隙的陶鐵瓷鐵心，當然其中以 MPP 品質最佳效率最高但成本較貴。MPP 與鐵粉心的導磁率低不容易磁飽和，越低導磁率的材質儲能效果越好也越難飽和，在較大電流情況下也能維持其原來的移動率。

　　輸出電感值與輸出電容值的大小，主要是決定於輸出漣波的大小。通常電流漣波的峰對峰值大小，會設定在最大輸出電流的 10%～20%之間，若輸出電感值過大會使暫態響應不佳。當主功率開關 $Q_1$ 截止時，電感的漣波電流為

$$\Delta i_L \leq \frac{V_O + V_F}{L_O}(1 - D)T \tag{4-101}$$

由電容器的電流波形可得知

$$\Delta V_O \leq \frac{\Delta Q}{C_O} = \frac{1}{C_O} \times \frac{1}{2} \times \frac{\Delta i_L}{2} \times \frac{T}{2} = \frac{\Delta i_L \times T}{8 C_O} \tag{4-102}$$

將(4-101)式代入(4-102)式可得

$$\Delta V_O \leq \frac{T^2 \times (V_O + V_F)}{8 C_O \times L_O} \times (1 - D) \tag{4-103}$$

將(4-101)式與(4-103)式整理後可得

$$L_O \geq \frac{V_O + V_F}{\Delta i_L}(1 - D)T \tag{4-104}$$

$$C_O \geq \frac{T^2 \times (V_O + V_F)}{8 L_O \times \Delta V_O}(1 - D) \tag{4-105}$$

關於 ESR 的選擇

$$\text{ESR}_{\max} \leq \frac{\Delta V_O}{\Delta I_L} \tag{4-106}$$

### 4-5.5.5　阻隔電容設計

在主動箝位順向式轉換器中，變壓器一次側會串聯一個阻隔電容(blocking capacitor)$C$，此電容除了可阻隔因變壓器伏秒不平衡時所產生的直流電壓外，並且在輔助開關導通時，也負責對二次側進行提供能量；因此其功能爲吸收漏感與激磁電感的儲能，並且諧振轉移激磁電感儲能。在阻隔電容的材質須選用高頻響應好的 MPP 電容或陶瓷電容，方可對漏感產生的高頻突波及振鈴產生抑制的效果。阻隔電容值的大小取決於電容上的漣波電壓，較大的電容可使漣波電壓較低，功率開關 $Q_1$ 與 $Q_2$ 的電壓應力較低，相對的會使電路體積變大。吾人可假設 $\Delta V_C \ll V_C$，激磁電流在$(1 - D)T$ 期間將會以線性的方式下降，斜率約爲 $\dfrac{V_C}{L_m}$，所以阻隔電容的漣波電壓可以表示爲

$$\Delta V_C = \frac{1}{C} \cdot \frac{I_M(1-D)T}{4} \tag{4-107}$$

其中 $I_M$ 爲在$(1 - D)$期間的初始激磁電流。在穩態時

$$\frac{V_C}{L_M} = \frac{2I_M}{(1-D)T} \tag{4-108}$$

將以上兩式重新整理可得出

$$\frac{\Delta V_C}{V_C} = \frac{1}{L_M C}\frac{(1-D)^2 \cdot T^2}{8} \tag{4-109}$$

取 $\dfrac{\Delta V_C}{V_C} \leq 10\%$，在最差的情況下 $D = D_{\min}$，則

$$C \geq \frac{5(1-D_{\min})^2 \cdot T^2}{4L_M} \tag{4-110}$$

### 4-5.5.6　主動箝位控制器設計

安森美(Onsemi)公司將主動箝位電源轉換器之控制器製作成一個晶片，其型號爲 NCP1280。內部方塊圖如圖 4-40 所示，NCP1280 之接腳名稱與功能如表 4-2 所示。NCP1280 能用最少元件數目，實際控制主動箝位順向式轉換器，所控制的轉換器不但能承受 700V 的輸入，亦能有效的操作在低電壓。

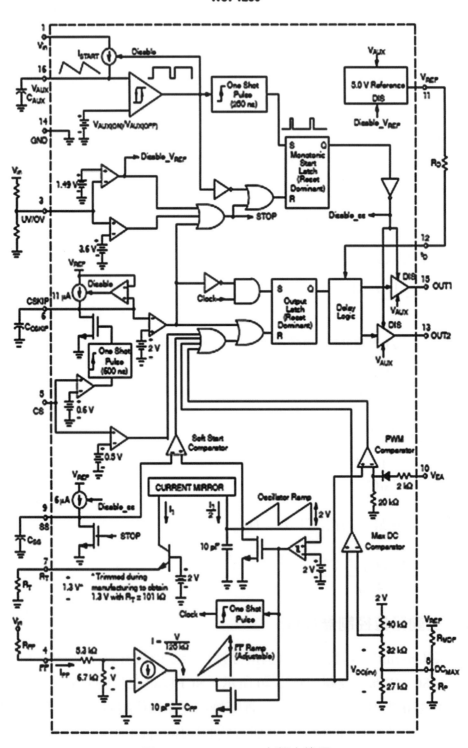

圖 4-40　NCP1280 內部方塊圖

表 4-2　NCP1280 接腳名稱與功能

| 接腳 | 名稱 | 功能 |
|---|---|---|
| 1 | $V_{in}$ | 輸入電壓 |
| 2 | NC | 無 |
| 3 | UV/0V | 低電壓和過電壓保護 |
| 4 | FF | 調整鋸齒波斜率 |
| 5 | CS | 過電流保護 |
| 6 | $C_{SKIP}$ | 過電流保護後的軟啓動電容 |
| 7 | $R_T$ | 設定振盪頻率 |
| 8 | $DC_{MAX}$ | 調整最大責任週期 |
| 9 | SS | 設定軟啓動時間 |
| 10 | $V_{EA}$ | 錯誤訊號偵測 |
| 11 | $V_{REF}$ | 參考電壓 |
| 12 | $t_D$ | 設定 OUT1 和 OUT2 間的交疊延遲時間 |
| 13 | OUT2 | 輔助開關之 PWM 控制信號 |
| 14 | GND | 地 |
| 15 | OUT1 | 主動箝位開關驅動輸出 |
| 16 | $V_{AUX}$ | 電源電壓 |

　　與傳統的順向式轉換器作比較，NCP1280 所控制的主動式箝位轉換器，因使用了電路之寄生參數，可以使效率大幅的改善，使得效率能高於傳統 PWM，並且減少高頻電磁干擾。因此主動式箝位零電壓交換順向式轉換器架構非常具有潛力，適合應用於交流/直流轉換器、直流/直流轉換器、電視、監視器、電信等設備上。在圖 4-41 為 NCP1280 腳位配置圖。

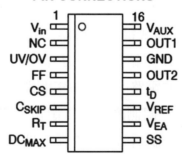

**PIN CONNECTIONS**

圖 4-41　NCP1280 IC 腳位配置圖

## 4-6　全橋相移式電源轉換器

### 4-6.1　概論

近年來全橋式轉換器已被廣泛的應用在中/高功率的產品上，尤其是大於 500W 以上的功率需求，例如在伺服器和工業上的分散式電源系統，全橋式電源轉換器已成為最佳的選擇。現今工業界多採用兩級式電路架構，前級轉換器提供功率因數修正功能，後級提供電壓轉換，以全橋轉換器的架構最為常用。

在傳統的 PWM 全橋式轉換器架構下，也有一些嚴重的缺點，例如全橋架構中的所有功率開關均無法達到柔性交換，元件上有較大的電壓應力與電流應力等問題需要進一步去克服，為了克服上述所敘述種種問題而發展出不同的控制策略，其中又以相移式脈波寬度調變(Phase-Shift Pulse-Width-Modulation)為最理想之技術。全橋相移式基本原理是利用傳統 PWM 控制，讓原來同時導通和同時截止的驅動信號($Q_A$、$Q_D$ 與 $Q_B$、$Q_C$)挪開一小段時間，此驅動信號並非同時導通與截止，而是相差一 $\alpha$ 角，透過調整此一 $\alpha$ 角度的大小來實現輸出電壓的調整。理論上，當 $\alpha = 0°$時，由於 $Q_A$ 和 $Q_D$(或 $Q_B$ 和 $Q_C$)兩者所交疊部份為最長時間，此時的輸出電壓為最大值；反之，當 $\alpha = 180°$時，由於 $Q_A$ 和 $Q_D$(或 $Q_B$ 和 $Q_C$)兩者所交疊部份為最少時間，此時的輸出電壓為最小值。此種轉換器應用於全橋架構中，即稱為相移式全橋轉換器(Phase Shift Full Bridge Converter；PSFB)。在此定義若 $Q_A$ 相對於 $Q_D$ 提早 $\alpha$ 角導通(或 $Q_B$ 相對於 $Q_C$ 提早 $\alpha$ 角導通)，則稱 $Q_A$ 與 $Q_B$ 為落後臂(Lagging Leg)，而 $Q_C$ 與 $Q_D$ 為領先臂(Leading Leg)。

### 4-6.2　全橋相移式電源轉換器

在圖 4-42 所示為全橋相移式電源轉換器，此基本電路架構包括了四個功率開關($Q_A \sim Q_D$)，形成全橋的 H 型結構，在 H 型中的是隔離變壓器，變壓器二次側則串接整流電路及 L-C 濾波電路；四個功率開關又可劃分為二側。將 $Q_A$ 與 $Q_B$ 分為一組，$Q_C$ 與 $Q_D$ 分為一組，同側的上下二個功率開關，在相移波寬調變之下，分別給予相同頻率但反相的控制信號，而責任周期為 50%，二側控制信號之間有一相位差，藉由調變此相位差，來改變輸出的電壓值。並非如多數的諧振式轉換器必須變頻控制，而是屬於定頻控制，且利用隔離變壓器的漏電感或是外加電感，對功率開關元件上的寄生接面電容充放電，會使得全橋中的四個功率開關都能操作於零電壓交換之下，不僅可降低了交換損失與開關應力，亦不需在一次側另外加裝緩震器；當然這些優點對此種架構轉換器而言適合於高頻、高功率之應用場合。

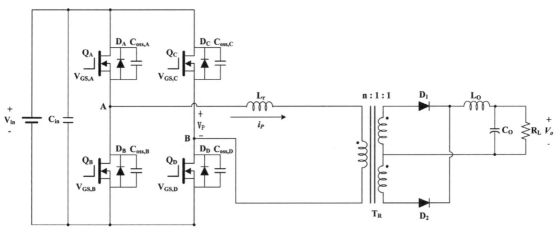

圖 4-42　全橋相移式電源轉換器

## 4-6.3　電路動作分析

在本節中將針對全橋相移式電源轉換器之電路動作原理作一詳細的分析與介紹，為了簡化分析則假設：

1. 輸出電壓固定為 $V_O$。

2. 輸出電感 $L_O$ 足夠大，將輸出電流 $I_O$ 視為定值。

3. 變壓器主繞組 $L_m$ 足夠大，將激磁電流 $I_m$ 視為定值。

4. 所有半導體元件視為理想性。

　　在圖 4-43 所示為此電路之控制時序與波形圖，其中 $t_0$ 至 $t_{11}$ 的電路動作原理說明如下：

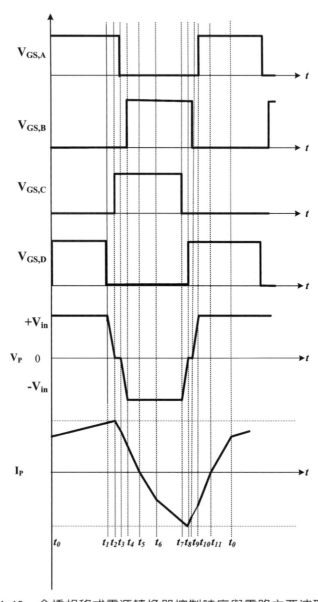

圖 4-43　全橋相移式電源轉換器控制時序與電路主要波形圖

1. 模式 1：$[t_0 \leq t \leq t_1]$ (能量傳送)

   當 $t_0$ 時，功率開關 $Q_A$ 與 $Q_D$ 導通，跨在變壓器主繞組的電壓為 $V_{in}$，此電壓會對激磁電感$(L_m)$與漏感充電$(L_r)$，激磁電流會以 $\dfrac{V_{in}}{L_m}$ 之斜率上升，一次側能量經由隔離變壓器傳送到負載，對輸出電感與輸出電容充電，此時整流二極體 $D_1$ 導通，飛輪二極體 $D_2$ 截止。如圖 4-44 所示。當 $t = t_1$ 時，功率開關 $Q_D$ 截止，模式 1 結束。

   $$V_p(t) = V_{in} \tag{4-111}$$

   $$I_P(t) = \frac{I_{LO}}{n} \tag{4-112}$$

   $$I_{Lr}(t) = I_P(t) \tag{4-113}$$

   $$I_{ds}(t) = I_{Lr}(t) \tag{4-114}$$

   $$n = \frac{N_P}{N_S} \tag{4-115}$$

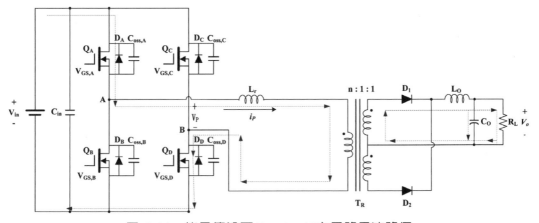

圖 4-44　能量傳送區$(t_0 \leq t \leq t_1)$主電路電流路徑

2. 模式 2：$[t_1 \leq t \leq t_2]$

   當 $t = t_1$ 時，功率開關 $Q_D$ 會截止，此時變壓器一次側電流 $I_P$，會開始對功率開關 $Q_D$ 之接面電容 $C_{oss,D}$ 充電，此時功率開關 $Q_D$ 之洩-源級接面電容 $C_{oss,D}$ 電位由零開始上升至 $V_{in}$；同時變壓器一次側電流 $I_P$ 則開始對功率開關 $Q_C$ 之接面電容 $C_{oss,C}$ 放電，功率開關 $Q_C$ 之洩-源級接面電容 $C_{oss,C}$ 由 $V_{in}$ 下降至零。變壓器一次側電壓、一次側電流與輸出電流及濾波電感電流表示式如下：

$$V_p(t) \cong V_{\text{in}} - V_{CD} \tag{4-116}$$

$$I_P(t) = \frac{L_{LO}}{n}$$

$$I_{LO}(t) = I_{LO}(t_1) + \frac{\dfrac{V_{\text{in}}}{n} - V_O}{L_O}(t - t_1) \tag{4-117}$$

$$C_{eq} = C_{\text{oss},C} + C_{\text{oss},D} \tag{4-118}$$

當時間 $t = t_2$ 時，功率開關 $Q_D$ 之接面電容 $C_{\text{oss},D}$ 電壓等於 $V_{\text{in}}$，此時主變壓器初級側電壓 $V_p$ 開始下降，但因仍大於零伏特，所以整流二極體 $D_1$ 仍維持導通，飛輪二極體 $D_2$ 仍維持截止，直到開關電壓 $V_{DS}$ 升到 $V_{\text{in}}$ 時，此階段結束。

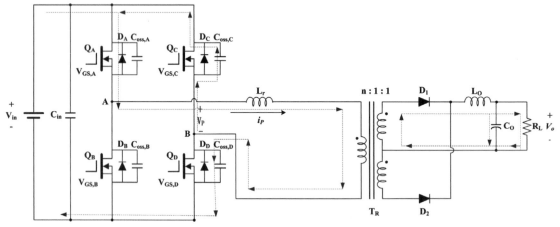

圖 4-45    模式 2($t_1 \leq t \leq t_2$)主電路電流路徑

3. 模式 3：[$t_2 \leq t \leq t_3$]

在此區段主功率開關 $Q_C$ 之洩-源級接面電容 $C_{\text{oss},C}$ 完全放電至零後，功率開關 $Q_C$ 之本質二極體順向偏壓而導通，因功率開關 $Q_C$ 之接面電容 $C_{\text{oss},C}$ 已完全放電至零，所以功率開關 $Q_C$ 可於零電壓狀態下導通，達成零電壓交換操作。為完成功率開關 $Q_C$ 之零電壓交換操作，必須於功率開關 $Q_D$ 截止與功率開關 $Q_C$ 導通之間，加入一死區時間 $t_d$，以確保功率開關 $Q_C$ 導通之洩-源級接面電容 $C_{\text{oss},C}$ 完全放電至零，且死區時間 $t_d$ 必須大於模式 2 的區間可表示為

$$t_d > t_{12} \rightarrow t_d > \frac{V_{\text{in}}}{I_P(t_1)}(C_{\text{oss},C} + C_{\text{oss},D}) \tag{4-119}$$

在此模式 3 中，功率開關 $Q_A$ 與 $Q_C$ 為導通狀態，變壓器一次側與二次側電壓為零；所以整流電路二極體 $D_1$ 與 $D_2$ 均導通，進入飛輪模式，當時間 $t = t_3$ 時，功率開關 $Q_A$ 截止，模式 3 結束。變壓器一次側電壓與濾波電感電流可表示為

$$V_p \cong V_S \cong 0 \tag{4-120}$$

$$I_{LO}(t) = I_{LO}(t_2) - \frac{V_O}{L_O}(t - t_2) \tag{4-121}$$

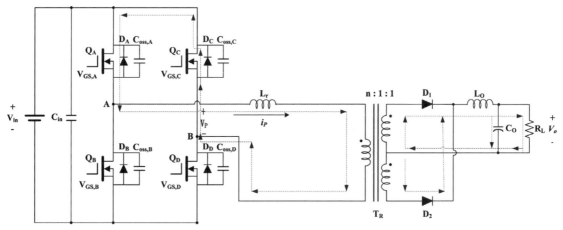

圖 4-46　模式 3($t_2 \le t \le t_3$)主電路電流路徑

4. 模式 4：$[t_3 \le t \le t_4]$

當 $t = t_3$，功率開關 $Q_A$ 截止，因此儲存於變壓器漏電感 $L_r$ 之能量，開始對功率開關 $Q_A$ 之接面電容 $C_{oss,A}$ 充電，功率開關 $Q_A$ 之洩-源級接面電容 $C_{oss,A}$ 電位由零開始上升至 $V_{in}$；也同時對功率開關 $Q_B$ 之接面電容 $C_{oss,B}$ 放電，功率開關 $Q_B$ 之洩-源級接面電容 $C_{oss,B}$ 由 $V_{in}$ 下降至零。接面電容 $C_{oss,A}$ 與 $C_{oss,B}$ 之電位表示式如下：

$$V_{coss,A}(t) = \frac{I_P(t_3)}{2C_{oss}}(t - t_3) \tag{4-122}$$

$$V_{coss,B}(t) = V_{in} - \frac{I_P(t_3)}{2C_{oss}}(t - t_3) \tag{4-123}$$

變壓器一次側電壓及濾波電感電流表示式如下：

$$V_p(t) = -V_{Ceq} \tag{4-124}$$

$$C_{eq} = C_{oss,A} + C_{oss,B} \tag{4-125}$$

$$I_{LO}(t) = I_{LO}(t_3) - \frac{V_O}{L_O}(t - t_3) \tag{4-126}$$

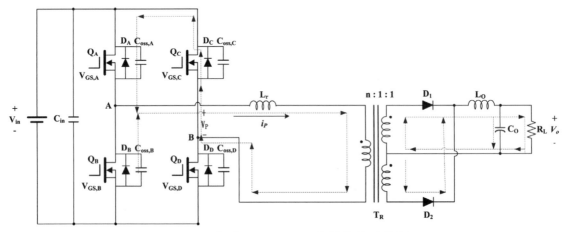

圖 4-47　模式 4($t_3 \le t \le t_4$)主電路電流路徑

當 $t = t_4$ 時，功率開關 $Q_A$ 之接面電容 $C_{oss,A}$ 電壓等於 $V_{in}$，模式 4 結束。模式 4 的時間表示式如下：

$$t_{34} = \frac{V_{in}}{I_P(t_3)}(C_{oss,A} + C_{oss,B}) = \frac{V_{in}}{I_P(t_3)}(2C_{oss}) \tag{4-127}$$

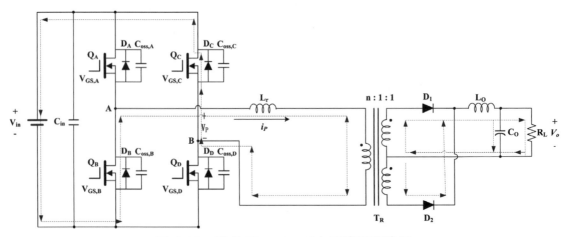

圖 4-48　模式 5($t_4 \le t \le t_5$)主電路電流路徑

5. 模式 5：[$t_4 \leq t \leq t_5$]

當 $t = t_4$ 時，功率開關 $Q_B$ 洩-源級接面電容 $C_{oss,B}$ 完全放電至零後，功率開關 $Q_B$ 之本質二極體順向偏壓而導通，故功率開關 $Q_B$ 可於零電壓狀態下導通，達成零電壓交換操作。為確保功率開關 $Q_B$ 導通之洩-源級接面電容 $C_{oss,B}$ 完全放電至零，必須於功率開關 $Q_A$ 截止與功率開關 $Q_B$ 導通之間，加入一死區時間 $t_d$，且死區時間 $t_d$ 必須大於模式 4 時間 $t_{34}$ 表示式如下：

$$t_d > t_{34} \rightarrow t_d > \frac{V_{in}}{I_P(t_3)}(2C_{oss}) \tag{4-128}$$

變壓器一次側電壓、一次側電流與濾波電感電流表示式如下：

$$V_P = -V_{in} \tag{4-129}$$

$$I_P(t) = I_P(t_4) - \frac{V_{in}}{L_r}(t - t_4) \tag{4-130}$$

$$I_{LO}(t) = I_{LO}(t_4) - \frac{V_O}{L_O}(t - t_4) \tag{4-131}$$

當時間 $t = t_5$ 時，變壓器一次側電流 $I_P$ 下降至零，模式 5 結束。

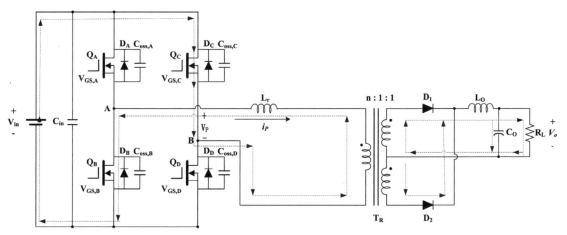

圖 4-49　模式 6($t_5 \leq t \leq t_6$)主電路電流路徑

6. 模式 6：[$t_5 \leq t \leq t_6$]

當 $t = t_5$ 時，變壓器一次側電流 $I_P$ 由零下降至負，變壓器一次側電壓、一次側電流與濾波電感電流表示式如下：

$$V_P = -V_{in} \tag{4-132}$$

$$I_P(t) = -\frac{V_{in}}{L_r}(t-t_5) \tag{4-133}$$

$$I_{LO}(t) = I_{LO}(t_5) - \frac{V_O}{L_O}(t-t_5) \tag{4-134}$$

當時間 $t = t_6$ 時，變壓器一次側電流 $I_P = -\dfrac{I_{LO}(t)}{n}$，模式 6 結束。

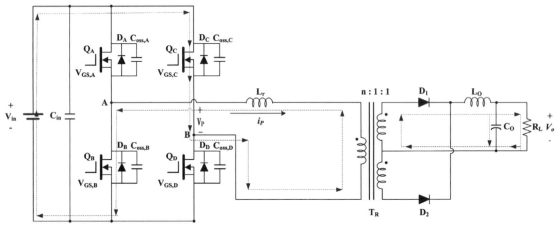

圖 4-50　模式 7($t_6 \le t \le t_7$)主電路電流路徑

7. 模式 7：[$t_6 \le t \le t_7$]

當 $t_6 \sim t_7$ 時，功率開關 $Q_B$ 與 $Q_C$ 導通，會使變壓器一次側電壓等於負輸入電壓 $V_{in}$，能量由一次側透過功率開關 $Q_B$、$Q_C$ 與變壓器轉換至二次側。由於變壓器一次側電流為負，二次側整流電路藉由二極體 $D_1$、輸出濾波電感 $L_O$ 與濾波電容 $C_O$，將能量傳遞至輸出端，此時二極體 $D_1$ 導通，$D_2$ 截止，濾波電感電流 $I_{LO}$ 下降，變壓器一次側電壓、一次側電流與濾波電感電流表示式如下：

$$V_P = -V_{in} \tag{4-135}$$

$$I_P(t) = -\frac{I_{LO}(t)}{n} \tag{4-136}$$

$$I_{LO}(t) = I_{LO}(t_6) - \frac{V_O}{L_O}(t-t_6) \tag{4-137}$$

當時間 $t = t_7$ 時，功率開關 $Q_C$ 截止，模式 7 結束。

8. 模式 8：[$t_7 \leq t \leq t_8$]

接著下來在區間 8～12($t_7$～$t_0$)與區間 2～6($t_1$～$t_6$)會呈對稱。

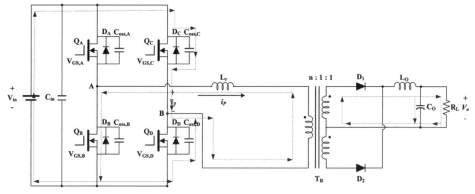

圖 4-51　模式 8($t_7 \leq t \leq t_8$)主電路電流路徑

9. 模式 9：[$t_8 \leq t \leq t_9$]

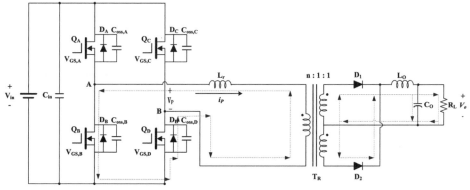

圖 4-52　模式 9($t_8 \leq t \leq t_9$)主電路電流路徑

10. 模式 10：[$t_9 \leq t \leq t_{10}$]

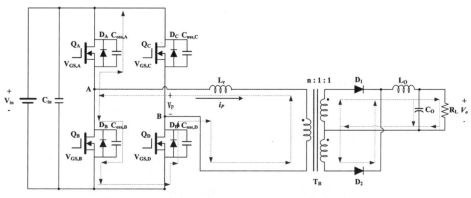

圖 4-53　模式 10($t_9 \leq t \leq t_{10}$)主電路電流路徑

11. 模式 11：$[t_{10} \leq t \leq t_{11}]$

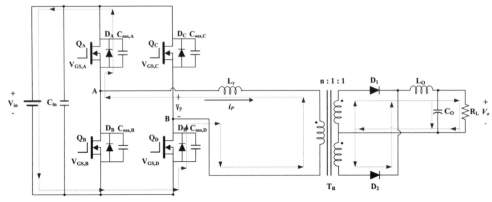

圖 4-54　模式 11($t_{10} \leq t \leq t_{11}$)主電路電流路徑

12. 模式 12：$t_{11} \leq t \leq t_0$

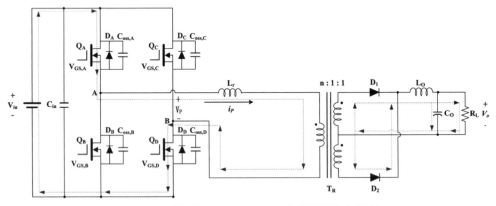

圖 4-55　模式 12($t_{11} \leq t \leq t_0$)主電路電流路徑

綜合以上說明可以得知，全橋相移式電源轉換器具有下列優點與缺點：

1. 利用全橋轉換器之功率開關接面電容與變壓器漏電感等原有的寄生元件，較容易達成零電壓交換操作，有效降低轉換器交換損失，以提升轉換效率。

2. 選擇由德州儀器(Texas Instruments，TI)公司所出產之相移脈波寬度調變 PWM 控制 IC UCC3895，作為全橋相移式電源轉換器控制電路的核心。

3. 採用中心抽頭的整流電路架構，優點為輸出電流漣波頻率為交換頻率的兩倍，在相同輸出條件下，將可選擇較小的濾波電感，但變壓器二次側必須為中間抽頭方式，會導致變壓器製作不易，且二極體 $D_1$、$D_2$ 導通時之流經電流，與輸出電流相等，故較不適用於高輸出電流所需之架構。

4. 倍流整流電路可使用在沒有中間抽頭的變壓器上，如圖 4-56 所示，被廣泛應用於高輸出電流架構上。不需更動變壓器設計，只需增加一輸出濾波電感 $L_2$，且整流二極體與濾波電感所流經的電流，僅為輸出負載電流的一半，有效降低導通損失，若再將以功率開關 $SR_1$ 與 $SR_2$ 取代整流二極體 $D_1$、$D_2$ 則電路接法如圖 4-57 所示，因此可成為同步倍流整流架構，降低導通損(Conduction Loss)，如此可獲致較佳之效率。

5. 全橋相移式電源轉換器存在一個主要的缺點：落後臂功率開關元件($Q_A$ 與 $Q_B$)在輕載時，會比較難以實現零電壓交換(ZVS)，因此在負載變化較大的使用範圍下，相移式電源轉換器就變得比較不適合。

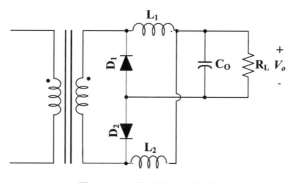

圖 4-56　倍流整流電路

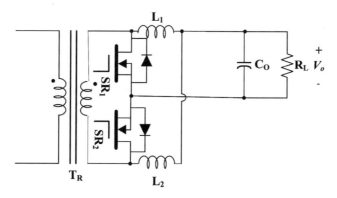

圖 4-57　同步倍流整流電路

### 4-6.4　電路設計零件選用

### 4-6.4.1　功率開關元件設計

作為功率開關元件，我們要考慮以下幾個參數：

1. 功率開關在 OFF 時，其電壓阻隔能力。

2. 功率開關在 ON 時，其電流承載容許值。

3. 功率開關在 ON 時的導通阻抗($R_{DS,ON}$)。

4. 功率開關的寄生電容。

其中第三項與第四項分別影響其導通損失與交換損失，通常最大電流相同的功率開關，耐壓越高導通阻抗越大，會產生較大的導通損失，而功率開關可承受的最大電流越大，其導通阻抗愈低，輸出電容 $C_{OSS}$ 愈大，會造成較大的導通交換損失。但因全橋相移式電源轉換器屬於零電壓導通交換，功率開關導通時沒有交換損失，雖然功率開關在截止時仍有不小的交換損失，整體來說，選用耐流較大功率開關損耗較低，尤其是在低壓輸入時，導通損失遠大於交換損失。另外須特別注意的是功率開關的寄生電容不可太大，寄生電容越大，所需的諧振電感也會越大，會造成轉換器效率下降。因此功率開關的選擇須在導通損失可允許的情況下，選擇寄生電容愈小的愈好。

在全橋相移式的四個功率開關的最大電壓應力為輸入的直流電源，至於其電流應力則必須由電路的額定功率來決定。基本上四個功率開關都能處於零電壓交換(ZVS)狀態下，並沒有交換損失，故只要考慮導通損失，所以選擇導通電阻越小越好，但導通電阻越小，寄生電容就會越大。此外電路以諧振的方式造成零電壓交換現象時，需要用到功率開關上的寄生電容，此電容值會影響到諧振的時間，當然也會關係到零電壓交換成功與否。

### 4-6.4.2　二極體元件設計

在全橋相移式電源轉換器中二次側有兩個整流二極體，對於二極體的選用亦需考量其耐壓與耐流問題，蕭特基二極體(Schottky Diode)與一般整流二極體、快速回復二極體(Fast Recovery Diode)比較起來，具有順向導通電壓(Forward Voltage $V_F$)較低，反向恢復時間(Reverse Recovery Time $t_{rr}$)較快等優點，所以無論導通損失或交換損失都較其它二極體為低。但蕭特基二極體通常其最大反向耐壓 (Maximum Reverse Voltage)較低，較不易使用於具較高輸出的系統。一般選用所能承受的反向電壓須考量安全額定值，一般約為 30%，因此可求得其所能承受的最大反向電壓 $V_{BR}$ 為：

$$V_{BR} \geq 1.3 \left( \frac{V_{o,\max} + V_f}{D_{eff}} \right) \tag{4-138}$$

在耐流方面因輸出側電流都必須流經整流二極體，所以二極體必須承受的最大電流為

$$I_{D1,\max} = I_{D2,\max} \geq 1.3 \left( I_{o,\max} \times \sqrt{\frac{D_{eff}}{2}} \right) \tag{4-139}$$

### 4-6.4.3　諧振電感設計

諧振電感是串聯於變壓器一次側，其主要功能為將儲存的能量和金氧半場效電晶體上的寄生電容產生共振使寄生電容放電，在適時的以信號驅動金氧半場效電晶體以達到零電壓交換的目的，所以諧振電感的設計是關係到是否可以零電壓交換的關鍵。零電壓操作達成必須滿足下列兩條件：

1. 諧振電感所儲存能量必須大於諧振電容上之儲能，以達成改變諧振電容電壓極性目的。

2. 功率開關必須於諧振時間內完成導通動作。

全橋相移式電源轉換器零電壓操作達成，諧振電感為使用變壓器一次側漏電感 $L_r$，諧振電容則利用功率開關接面電容 $C_{oss}$ 與變壓器二次側反射至一次側雜散電容 $C_{p,tmr}$。諧振頻率計算表示式如下：

$$\omega_r = \frac{1}{\sqrt{L_r C_r}} \tag{4-140}$$

確保零電壓交換操作，延遲時間不超過四分之一諧振週期為原則，則延遲時間表示式如下：

$$t_d = \frac{t_r}{4} = \frac{\pi \sqrt{L_r C_r}}{2} \tag{4-141}$$

在高交換頻率的操作下，利用四組功率開關源-汲極間的接面電容 $C_{\mathrm{OSS}}$，且於每次轉換時均有兩組接面電容為並聯形式，並考量變壓器二次側反射至一次側雜散電容 $C_{p,\mathrm{tmr}}$ 做為諧振電容。則諧振電容表示式如下：

$$C_r \cong C_{p,\mathrm{tmr}} + 2C_{\mathrm{OSS}} \tag{4-142}$$

於諧振電容所儲存能量表示式如下：

$$E_{C_r} = 0.5(C_{P,\mathrm{tmr}} + 2C_{\mathrm{OSS}}) \cdot V_{\mathrm{in}}^2 \tag{4-143}$$

諧振電感主要是利用變壓器一次側的漏電感，完成零電壓交換操作，由式(4-140)與式(4-141)整理所得，諧振電感量表示式如下：

$$L_r = \frac{1}{\omega_r^2 C_r} = \frac{1}{\left(\dfrac{\pi}{2t_d}\right)^2 (C_{P,\mathrm{tmr}} + 2C_{\mathrm{OSS}})} \tag{4-144}$$

諧振電感所儲存能量表示式如下：

$$E_{L_r} = 0.5 L_r \cdot I_P^2 \tag{4-145}$$

零電壓交換操作達成，諧振電感儲量必須大於諧振電容之儲能，其操作條件表示式如下：

$$E_{L_r} > E_{C_r} \tag{4-146}$$

若轉換器輸入電壓 $V_{\mathrm{in}}$ 與諧振電容為已知，則將式(4-143)、式(4-145)與式(4-146)整理，諧振電感表示式如下：

$$L_r > \frac{C_r \cdot V_{\mathrm{in,max}}^2}{I_{P,\mathrm{min}}^2} \tag{4-147}$$

### 4-6.4.4　輸出儲能電感設計

全橋相移式電源轉換器輸出電感與傳統全橋轉換器的輸出電感相同，除了與輸出電容組成低通濾波器之外，還兼具扼流圈(Choke)的功能，用以維持穩定連續的輸出電流。因為要儲存能量於電感鐵心之內，所以鐵心要選擇使用低導磁係數，高飽和磁通密度的鐵心，例如 MPP(Molypermalloy)，或鐵粉心(Iron Powder)等材質。輸出濾波電感

$$L_O = \frac{(V_O + V_f)(1 - D_{eff}) \cdot \frac{T_S}{2}}{\Delta I_{L_O}} = \frac{(V_O + V_f)(1 - D_{eff})}{2 \cdot \Delta I_{L_O} \cdot f_S} \tag{4-148}$$

### 4-6.4.5　全橋相移控制器設計

　　德州儀器公司所出產全橋相移式脈波寬度調變控制 IC UCC3895，作為全橋相移式電源轉換器之控制電路架構的核心，內部方塊圖如圖 4-58 所示，UCC3895 之接腳名稱與功能如表 4-3 所示，圖 4-59 為 IC UCC3895 腳位配置圖。

**BLOCK DIAGRAM**

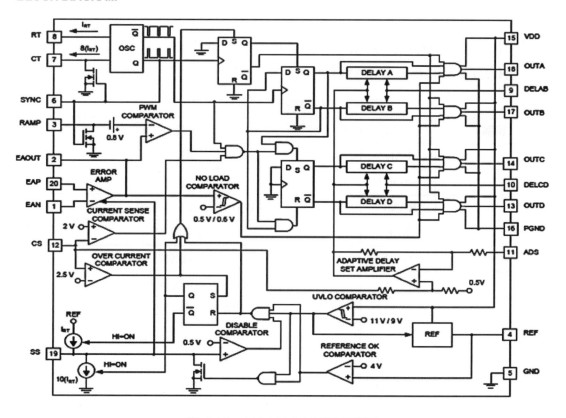

圖 4-58　UCC3895 內部方塊圖

　　採用 IC UCC3895 作全橋相移脈波寬度調變，具備自適應延遲時間、欠電壓鎖定、可選擇電壓或電流控制模式與極低的消耗功率，藉由轉換器輸出端回授一電壓控制訊號，配合週邊電路所組成相移控制電路，使 UCC3895 相移 PWM 控制 IC 輸出四組相移控制信號，並透過光耦合閘極驅動電路，對四組功率開關 $Q_A$、$Q_B$、$Q_C$ 與 $Q_D$ 進行驅動控制，使全橋相移式轉換器達成穩定輸出電壓之目的。

UCC3895 特點如下：

1. 可程式化輸出導通延遲。

2. 自適應延時設定。

3. 雙向同步振盪。

4. 具電壓型控制或電流型控制特性。

5. 可程式化軟啓動/軟關閉及晶片單腳禁能功能。

6. 0%～100%責任週期控制。

7. 7 MHz 頻寬誤差放大器。

8. 1 MHz 工作頻率。

9. 低工作電流消耗(典型爲 5 mA 於 500 KHz 工作頻率)

10. 非常低的電流消耗於欠電壓鎖定(典型爲 150 μA)

表 4-3　UCC3895 接腳名稱與功能

| 接腳 | 名稱 | 功能 |
|------|------|------|
| 1 | EAN | 誤差放大器反向輸入端 |
| 2 | EAOUT | 誤差放大器輸出端 |
| 3 | RAMP | PWM 比較器的反向輸入端 |
| 4 | REF | 參考電壓 5V |
| 5 | GND | 參考接地點 |
| 6 | SYNC | 雙向同步振盪器訊號源 |
| 7 | CT | 設置振盪器頻率充電電容 |
| 8 | RT | 振盪器充電電流設定電阻 |
| 9 | DELAB | OUTA 與 OUTB 之間死域設定 |
| 10 | DELCD | OUTC 與 OUTD 之間死域設定 |
| 11 | ADS | 最佳延遲設定 |
| 12 | CS | 電流偵測輸入端當訊號大於 2V 時採 cycle by cycle 保護 |
| 18，17，14，13 | OUT～D | 互補式輸出訊號 |
| 15 | VDD | 電源電壓，需高於 11V 且並聯 1μ 低 ESR 電容至 GND |
| 16 | PGND | 輸出訊號接地端 |
| 19 | SS/DISB | 軟起動/關閉模式 |
| 20 | EAP | 誤差放大器非反向輸入端 |

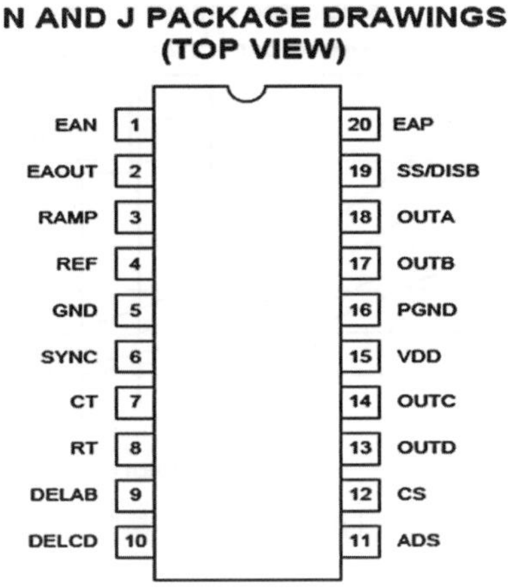

**N AND J PACKAGE DRAWINGS**
**(TOP VIEW)**

| | | | |
|---|---|---|---|
| EAN | 1 | 20 | EAP |
| EAOUT | 2 | 19 | SS/DISB |
| RAMP | 3 | 18 | OUTA |
| REF | 4 | 17 | OUTB |
| GND | 5 | 16 | PGND |
| SYNC | 6 | 15 | VDD |
| CT | 7 | 14 | OUTC |
| RT | 8 | 13 | OUTD |
| DELAB | 9 | 12 | CS |
| DELCD | 10 | 11 | ADS |

圖 4-59　UCC3895 IC 腳位配置圖

(1) 振盪頻率設定：

　　首先決定 UCC3895 振盪工作頻率由腳位 8(RT)與腳位 7(CT)來予以設定(如圖 4-60)，而計算方式表示式如下：

$$t_{OSC} = \frac{5R_T \cdot C_T}{48} + 120\text{ns} \tag{4-149}$$

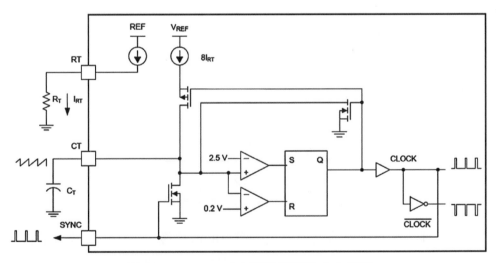

圖 4-60　UCC3895 振盪頻率設定方塊圖

亦可參考圖 4-61 所示之曲線圖。

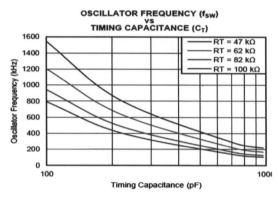

圖 4-61　UCC3895 振盪頻率設定

(2) 死區時間與自適應延遲設定

UCC3895 死區時間設定如圖 4-62 所示，藉由電阻 $R_{DELAB}$ 與 $R_{DELCD}$ 調整輸出控制訊號(OUTPUT $A$、$B$，OUTPUT $C$、$D$)的死區時間。UCC3895 允許使用者對於不同的柔性交換條件下，自行設定同臂功率開關的死區時間，透過死區時間的設定控制諧振時間長短，也同時避免同臂間功率開關短路情形，一般設定表示式如下：

$$t_{DELAY} = \frac{(25 \cdot 10^{-12}) \cdot R_{DEL}}{V_{DEL}} + 25\text{ns} \qquad (4\text{-}150)$$

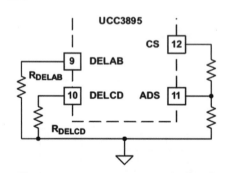

圖 4-62　UCC3895 死區時間設定

在輸入側中，藉由比流器對輸入側電流的取樣後，經由一整流濾波後，送至接腳 pin 12(CS)，而接腳 pin 11(ADS)則對其作分壓取樣，經由式(4-151)可以得知，不同的輸入側電流取樣值，會得到不同的 $V_{DEL}$，進而對死區時間 $t_{DELAY}$ 造成影響也就是死區時間 $t_{DELAY}$ 隨著輸入電流取樣值不同而隨時改變，即為自適應延遲。

$$V_{DEL} = [0.75 \cdot (V_{CS} - V_{ADS})] + 0.5\text{V} \qquad (4\text{-}151)$$

## 4-7　LLC 半橋諧振式電源轉換器

### 4-7.1　概論

諧振電路依據諧振槽型式不同可以區分為以下四種：

1. 串聯諧振電路(Series Resonant Converter;SRC)

2. 並聯諧振電路(Parallel Resonant Converter;PRC)

3. 串並聯諧振電路(Series-Parallel Resonant Converter;SPRC)

4. LLC 串聯諧振電路(LLC Series Resonant Converter)

本章節將針對其優缺點逐一闡述。

### 4-7.2　串聯諧振式轉換器

一般傳統的電源 PWM 轉換器，其功率開關元件會工作在剛性交換(Hard Switching)的狀態下，而剛性交換所指的是功率開關在導通(turn on)或截止(turn off)時的交換瞬間，電壓與電流波形有部分會重疊，而造成電源轉換器功率損耗增加，隨著交換頻率的提高，高頻的雜訊與交換損失亦隨之增加，導致整體效率為之降低；如圖 4-63 所示為剛性交換 PWM 轉換器之交換損失圖。

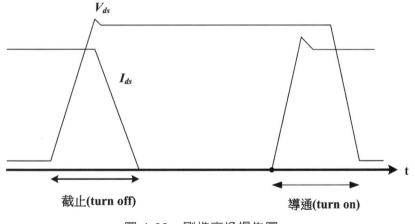

圖 4-63　剛性交換損失圖

　　爲了解決交換損失所導致的高頻化限制，所以有人提出柔性交換(Soft Switching)的技術。而柔性交換指的是半導體功率開關元件執行導通或截止的短暫期間，減少流過開關上的電流，或是減少開關兩端的電壓；以達成降低開關的交換損失，如圖 4-64 所示爲柔性交換之狀態圖。也就是說柔性交換就是切換時開關的狀態可以分爲

1. 零電壓交換(Zero Voltage Switching；ZVS)
2. 零電流交換(Zero Current Switching；ZCS)

　　在圖 4-65 中半導體開關轉態導通時，開關電壓 $V_{ds}$ 會先下降至零電位，接著開關電流 $I_{ds}$ 才開始上昇，如此使得導通電流不會與端電壓波形產生重疊而造成導通暫態的交換損失，此種方式就稱之爲零電壓交換(Zero Voltage Switching；ZVS)。在圖 4-66 中半導體開關轉態截止時，開關電流 $I_{ds}$ 會先下降至零後，開關電壓 $V_{ds}$ 才會開始上昇，如此可以避開開關的截止電流與電壓波形重疊而產生截止暫態的交換損失，此種方式就稱之爲零電流交換(Zero Current Switching；ZCS)。

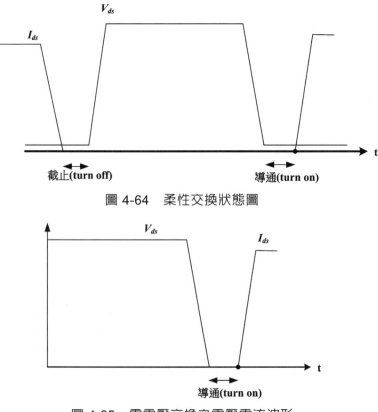

圖 4-64　柔性交換狀態圖

圖 4-65　零電壓交換之電壓電流波形

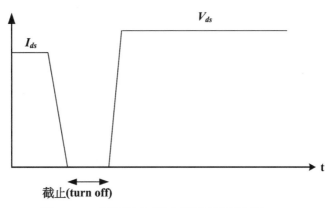

圖 4-66 零電流交換之電壓電流波形

　　串聯諧振式轉換器的電路如圖 4-67 所示，圖中諧振電感 $L_r$ 與諧振電容 $C_r$ 是串聯的結構，形成一個串聯諧振槽，並且會與後級的負載端串聯，經由輸入頻率的變化來改變諧振槽的阻抗，由圖中可以看出總阻抗為諧振阻抗與負載阻抗串聯之和，而成為一分壓電路，因此串聯諧振轉換器的直流增益(DC Gain)會 ≦ 1。當交換頻率等於諧振頻率時阻抗值最小，此時全部的電壓將降在負載上，也就是說轉換器的最大增益即發生在諧振點上。

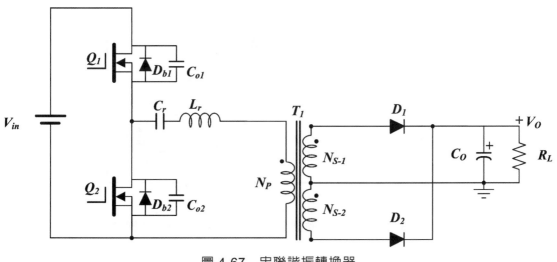

圖 4-67 串聯諧振轉換器

　　由串聯諧振轉換器之架構可以推導出其電壓增益，並畫出如圖 4-68 所示的直流電壓增益曲線

$$H(s) = \frac{8n^2 R_L / \pi^2}{SL_r + \dfrac{1}{SC_r} + 8n^2 R_L / \pi^2}$$

$$H(j\omega_S) = \frac{1}{1 + j\dfrac{\pi^2}{8} Q_S \left[ \dfrac{\omega_S L_r}{\sqrt{\dfrac{L_r}{C_r}}} - \dfrac{1}{\sqrt{\dfrac{L_r}{C_r}} \omega_S C_r} \right]}$$

$$H(j\omega_S) = \frac{1}{1 + j\dfrac{\pi^2}{8} Q_S \left[ \dfrac{\omega_s}{\omega_r} - \dfrac{\omega_r}{\omega_s} \right]}$$

其中品質因數(Quality Factor) $Q_S = \dfrac{\sqrt{\dfrac{L_r}{C_r}}}{n^2 R_L}$，諧振角頻率 $\omega_r = \dfrac{1}{\sqrt{L_r C_r}}$，而諧振頻率則

為 $f_r = \dfrac{1}{2\pi\sqrt{L_r C_r}}$ ；交換角頻率 $\omega_S$，而交換頻率則為 $f_S$。

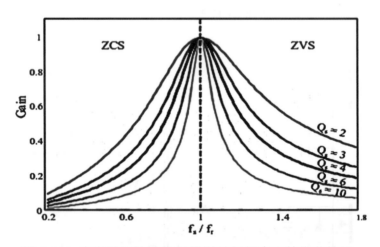

圖 4-68　串聯諧振轉換器電壓增益對頻率之特性曲線圖

　　由圖中曲線可以得知，當交換頻率等於諧振頻率時，此時諧振槽的諧振阻抗為零，輸入電壓將全部轉移至負載上，因此直流電壓增益為 1。

　　當串聯諧振轉換器的交換頻率高於諧振頻率時，SRC 會呈現電感性，即功率開關上的電壓超前電流，如此可使得半導體功率開關在 ZVS 下工作，此時的直流電壓增益會呈現負的斜率。反之，當交換頻率低於諧振頻率時，SRC 會呈現電容性，即

功率開關上的電流超前電壓，也就是說諧振電感電流的相位領前方波輸入電壓 $V_s$，此時的直流電壓增益會呈現正的斜率。因此，串聯諧振轉換器之動作區間必須設計在圖 4-68 中諧振頻率的右半平面，而在此區間內可以確保轉換器工作在電感性以達成零電壓交換。

因此，綜合以上所述可以將串聯諧振轉換器的優缺點描述如下：

1. 當輸入電壓增加，轉換器的切換頻率會提高，此乃為了維持輸出電壓的穩定，而當頻率增加時，諧振槽的阻抗值亦會隨之增加，所以會導致越來越多的能量在諧振槽內循環。一次測環路的能量將會增加且產生較高之截止電流，導致導通與截止損失增加，因此不適合應用在高輸入電壓下。

2. 由於負載與諧振元件串聯，切換頻率會直接受到負載電路影響，為了在輕載時得到較好的輸出電壓調節，必須要增加額外的控制線路，無形中提高了設計成本，輸出直流濾波電容必須承受較高之漣波電流，因此較適合用於高壓低電流的應用中。

3. 當負載降低時，轉換器功率開關上的電流也隨之降低，與其它轉換器比較，輕載時會有較小的環路電流，導通損失較小，因此會有較高的電能轉換效率；但輸出若在無載時，則所須的切換頻率會過高，而造成回授控制器無法有效的調節輸出電壓。由於通過輸出整流二極體的電流呈現弦波半波，因此可以大幅降低雜訊。

4. 在串聯諧振轉換器中，諧振電容可以作為直流阻隔電容以避免變壓器之伏特秒不平衡問題。

### 4-7.3　並聯諧振式轉換器

在圖 4-69 所示為一半橋式並聯諧振轉換器的電路，其中諧振槽由諧振電感與諧振電容串聯所組成，而諧振電容與後級的負載電阻並聯，所以又可稱為串聯諧振並聯負載轉換器。其動作區間會設計於諧振頻率點右半平面以實現零電壓交換。

根據圖 4-69 所示的諧振網路，可以推導出輸入電壓對輸出電壓之電壓增益轉移函數，如圖 4-70 所示。

$$H(S) = \frac{\dfrac{1}{SC_r} \,//\, R_{ep}}{SL_r + \left( \dfrac{1}{SC_r} \,//\, R_{ep} \right)}$$

$$H(j\omega_S) = \frac{1}{1 + j\dfrac{8L_r\omega_s}{R_L n^2 \pi^2} - L_r C_p \omega_s^2} = \frac{1}{1 - \dfrac{\omega_s^2}{\omega_r^2} + j\dfrac{8}{\pi^2}\dfrac{1}{Q_p}\dfrac{\omega_s L_r}{\sqrt{\dfrac{L_r}{C_P}}}}$$

$$H(j\omega_S) = \frac{1}{1 - \dfrac{\omega_s^2}{\omega_r^2} + j\dfrac{8}{\pi^2}\dfrac{1}{Q_P}\dfrac{\omega_s}{\omega_r}}$$

在上式中定義諧振角頻率 $\omega_r = \dfrac{1}{\sqrt{L_r C_P}}$，功率開關之交換角頻率為 $\omega_s$，品質因數 $Q_P = \dfrac{n^2 R_L}{\sqrt{\dfrac{L_r}{C_r}}}$，等效交流電阻 $R_{ep} = \dfrac{\pi^2 n^2 R_L}{8}$。由圖 4-70 之曲線圖可以得知，PRC 與 SRC 有相似特性，當操作頻率大於諧振頻率時，轉換器電路之功率開關具有零電壓交換的條件；當操作頻率小於諧振頻率時，轉換器電路之功率開關具有零電流交換的條件。而圖中特性曲線較微陡斜，所以頻率變化很小即可達到維持輸出電壓的穩定，且轉換器電路從輕載至滿載操作時，頻率的變動範圍較小。

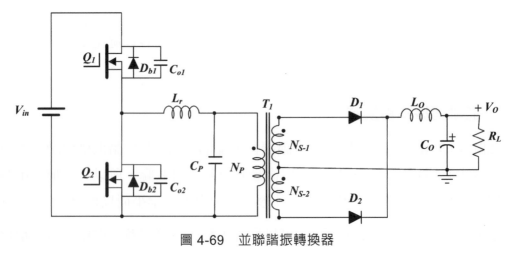

圖 4-69　並聯諧振轉換器

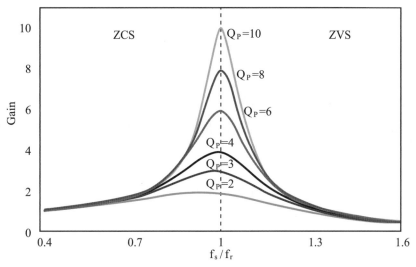

圖 4-70　並聯諧振轉換器電壓增益對頻率之特性曲線圖

　　因此，可以將並聯諧振轉換器的優缺點描述如下：

1. 從輕載至滿載頻率的變動範圍較狹窄，甚至於在輕載時，頻率不需要改變太多即能維持輸出電壓的調節。

2. 適合應用於輸出為低壓大電流之產品。

3. 當交換頻率大於諧振頻率時，則功率開關具有零電壓交換之條件；當交換頻率小於諧振頻率時，則功率開關具有零電流交換之條件。

4. 由於二次側為電感電容濾波電路，流經輸出濾波電容之漣波電流變小，如此可降低輸出漣波電壓以及電容的等效串聯電阻 ESR 的損失。

5. 當電路操作在輕載時，諧振電容與負載並聯可以視為一較低之阻抗值，因此大部份的電流會流經諧振電容，所以具有較大之環路電流，而一次側之環路能量損失大，會導致效率變差。

6. 輸入電壓會與環路電流成正比，因此較不適合於高輸入電壓之應用。

## 4-7.4　串並聯諧振式轉換器

　　在圖 4-71 所示為一半橋式串並聯諧振轉換器的電路，又可稱為串聯諧振串並聯聯負載轉換器，而其中諧振槽由三個零件所組成包括了諧振電感，串聯諧振電容以及並聯諧振電容串聯所組成。所以，並聯諧振電容可以傳遞諧振槽之能量，經由變壓器的升壓或降壓後，經過二次側整流濾波器再傳送到輸出負載端。與並聯轉換器 PRC 一樣，二次側輸出端必須串一顆濾波電感，串並聯諧振轉換器 SPRC 可以視為串聯諧振轉換 SRC 與並聯諧振轉換器 PRC 的結合。串並聯諧振轉換器工作於重載時近似於一串聯諧振轉換器，當工作於輕載時會近似於並聯諧振轉換器。因此，串並聯諧振轉換器之動作區間仍同設計於諧振頻率點之右半平面以達到零電壓交換。

串並聯諧振轉換器具有兩個諧振頻率點，其中較低的諧振頻率由 $L_r$ 及 $C_r$ 來予以決定，而較高的諧振頻率會發生在輕載時則由 $L_r$、$C_r$ 以及 $C_p$ 來予以決定。依據圖 4-71 所示的半橋式串並聯諧振轉換器的電路，輸入電壓對輸出電壓之轉移函數可以表示為

$$H(S) = \frac{\dfrac{1}{SC_p} \,//\, R_{ep}}{\dfrac{1}{SC_r} + SL_r + \left(\dfrac{1}{SC_p} \,//\, R_{ep}\right)}$$

$$H(j\omega_s) = \frac{1}{1 + \dfrac{x_{cr}}{x_{CP}} - \dfrac{x_{Lr}}{x_{CP}} + j\left(\dfrac{x_{Lr}}{R_{ep}} - \dfrac{x_{cr}}{R_{ep}}\right)}$$

$$H(j\omega_s) = \frac{1}{1 - \dfrac{C_p}{C_r} - \dfrac{\omega_s^2}{\omega_r^2} + j\dfrac{8}{\pi^2}Q_S\left(\dfrac{\omega_s L_r}{\sqrt{\dfrac{L_r}{C_r}}} - \dfrac{1}{\omega_s C_r \sqrt{\dfrac{L_r}{C_r}}}\right)}$$

$$H(j\omega_s) = \frac{1}{\sqrt{\left(1 - C_n - C_n\left(\dfrac{\omega_s}{\omega_r}\right)^2\right)^2 + \left(\dfrac{8}{\pi^2}Q_S\left[\dfrac{\omega_s}{\omega_r} - \dfrac{\omega_r}{\omega_s}\right]\right)^2}}$$

在上式中定義諧振角頻率 $\omega_r = \dfrac{1}{\sqrt{L_r C_r}}$，功率開關之交換角頻率為 $\omega_s$，品質因數 $Q_S = \dfrac{\sqrt{\dfrac{L_r}{C_r}}}{n^2 R_L}$，等效交流電阻 $R_{ep} = \dfrac{\pi^2 n^2 R_L}{8}$，諧振電容比值 $C_n = \dfrac{C_p}{C_r}$。

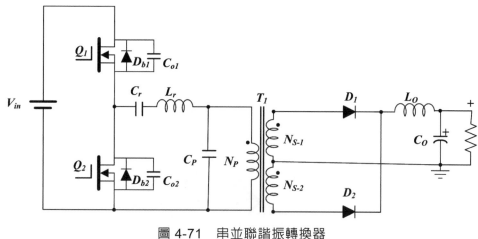

圖 4-71　串並聯諧振轉換器

可以將上式繪製成電壓增益對頻率的特性曲線圖，如圖 4-72 所示。由圖中可得知具有兩個諧振頻率點分別為

第一諧振頻率：$f_{r1} = \dfrac{1}{2\pi\sqrt{L_r\dfrac{C_r C_p}{C_r + C_p}}}$

第二諧振頻率：$f_{r2} = \dfrac{1}{2\pi\sqrt{L_r C_r}}$

當操作頻率大於第一諧振頻率時，電路之功率開關具有零電壓交換的條件；當操作頻率小於第一諧振頻率時，電路之功率開關具有零電流交換的條件。由於串並聯諧振轉換器之特性曲線斜度會介於串聯諧振電路與並聯諧振電路之間，因此，串並聯諧振轉換器在負載變化時，頻率的變化範圍就不會太大，具有較佳的電壓調節功能。串並聯諧振電路其優缺點列舉如下：

1. 比較前兩種轉換器電路具有較寬廣的輸入電壓範圍。

2. 從輕載至滿載，交換頻率變化範圍小，具有較佳的電壓調節能力。

3. 環路電流值會介於 SRC 與 PRC 之間。

4. 由於二次測輸出電路為電感電容的濾波電路，所以流經濾波電容的漣波電流會變小，如此可達到降低漣波電壓以及電容的等校串聯電阻的功率損失。

5. SPRC 是屬於三階電路在分析上會比較複雜與困難。

6. 在輕載或高輸入電壓時，一次測的環路能量損失會較大，導致效率會較低。

7. 輸入電壓會與環路電流成正比，較不適合應用於高輸入下。

8. 具有三種諧振元件會增加電路之体積與成本。

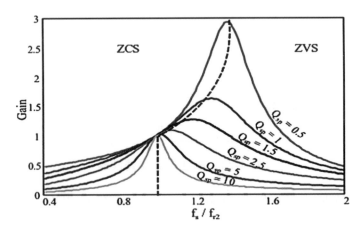

圖 4-72　串並聯諧振轉換器電壓增益對頻率之特性曲線圖

## 4-7.5　LLC 串聯諧振式轉換器

在圖 4-73 所示為一半橋式 LLC 串聯諧振轉換器的電路，諧振槽是由三個諧振元件所組成，分別為諧振電容 $C_r$、諧振電感 $L_r$ 與諧振電感 $L_m$ 串聯而成。而這其中諧振電感 $L_m$ 會並聯在一次側的變壓器，因此 $L_m$ 可以是變壓器的激磁電感或是外加的電感，諧振電感 $L_r$ 可以是變壓器本身的漏感或是外加的電感。在傳統的串聯諧振轉換器(SRC)中，變壓器的激磁電感量很大，並沒有參與諧振，因此 SRC 的諧振槽是由 $L_r$ 與 $C_r$ 串聯組成；在 LLC 串聯諧振轉換器(LLC-SRC)會具有兩個諧振頻率點，而其中 $L_r$ 與 $C_r$ 會決定高諧振頻率 $f_r$；$L_m$、$L_r$ 與 $C_r$ 會決定低諧振頻率 $f_m$ 如下定義所示

第一諧振頻率：$f_r = \dfrac{1}{2\pi\sqrt{L_r C_r}}$

第二諧振頻率：$f_m = \dfrac{1}{2\pi\sqrt{(L_r + L_m)C_r}}$

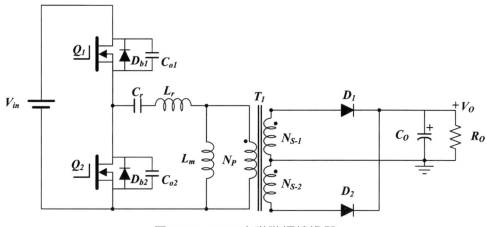

圖 4-73 LLC 串聯諧振轉換器

綜合前面所述的轉換器,我們可以知道 SRC、PRC 與 SPRC 在較爲寬廣的輸入電壓範圍與較高的輸入電壓下,似乎此應用較爲不恰當,因爲環路電流會隨著輸入電壓的增加而上升,而導致會有較大的導通以及交換損失,所以在實際的應用上就會有一定的限制。最近幾年來,LLC-SRC 因架構簡單,效率較高,因此被大量應用在 LCD-TV 以及高效率的 PC 電源上,甚至於伺服器的電源應用。

在 LLC-SRC 的轉換器中,其中第一諧振頻率乃位於較高的頻率,激磁電感的感抗可視爲開路,電路的特性會與 SRC 近似;第二諧振頻率位於相對較低頻的位置,此時激磁電感會參與諧振,因此,當操作頻率大於第二諧振頻率時,電路的功率開關就會具有零電壓交換的條件;而當操作頻率小於第二諧振頻率時,此時轉換器的功率開關就會具有零電流交換的條件。依據圖 4-74 所示的 LLC 串聯諧振轉換器的簡化電路,輸入電壓對輸出電壓之轉移函數可以表是爲

$$H(S) = \frac{V_o}{V_{in}} = \frac{I_{in}Z_o}{I_{in}Z} = \frac{SL_m \ // \ R_{ac}}{\dfrac{1}{SC_r} + SL_r + (SL_m \ // \ R_{ac})}$$

$$= \frac{S^2 L_m C_r R_{ac}}{S^2 L_m L_r C_r + S^2 C_r R_{ac}(L_m + L_r) + SL_m + R_{ac}}$$

令 $S = j\omega$ 代入上式中可得

$$H(j\omega) = \frac{j\omega^2 L_m C_r R_{ac}}{j\omega^3 L_m L_r C_r + j\omega^2 C_r R_{ac}(L_m + L_r) + j\omega L_m + R_{ac}}$$

將上式整理後可得

$$H(j\omega) = \cfrac{1}{\cfrac{L_r}{L_m}\left(\cfrac{\omega_{r1}^2}{\omega_{r2}^2} - \cfrac{\omega_{r1}^2}{\omega^2}\right) + jQ\left(\cfrac{\omega}{\omega_{r1}} - \cfrac{\omega_{r1}}{\omega}\right)}$$

令 $k = \dfrac{L_m}{L_r}$

$$H(j\omega) = \cfrac{1}{\cfrac{1}{k}\left(\cfrac{\omega_{r1}^2}{\omega_{r2}^2} - \cfrac{\omega_{r1}^2}{\omega^2}\right) + jQ\left(\cfrac{\omega}{\omega_{r1}} - \cfrac{\omega_{r1}}{\omega}\right)}$$

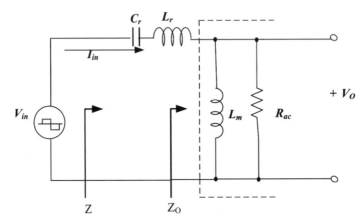

圖 4-74　LLC 串聯諧振轉換器的簡化電路

在上式中定義 $\omega$ 為功率開關的交換角頻率，$\omega_{r1}$ 為 $L_r$ 及 $C_r$ 的交換角頻率，$\omega_{r2}$ 為 $L_r$、$L_m$ 及 $C_r$ 的交換角頻率，品質因數 $Q = \dfrac{\sqrt{\dfrac{L_r}{C_r}}}{R_{ac}}$，等效交流電阻 $R_{ac} = \dfrac{8n^2 R_o}{\pi^2}$，在圖 4-75 所示為電壓增益對頻率的特性曲線圖。LLC 串聯諧振轉換器優缺點列舉如下：

1. 架構簡單，效率高，熱處理問題較少。

2. 由於 LLC-SRC 負載與激磁電感並聯，會經由二次側的全波整流輸出至負載，輸出電流可以視為由一弦波電流源，因此全波整流後只需要一階低通濾波即可，輸出端就不需要串接一個濾波電感，如此就可減少磁性元件的使用，以及功率的損耗。

3. 一次側功率開關 MOSFET 可以工作於 ZVS 狀況，同時在二次側整流二極體可以工作於 ZCS，如此可以減少整流二極體的截止交換損耗。

4. 由於可以在 ZVS 區域下工作，一次側功率開關 MOSFET 導通時的交換損耗、寄生電容的釋能損耗，以及功率開關截止時寄生二極體的反向恢復損耗，都可因零電壓交換而不存在了。

5. 電路從輕載至滿載操作時，頻率變化範圍較小。

6. 可以將諧振電感與激磁電感整合在同一磁性元件內，達到縮小体積目標。

7. 在無載或輕載時，輸出電壓調節能力會變差，且輸出電流是弦波的形式，因此會增加元件電流的額定值。

8. 由特性曲線圖可以得知，當品質因數 $Q$ 越小其操作範圍愈廣且增益越大，若品質因數 $Q$ 越大則剛好相反。因品質因數會與負載有關，所以在不同負載下會造成操作範圍也不相同。當負載電流增加時，會使得交換頻率逐漸降低，品質因數也變大；而當負載電流減少時，將會操作於諧振頻率的右半邊，品質因數也將會變小

9. LLC-SRC 電路設計參數難度較高。

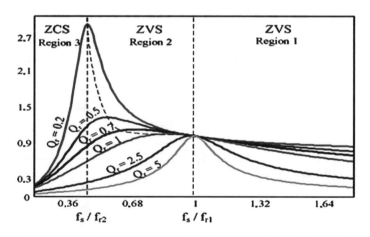

圖 4-75　LLC 串聯諧振轉換器電壓增益對頻率之特性曲線圖

### 4-7.6　LLC 半橋諧振的電路動作分析

　　圖 4-76 為主架構 LLC 半橋諧振電路圖，一次側電路架構是採用半橋式電路，二次側是採用中間抽頭整流方式並搭配濾波電容。而諧振槽元件由 $C_r$、$L_r$ 及 $L_m$ 所組成，且閘極訊號之工作週期各為 50%，並互為對稱，同時在兩個開關的死區時間(Dead Time)內，利用電路之寄生元件與外加諧振元件達到零電壓交換之功能，並經由頻率調變的方式，達到輸出電壓穩定。另外由圖 4-75 所示的直流增益特性曲線圖可以沿著圖上兩個諧振頻率的虛線劃分為三個工作區：

1. 第一工作區(Region-1)切換頻率大於第一諧振頻率之零電壓交換區間，也就是交換頻率為第一諧振頻率 $f_r$ 的右半平面，此操作區間為零電壓交換(ZVS)區。由直流增益特性曲線圖可以看出此工作區近似於半橋串聯諧振式轉換器。如圖 4-77 所示為 LLC 半橋諧振電路操作在 Region-1 之時序圖，在此區間中 $L_m$ 不參與諧振，主要諧振頻率 $f_r$ 取決於諧振電容 $C_r$ 和諧振電感 $L_r$，所以激磁電感 $L_m$ 上的電壓將會被輸出電壓 $V_o$ 經由變壓器反射回變壓器一次側箝制住。由於激磁電感 $L_m$ 的關係，會使得此區間的 LLC 串聯諧振式轉換器在大多數負載情況下，很容易達成進入零電壓交換(ZVS)之狀態。

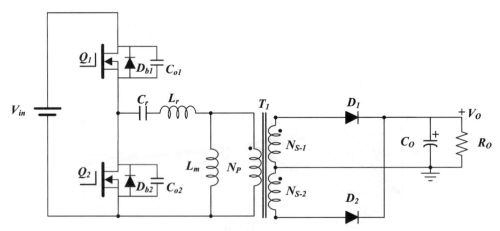

圖 4-76　LLC 半橋串聯諧振轉換器之基本電路架構

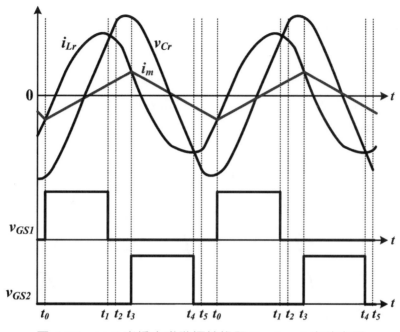

圖 4-77 LLC 半橋串聯諧振轉換器 Region-1 之時序圖

2. 第二工作區(Region-2)其切換頻率介於第一諧振頻率 $f_r$ 與第二諧振頻率 $f_m$ 之間,在此操作區為零電壓交換(ZVS)區間,由於諧振電容 $C_r$ 的容抗會大於諧振電感 $L_r$ 的感抗,所以諧振元件可視為電容性元件,在虛數軸上具有負阻抗特性,會與在虛數軸上具有正阻抗性的激磁電感 $L_m$ 形成串聯的關係,所以利用串聯分壓原理計算時,可得知電壓增益會大於 1。由直流增益特性曲線圖可以得知在此工作區間,當負載操作於重載的時候其特性會近似於串聯諧振式轉換器(SRC),而若操作於輕載的情況時其特性就會近似於並聯諧振式轉換器(PRC)。圖 4-78 所示為 LLC 半橋諧振電路操作在 Region-2 之時序圖,諧振頻率乃由諧振電容 $C_r$ 和諧振電感 $L_r$,以及激磁電感 $L_m$ 所決定,由於激磁電感 $L_m$ 在此區間內會參與諧振,所以在電路的分析設計上難度比第一工作區較為複雜。由時序圖可以得知,當諧振電感的電流 $i_{Lr}$ 下降至與激磁電感的電流 $i_m$ 相同時,此時變壓器會形同於開路狀態,也就是說此時沒有電流流入變壓器一次,會使得一次側與二次側形同斷路。所以在此區間內諧振與二次側無關,此乃第一工作區與第二工作區在操作上最大不同之處。

3. 第三工作區(Region-3)其交換頻率為第二諧振頻率 $f_m$ 的左半平面，在此為零電流(ZCS)操作區，當工作於此區域時，LLC 會呈現電容性，即功率開關上的電流會超前電壓，也就是說此時的直流電壓增益是正斜率。在 ZCS 區域下工作會產生功率開關導通時的交換損耗、寄生電容的釋能損耗，以及功率開關截止時寄生二極體的反向恢復損耗。

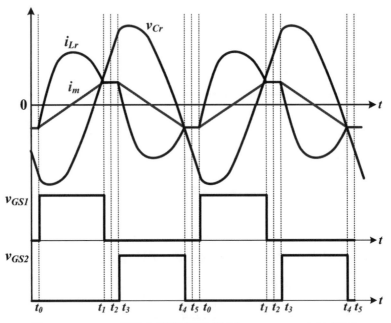

圖 4-78　LLC 半橋串聯諧振轉換器 Region-2 之時序圖

### 4-7.6.1　LLC 半橋諧振式轉換器 Region-1 狀態分析

圖 4-79 所示為第一工作區(Region-1)的各操作區間狀態分析波形圖，下面將針對各區間對應之電路動作原理及數學表示式進行分析與說明，為了簡化分析電路架構，我們假設：

(1) MOSFET 功率開關元件，只考慮本質二極體(Body Diode)及寄生電容。

(2) 輸出電容很大，可視為一個電壓源。

(3) 忽略二次側整流二極體導通時之順向壓降。

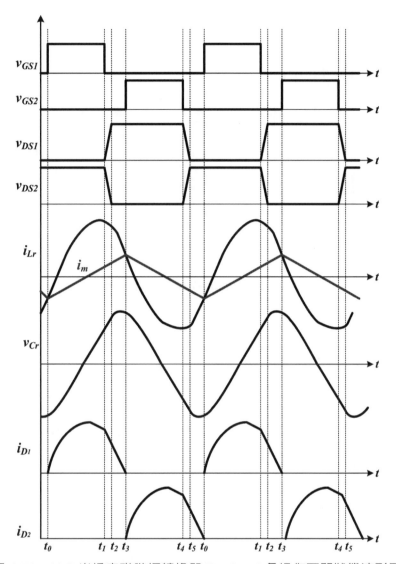

圖 4-79　LLC 半橋串聯諧振轉換器 Region-1 各操作區間狀態波形圖

1. 模式 1：$[t_0 \leq t \leq t_1]$

   如圖 4-81 所示，在此區間內功率晶體 $Q_1$ 導通，而功率晶體 $Q_2$ 截止，二極體 $D_1$ 導通，因此由輸入端傳遞能量至負載端。電流會經由電源端流入諧振電感 $L_r$、諧振電容 $C_r$、變壓器一次側繞組，再經由變壓器的耦合，會使得電流流經二次側的整流二極體 $D_1$，並提供能量至輸出負載 $R_o$。在此區間當 $t = t_0$ 時，開關 $Q_1$ 導通會達成零電壓交換。由於變壓器一、二次側有能量的傳遞，會使得激磁電感 $L_m$ 兩端電壓被輸出電壓箝制在 $nV_o$，因此激磁電感 $L_m$ 不會參與諧振。當 $t = t_1$ 時，開關 $Q_1$ 會進入截止狀態，此區間會結束。

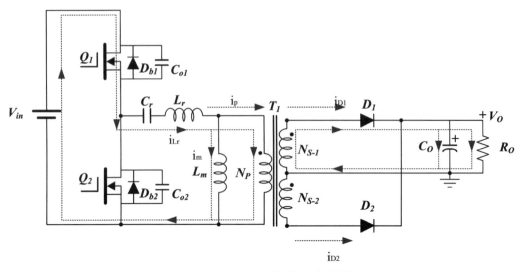

圖 4-80　Region-1 模式 1 之電路圖

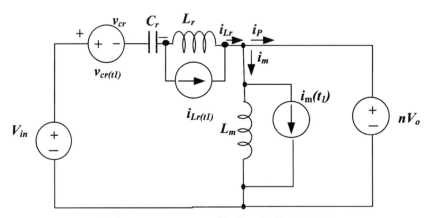

圖 4-81　Region-1 模式 1 等效電路圖

在圖 4-82 所示為 Region-1 模式 1 的等效電路圖，在此假設初值條件 $v_{Cr}(t_0) = V_{Crt0}$，$i_{Lr}(t_0) = I_{Lrt0}$，$i_m(t_0) = I_{mt0}$，依此等效電路及 KVL 定理，可得

$$L_r \frac{di_{Lr}}{dt} = V_{in} - nV_o - v_{Cr} \tag{4-152}$$

$$i_{Lr} = C_r \frac{dv_{Cr}}{dt} \tag{4-153}$$

將(4-153)式代入(4-152)式可得

$$L_r C_r \frac{d^2 v_{Cr}}{dt^2} + v_{Cr} = V_{in} - nV_o \tag{4-154}$$

求解上式可得

$$v_{Cr}(t) = A_1\cos\omega_{r1}(t - t_0) + B_1\sin\omega_{r1}(t - t_0) + (V_{\text{in}} - nV_O) \tag{4-155}$$

將(4-155)式代入(4-153)式可得

$$i_{Lr}(t) = \omega_{r1}C_rB_1\cos\omega_{r1}(t - t_0) - \omega_{r1}C_rA_1\sin\omega_{r1}(t - t_0) \tag{4-156}$$

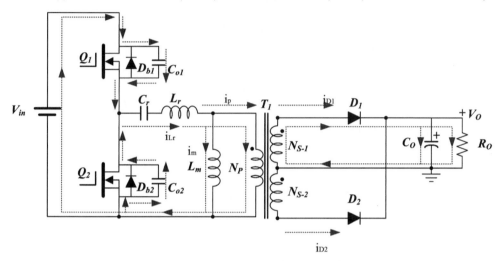

圖 4-82　Region-1 模式 2 之電路圖

將初值條件代入(4-155)與(4-156)式，可求得 $A_1$ 與 $B_1$ 之解為

$$v_{Cr}(t_0) = A_1 + (V_{\text{in}} - nV_O) = V_{Crt0}$$

$$A_1 = nV_O - V_{\text{in}} + V_{Crt0}$$

$$i_{Lr}(t_0) = B_1C_r\omega_{r1} = I_{Lrt0}$$

$$B_1 = \frac{I_{Lrt0}}{C_r\omega_{r1}}$$

將 $A_1$ 與 $B_1$ 之解代入(4-155)與(4-156)式可得

$$v_{Cr}(t) = (nV_O - V_{\text{in}} + V_{Crt0})\cos\omega_{r1}(t - t_0)$$
$$+ \frac{I_{Lrt0}}{C_r\omega_{r1}}\sin\omega_{r1}(t - t_0) + (V_{\text{in}} - nV_o) \tag{4-157}$$

$$i_{Lr}(t) = I_{Lrt0}\cos\omega_{r1}(t - t_0) - \omega_{r1}C_r(nV_O - V_{\text{in}} + V_{Crto})\sin\omega_{r1}(t - t_0) \tag{4-158}$$

$$i_m(t) = \frac{nV_O}{L_m}(t - t_0) + I_{mt0} \tag{4-159}$$

$$I_p(t) = i_{Lr}(t) - i_m(t) \tag{4-160}$$

2. 模式 2：$[t_1 \le t \le t_2]$

如圖 4-82 所示，當 $t = t_1$ 時，功率開關 $Q_1$ 截止，功率開關 $Q_2$ 亦在截止狀態；在此區間諧振電感電流 $i_{Lr}$ 仍然會保持連續流通，這股電流會對 $C_{01}$ 充電，對 $C_{02}$ 放電；由於變壓器一、二次側仍有能量傳遞，會使得在二次側的二極體 $D_1$ 持續導通，所以激磁電感 $L_m$ 兩端的電壓會被輸出電壓箝制在 $nV_O$，故激磁電感 $L_m$ 不會參與諧振。而當 $t = t_2$ 時，$C_{01}$ 已充電至 $V_{in}$，$C_{02}$ 則放電至零，$Q_2$ 的本質二極體 $D_{b2}$ 會導通，結束此區間。

在圖 4-83 所示為 Region-1 模式 2 的等效電路圖，假設初值條件為

$$
\begin{aligned}
v_{Cr}(t_1) = V_{Crt_1} &= (nV_O - V_{in} + V_{Crt0})\cos\omega_{r1}(t_1 - t_0) \\
&+ \frac{I_{Lrt0}}{C_r\omega_{r1}}\sin\omega_{r1}(t_1 - t_0) + (V_{in} - nV_o)
\end{aligned}
\tag{4-161}
$$

$$i_{Lr}(t_1) = I_{Lrt1} = I_{Lrt0}\cos\omega_{r1}(t_1 - t_0) - \omega_{r1}C_r(nV_O - V_{in} + V_{Crt0})\sin\omega_{r1}(t_1 - t_0) \tag{4-162}$$

$$i_m(t_1) = I_{mt1} = \frac{nV_O}{L_m}(t_1 - t_0) + I_{mt0} \tag{4-163}$$

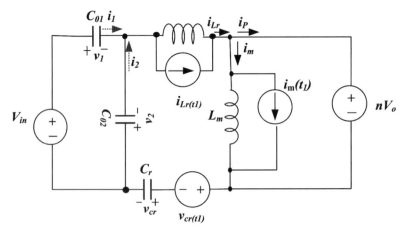

圖 4-83　Region-1 模式 2 等效電路

由圖 4-83 的等效電路其中可得

$$i_{Lr} = i_1 + i_2$$

由於使用相同的 MOSFET 功率開關，故假設 $C_{01} = C_{02}$，在此定義 $C = C_{01} + C_{02}$，因 $V_{in} = V_1 - V_2$ 將此式予以微分可得

$$0 = \frac{dv_1}{dt} - \frac{dv_2}{dt}$$

$$\frac{dv_1}{dt} = \frac{dv_2}{dt}$$

$$C_{01} \frac{dv_1}{dt} = C_{02} \frac{dv_2}{dt} = \frac{1}{2} i_{Lr} \qquad (4\text{-}164)$$

令 $v_c = -v_2$

$$C \frac{dv_c}{dt} = -i_{Lr} \qquad (4\text{-}165)$$

依上式可得如下所示之等效電路，如圖 4-84 所示。

使用 KVL，可得

$$v_c = L_r \frac{di_L}{dt} + nV_O + v_{Cr} \qquad (4\text{-}166)$$

將以上式子予以微分，再乘以 $C$，可得

$$C = \frac{dv_c}{dt} = L_r C \frac{d^2 i_{Lr}}{dt^2} + C \frac{dv_{Cr}}{dt}$$

$$v_{Cr} = \frac{1}{C_r} \int i_{Lr}(t) dt \qquad (4\text{-}167)$$

$$i_{Lr} = L_r C \frac{d^2 i_{Lr}}{dt^2} + \frac{C}{C_r} i_{Lr} \qquad (4\text{-}168)$$

將上式整理後可得

$$\frac{d^2 i_{Lr}}{dt^2} + \frac{1}{L_r} \left( \frac{1}{C} + \frac{1}{C_r} \right) i_{Lr} = 0 \qquad (4\text{-}169)$$

求解上式可以得出

$$i_{Lr}(t) = A_2\cos\omega_{r2}(t - t_1) + B_2\sin\omega_{r2}(t - t_1) \tag{4-170}$$

將(4-170)式代入(4-167)可得

$$V_{Cr}(t) = \frac{A_2}{\omega_{r2}C_r}\sin\omega_{r2}(t - t_1) - \frac{B_2}{\omega_{r2}C_r}\cos\omega_{r2}(t - t_1) \tag{4-171}$$

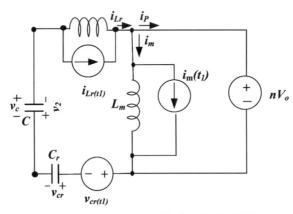

圖 4-84　Region-1 模式 2 等效電路

在此 $\omega_{r2} = \sqrt{\dfrac{1}{L_r}\left(\dfrac{1}{C} + \dfrac{1}{C_r}\right)}$，在(4-170)與(4-171)式中，代入初值條件可以求解出 $A_2$、

$B_2$ 之值

$$V_{Cr}(t_1) = V_{Crt1}$$

$$V_{Crt1} = -\frac{B_2}{\omega_{r2}C_r}$$

$$\therefore B_2 = -\omega_{r2}C_r V_{Crt1}$$

$$i_{Lr}(t_1) = I_{Lrt1}$$

$$i_{Lr}(t_1) = A_2$$

$$\therefore A_2 = I_{Lrt1}$$

將 $A_2$、$B_2$ 之值代入即可得到

$$i_{Lr}(t) = I_{Lrt1}\cos\omega_{r2}(t - t_1) - \omega_{r2}C_r V_{Crt1}\sin\omega_{r2}(t - t_1) \tag{4-172}$$

$$V_{Cr}(t) = \frac{I_{Lrt1}}{\omega_{r2}C_r}\sin\omega_{r2}(t - t_1) + V_{Crt1}\cos\omega_{r2}(t - t_1) \tag{4-173}$$

$$i_m(t) = \frac{nV_O}{L_m}(t_2 - t_1) + I_{mt1} \tag{4-174}$$

$$I_p(t) = i_{Lr}(t) - i_m(t) \tag{4-175}$$

3. 模式 3：$[t_2 \le t \le t_3]$

如圖 4-85 所示，在此區間內諧振電感電流 $i_{Lr}$ 會持續流通，功率開關 $Q_1$ 在截止狀態，功率開關 $Q_2$ 亦在截止狀態；$C_{01}$ 會充電至 $V_{in}$，$C_{02}$ 則放電至零，$Q_2$ 的本質二極體 $D_{b2}$ 會導通，由於變壓器一、二次側仍有能量傳遞，會使得二次側整流二極體 $D_1$ 仍然導通，此時會使激磁電感 $L_m$ 兩端電壓被輸出電壓箝制在 $nV_O$，所以激磁電感 $L_m$ 不參與諧振。當 $t = t_3$ 時，功率開關 $Q_2$ 導通，零電壓交換達成，結束此區間。

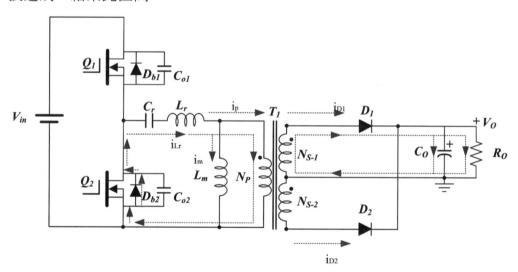

圖 4-85　Region-1 模式 3 之電路圖

如圖 4-86 所示為 Region-1 模式 3 之等效電路圖，並假設初值條件為

$$i_{Lr}(t_2) = I_{Lrt1}\cos\omega_{r2}(t_2 - t_1) - \omega_{r2}C_r V_{Crt1}\sin\omega_{r2}(t_2 - t_1) = I_{Lrt2} \tag{4-176}$$

$$V_{Cr}(t_2) = \frac{I_{Lrt1}}{\omega_{r2}C_r}\sin\omega_{r2}(t_2 - t_1) + V_{Crt1}\cos\omega_{r2}(t_2 - t_1) = V_{Crt2} \tag{4-177}$$

使用 KVL 可得

$$L_r\frac{di_{Lr}}{dt} = nV_O + v_{Cr} \tag{4-178}$$

且

$$i_{Lr} = C_r \frac{dv_{Cr}}{dt} \tag{4-179}$$

將上式代入(4-178)可得

$$L_r C_r \frac{d^2 v_{Cr}}{dt^2} - v_{Cr} = nV_O \tag{4-180}$$

解(4-180)方程式可以得到

$$V_{Cr}(t) = A_3 \cos\omega_{r1}(t - t_2) + B_3 \sin\omega_{r1}(t - t_2) - nV_O \tag{4-181}$$

再將(4-181)式代入(4-179)式可以得到

$$i_{Lr}(t) = C_r\omega_{r1}B_3\cos\omega_{r1}(t - t_2) - C_r\omega_{r1}A_3\sin\omega_{r1}(t - t_2) \tag{4-182}$$

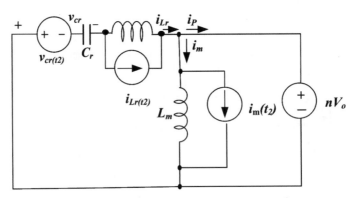

圖 4-86　Region-1 模式 3 之等效電路

在此式中 $\omega_{r1} = \dfrac{1}{\sqrt{L_r C_r}}$，在(4-181)與(4-182)式中代入初值條件，可以求得 $A_3$、$B_3$

$$V_{Cr}(t_2) = A_3 - nV_O = V_{Crt2}$$

$$A_3 = V_{Crt2} + nV_O$$

$$i_{Lr}(t_2) = C_r\omega_{r1}B_3 = I_{Lrt2}$$

$$B_3 = \frac{I_{Lrt2}}{C_r\omega_{r1}}$$

將 $A_3$、$B_3$ 代回(4-181)與(4-182)可得

$$V_{Cr}(t) = (V_{Crt2} + nV_O)\cos\omega_{r1}(t-t_2) + \left(\frac{I_{Lrt2}}{C_r\omega_{r1}}\right)\sin\omega_{r1}(t-t_2) - nV_O \qquad (4\text{-}183)$$

$$i_{Lr}(t) = I_{Lrt2}\cos\omega_{r1}(t-t_2) - C_r\omega_{r1}(V_{t2} + nV_O)\sin\omega_{r1}(t-t_2) \qquad (4\text{-}184)$$

$$i_M(t) = \frac{nV_O}{L_m}(t-t_2) + I_{mt2} \qquad (4\text{-}185)$$

$$i_p(t) = i_{Lr}(t) - i_M(t) \qquad (4\text{-}186)$$

4. 模式 4：$[t_3 \le t \le t_4]$

　　如圖 4-87 所示，當 $t = t_3$ 時，功率開關 $Q_2$ 導通，達成零電壓交換。在此區間由諧振電容 $C_r$ 提供能量，並經由變壓器的耦合會使得二次側的整流二極體 $D_2$ 導通，提供能量至輸出負載 $R_O$。由於變壓器一、二次側有能量傳遞，使得激磁電感 $L_m$ 兩端電壓被輸出電壓箝制在 $-nV_O$，所以激磁電感 $L_m$ 不參與諧振。當 $t = t_4$ 時，功率開關 $Q_2$ 會截止，結束此區間。

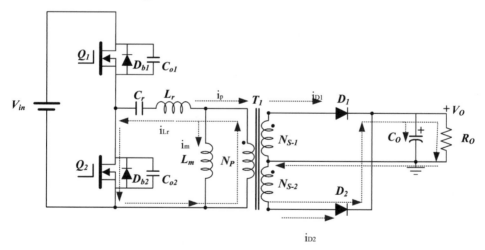

圖 4-87　Region-1 模式 4 之電路圖

　　如圖 4-88 所示爲 Region-1 模式 4 之等效電路圖，並假設初值條件

$$V_{Cr}(t_3) = \frac{I_{Lrt2}}{\omega_{r1}C_r}\sin\omega_{r1}(t_3-t_2) + (V_{Crt2}+nV_O)\cos\omega_{r1}(t_3-t_2) - nV_O = V_{Crt3}$$

$$i_{Lr}(t_3) = I_{Lrt2}\cos\omega_{r1}(t-t_2) - C_r\omega_{r1}(V_{Crt2}+nV_O)\sin\omega_{r1}(t-t_2) = I_{Lrt3}$$

$$i_m(t_3) = \frac{nV_O}{L_m}(t_3 - t_2) + I_{mt2} = I_{mt3}$$

經由 KVL 可得

$$V_{Cr} + L_r \frac{di_{Lr}}{dt} = nV_O \tag{4-187}$$

$$i_{Lr} = C_r \frac{dv_{Cr}}{dt} \tag{4-188}$$

將(4-188)式代入(4-187)式可得

$$L_r C_r \frac{d^2 V_{Cr}}{dt^2} + V_{Cr} = nV_O \tag{4-189}$$

解(4-189)式，並令 $\omega_{r1} = \dfrac{1}{\sqrt{L_r C_r}}$ ，可得

$$V_{Cr}(t) = A_4 \cos\omega_{r1}(t - t_3) + B_4 \sin\omega_{r1}(t - t_3) + nV_O \tag{4-190}$$

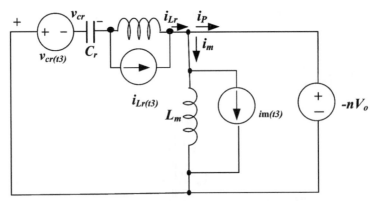

圖 4-88　Region-1 模式 4 之等效電路

將(4-190)式代入(4-188)式可得

$$i_{Lr}(t) = B_4 \omega_{r1} C_r \cos\omega_{r1}(t - t_3) - A_4 \omega_{r1} C_r \sin\omega_{r1}(t - t_3) \tag{4-191}$$

再將(4-190)與(4-191)式代入初值條件，即可求得 $A_4$、$B_4$

$$V_{Cr}(t_3) = A_4 + nV_O = V_{Crt3}$$

$$A_4 = V_{Crt3} - nV_O$$

$$i_{Lr}(t_3) = B_4\omega_{r1}C_r = I_{Lrt3}$$

$$B_4 = \frac{I_{Lrt3}}{\omega_{r1}C_r}$$

將求解得出 $A_4$、$B_4$ 之值再代入(4-190)與(4-191)式可得

$$V_{Cr}(t) = (V_{Crt3} - nV_O)\cos\omega_{r1}(t - t_3) + \frac{I_{Lrt3}}{\omega_{r1}C_r}\sin\omega_{r1}(t - t_3) + nV_O \qquad (4\text{-}192)$$

$$i_{Lr}(t) = I_{Lrt3}\cos\omega_{r1}(t - t_3) - \omega_{r1}C_r(V_{Crt3} - nV_O)\sin\omega_{r1}(t - t_3) \qquad (4\text{-}193)$$

$$i_m(t) = -\frac{nV_O}{L_m}(t - t_3) + I_{mt3} \qquad (4\text{-}194)$$

$$i_p(t) = i_{Lr}(t) - i_M(t) \qquad (4\text{-}195)$$

5. 模式 5：$[t_4 \le t \le t_5]$

如圖 4-89 所示，當 $t = t_4$ 時，功率開關 $Q_2$ 會截止。所以在此區間諧振電感電流 $i_{Lr}$ 仍然會持續流通，因此 $C_{01}$ 會放電，而 $C_{02}$ 會充電，諧振電容 $C_r$ 仍然會提供能量，並使得二次側的整流二極體 $D_2$ 導通。由於變壓器一、二次側有能量傳遞，使得激磁電感 $L_m$ 兩端電壓被輸出電壓箝制在 $-nV_O$，所以激磁電感 $L_m$ 不參與諧振。當 $t = t_5$ 時，$C_{01}$ 會放電至零，而 $C_{02}$ 會充電至 $V_{in}$，會使得功率開關 $Q_1$ 的本質二極體會 $D_{b1}$ 導通，結束此區間。

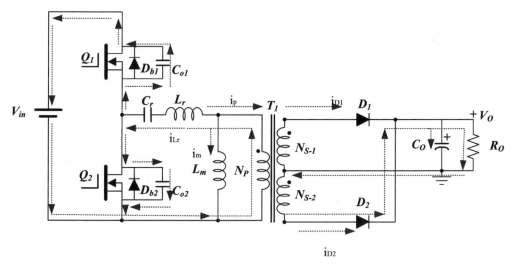

圖 4-89　Region-1 模式 5 之電路圖

如圖 4-90 所示為 Region-1 模式 5 之等效電路圖，並假設初值條件為

$$V_{Cr}(t_4) = (V_{Crt3} - nV_O)\cos\omega_{r1}(t_4 - t_3) + \frac{I_{Lrt3}}{\omega_{r1}C_r}\sin\omega_{r1}(t_4 - t_3) + nV_O = V_{Crt4}$$

$$i_{Lr}(t_4) = I_{Lrt3}\cos\omega_{r1}(t_4 - t_3) - \omega_{r1}C_r(V_{Crt3} - nV_O)\sin\omega_{r1}(t_4 - t_3) = I_{Lrt4}$$

$$i_m(t_4) = -\frac{nV_O}{L_m}(t_4 - t_3) + I_{mr3} = I_{mt4}$$

在此令 $V_{DS3} = - V_{DS1} = V_{DS2}$，可將圖 4-90 化簡為圖 4-91。

由於使用相同的功率開關 MOSFET 元件，在此假設 $C_{01} = C_{02}$，所以定義

$$C = C_{01} + C_{02} \tag{4-196}$$

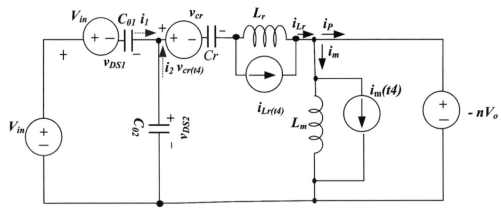

圖 4-90　Region-1 模式 5 之等效電路

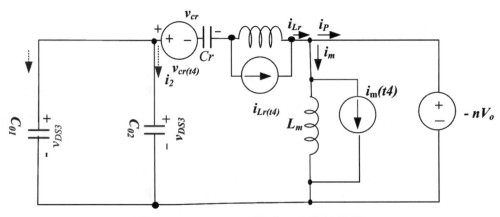

圖 4-91　Region-1 模式 5 之等效電路

由(9-45)式可以將圖 4-91 化簡爲圖 4-92。

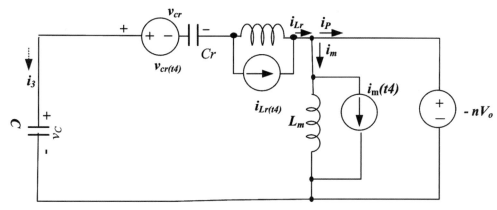

圖 4-92　Region-1 模式 5 之等效電路

由圖中可得知

$$i_3 = i_1 + i_2$$

$$- i_3 = i_{Lr}$$

經由 KVL 可得到下列電路方程式

$$-\frac{1}{C}\int_{t4}^{t} i_{Lr}d\tau - L_r\frac{di_{Lr}}{dt} + nV_O = v_{Cr} \tag{4-197}$$

其中

$$i_{Lr} = C_r\frac{dv_{Cr}}{dt} \tag{4-198}$$

將上式代入(4-197)式可得

$$-\frac{C_r}{C}v_{Cr} - C_rL_r\frac{d^2V_{Cr}}{dt^2} + nV_O = v_{Cr} \tag{4-199}$$

$$\frac{d^2v_{Cr}}{dt^2} + \frac{1}{L_r}\left(\frac{1}{C_r} + \frac{1}{C}\right)v_{Cr} = \frac{nV_O}{L_rC_r} \tag{4-200}$$

解(4-200)式微分方程，並令 $\omega_{r2} = \sqrt{\dfrac{1}{L_r}\left(\dfrac{1}{C_r} + \dfrac{1}{C}\right)}$ ，可得

$$v_{Cr}(t) = A_5 \sin\omega_{r2}(t-t_4) + B_5 \cos\omega_{r2}(t-t_4) + \frac{nCV_O}{C_r + C} \tag{4-201}$$

$$i_{Lr}(t) = C_r \frac{dv_{Cr}(t)}{dt}$$
$$= A_5\omega_{r2}C_r \cos\omega_{r2}(t-t_4) - B_5\omega_{r2}\sin\omega_{r2}C_r \sin\omega_{r2}(t-t_4) \tag{4-202}$$

將(4-201)式與(4-202)式代入初值條件，可以求解得 $A_5$、$B_5$

$$v_{Cr}(t_4) = B_5 + \frac{nCV_O}{C_r + C} = V_{Crt4}$$

$$B_5 = V_{Crt4} - \frac{nCV_O}{C_r + C}$$

$$i_{Lr}(t_4) = A_5\omega_{r2}C_r = I_{Lrt4}$$

$$A_5 = \frac{I_{Lrt4}}{\omega_{r2}C_r}$$

將求解出來之值再代入(4-201)式與(4-202)式，可以得到

$$v_{Cr}(t) = \frac{I_{Lrt4}}{\omega_{r2}C_r}\sin\omega_{r2}(t-t_4) + V_{Crt4}\cos\omega_{r2}(t-t_4)$$
$$- \frac{nCV_O}{C_r + C}\cos\omega_{r2}(t-t_4) + \frac{nCV_O}{C_r + C} \tag{4-203}$$

$$i_{Lr}(t) = I_{Lrt4}\cos\omega_{r2}(t-t_4) + V_{Crt4}\omega_{r2}C_r\sin\omega_{r2}(t-t_4)$$
$$+ \frac{nCV_O}{C_r + C}\omega_{r2}C_r\sin\omega_{r2}(t-t_4) \tag{4-204}$$

$$i_m(t) = \frac{nV_O}{L_m}(t-t_4) + I_{mt4} \tag{4-205}$$

$$i_P(t) = i_{Lr}(t) - i_M(t) \tag{4-206}$$

6. 模式 6：$[t_5 \le t \le t_0]$

　　如圖 4-93 所示，當 $t = t_5$ 時，$C_{01}$ 已放電至零，而 $C_{02}$ 已充電至 $V_{in}$，會使得功率開關 $Q_1$ 的本質二極體 $D_{b1}$ 會導通，諧振電容 $C_r$ 仍會提供能量，而使得二次側整流二極體 $D_2$ 仍然導通。由於變壓器一、二次側仍有能量傳遞，會使得激磁電感 $L_m$ 兩端電壓被輸出電壓箝制在 $-nV_O$，所以激磁電感 $L_m$ 不會參與諧振，當 $t = t_0$ 時，功率開關 $Q_1$ 導通，零電壓切換即可達成，結束此區間。

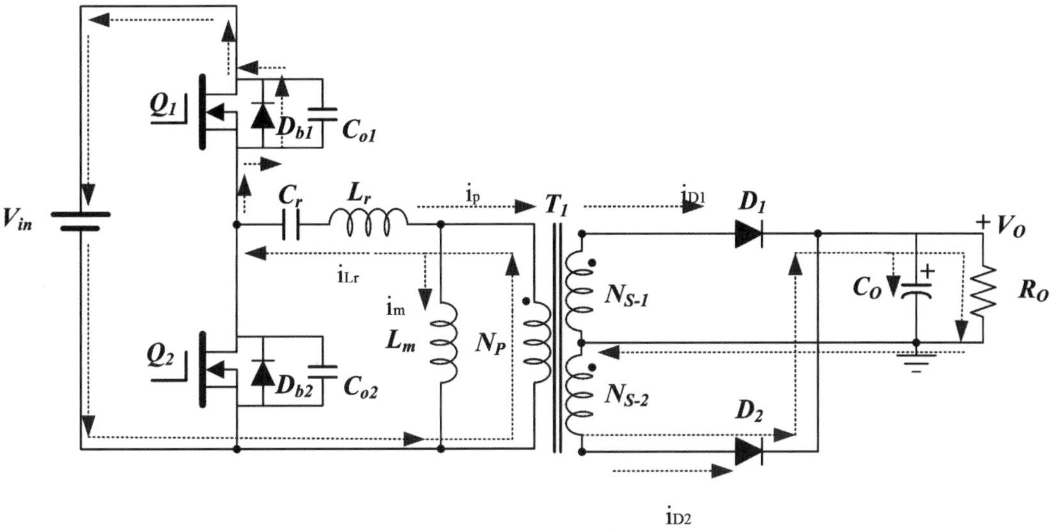

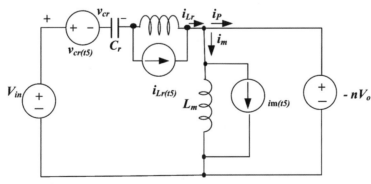

圖 4-93　Region-1 模式 6 之電路圖

如圖 4-94 所示為 Region-1 模式 6 之等效電路圖，並假設初值條件

$$v_{Cr}(t_5) = V_{Crt5} = \frac{I_{Lrt4}}{\omega_{r2}C_r}\sin\omega_{r2}(t_5 - t_4) + V_{Crt4}\cos\omega_{r2}(t_5 - t_4)$$
$$- \frac{nCV_O}{C_r + C}\cos\omega_{r2}(t_5 - t_4) + \frac{nCV_O}{C_r + C}$$

$$i_{Lr}(t_5) = I_{Lrt5} = I_{Lrt4}\cos\omega_{r2}(t_5 - t_4) - V_{Crt4}\omega_{r1}C_r\sin\omega_{r2}(t_5 - t_4)$$
$$+ \frac{nCV_O}{C_r + C}\omega_{r2}C_r\sin(t_5 - t_4)$$

$$i_m(t_5) = I_{mt5} = -\frac{nV_O}{L_m}(t_5 - t_4) + I_{mt4}$$

圖 4-94　Region-1 模式 6 之等效電路

利用 KVL，可得

$$V_{in} = V_{Cr} + L_r \frac{di_{Lr}}{dt} - nV_O \tag{4-207}$$

$$i_{Lr} = C_r \frac{dv_{Cr}}{dt} \tag{4-208}$$

將(4-208)式代入(4-207)式，可得

$$L_r C_r \frac{d^2 v_{Cr}}{dt^2} + V_{Cr} = V_{in} + nV_O \tag{4-209}$$

解(4-209)式微分方程，並令 $\omega_{r1} = \dfrac{1}{\sqrt{L_r C_r}}$ ，可得

$$V_{Cr}(t) = A_6 \cos\omega_{r1}(t - t_0) + B_6 \sin\omega_{r1}(t - t_0) + (V_{in} + nV_O) \tag{4-210}$$

將上式代入(4-208)式，可得

$$i_{Lr}(t) = B_6 \omega_{r1} \cos\omega_{r1}(t - t_0) - A_6 \omega_{r1}(t - t_0) \tag{4-211}$$

再將(4-210)式與(4-211)是代入初值條件，可以求得 $A_6$、$B_6$ 之解

$$V_{Cr}(t_5) = A_6 + (V_{in} + nV_O) = V_{Crt5}$$

$$A_6 = V_{Crt5} - (V_{in} + nV_O)$$

$$i_{Lr}(t_5) = B_6 C_r \omega_{r1} = I_{Lrt5}$$

$$B_6 = \frac{I_{Lrt5}}{C_r \omega_{r1}}$$

將 $A_6$、$B_6$ 之解代入(4-210)式與(4-211)，可得

$$\begin{aligned} V_{Cr}(t) &= [V_{Crt5} - (V_{in} + nV_O)]\cos\omega_{r1}(t - t_5) \\ &\quad + \frac{I_{Lrt5}}{C_r \omega_{r1}}\sin\omega_{r1}(t - t_5) + (V_{in} + nV_O) \end{aligned} \tag{4-212}$$

$$i_{Lr}(t) = \frac{I_{Lrt5}}{C_r}\cos\omega_{r1}(t - t_5) - [V_{Crt5} - (V_{in} + nV_O)]\omega_{r1}\sin\omega_{r1}(t - t_5) \tag{4-213}$$

$$i_m(t) = \frac{nV_O}{L_m}(t - t_5) + I_{mt5} \tag{4-214}$$

$$i_P(t) = i_{Lr}(t) - i_M(t) \tag{4-215}$$

### 4-7.6.2　LLC 半橋諧振式轉換器 Region-2 狀態分析

圖 4-95 所示爲第二工作區(Region-2)的各操作區間狀態分析波形圖，下面將針對各區間對應之電路動作原理進行分析與說明：

1. 模式 1：$[t_0 \leq t \leq t_1]$

　　如圖 4-96 所示，當 $t = t_0$ 在此區間內功率晶體 $Q_1$ 導通，達成零電壓切換，而功率晶體 $Q_2$ 截止，二極體 $D_1$ 導通，因此由輸入端傳遞能量至負載端。在此區間，由於變壓器一、二次側有能量傳遞，會使得激磁電感 $L_m$ 兩端電壓被輸出電壓箝制在 $nV_O$，所以激磁電感 $L_m$ 不參與諧振。當 $t = t_1$ 時，功率晶體 $Q_1$ 截止，此區間結束。

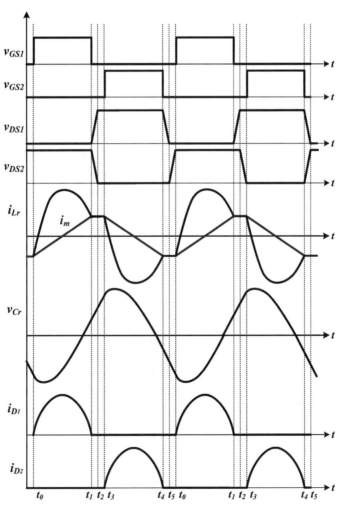

圖 4-95　LLC 半橋串聯諧振轉換器 Region-2 各操作區間狀態波形圖

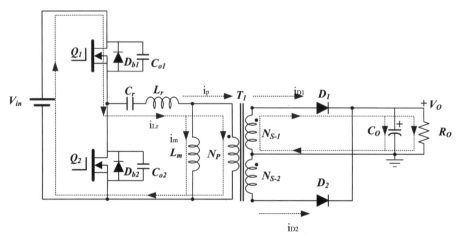

圖 4-96　Region-2 模式 1 之電路圖

2.　模式 2：$[t_1 \leq t \leq t_2]$

如圖 4-97 所示，當 $t = t_1$ 時，功率開關 $Q_1$ 截止，功率開關 $Q_2$ 亦在截止狀態；在此區間諧振電感電流 $i_{Lr}$ 仍然會保持連續流通，這股電流會對 $C_{01}$ 充電，對 $C_{02}$ 放電。當諧振電感電流 $i_{Lr}$ 諧振至與激磁電感電流 $i_m$ 相同時，不會再有電流流入變壓器的一次側，此時變壓器就如同在開路狀態，如此會使得二次側整流二極體 $D_1$ 的電流諧振至零截止。而當 $t = t_2$ 時，$C_{01}$ 已充電至 $V_{in}$，$C_{02}$ 則放電至零，$Q_2$ 的本質二極體 $D_{b2}$ 會導通，結束此區間。

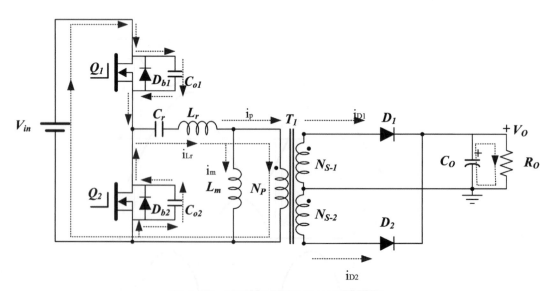

圖 4-97　Region-2 模式 2 之電路圖

3. 模式 3：$[t_2 \leq t \leq t_3]$

如圖 4-98 所示，當 $t = t_2$ 時，在此區間內諧振電感電流 $i_{Lr}$ 會持續流通，功率開關 $Q_1$ 在截止狀態，功率開關 $Q_2$ 亦在截止狀態；$C_{01}$ 會充電至 $V_{in}$，$C_{02}$ 則放電至零，$Q_2$ 的本質二極體 $D_{b2}$ 會導通，由於此時諧振電感電流 $i_{Lr}$ 仍然會等於激磁電感電流 $i_m$，所以依然沒有電流流入變壓器一次側，變壓器視為開路狀態。此時由輸出電容 $C_O$ 提供能量給負載，而當 $t = t_3$ 時，功率開關 $Q_2$ 導通，零電壓切換達成，此區間結束。

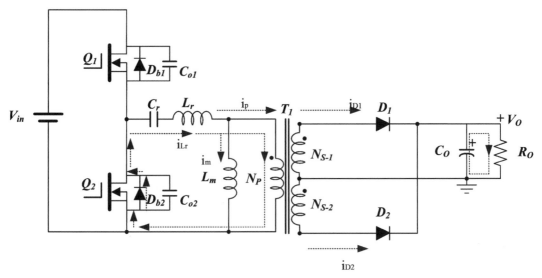

圖 4-98　Region-2 模式 3 之電路圖

4. 模式 4：$[t_3 \leq t \leq t_4]$

如圖 4-99 所示，當 $t = t_3$ 時，功率開關 $Q_2$ 導通，達成零電壓切換。在此區間由諧振電容 $C_r$ 提供能量，並經由變壓器的耦合會使得二次側的整流二極體 $D_2$ 導通，提供能量至輸出負載 $R_O$。由於變壓器一、二次側有能量傳遞，使得激磁電感 $L_m$ 兩端電壓被輸出電壓箝制在 $-nV_O$，所以激磁電感 $L_m$ 不參與諧振。當 $t = t_4$ 時，功率開關 $Q_2$ 會截止，結束此區間。

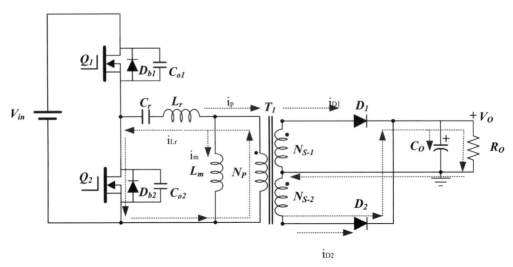

圖 4-99　Region-2 模式 4 之電路圖

5.　模式 5：$[t_4 \leq t \leq t_5]$

如圖 4-100 所示，當 $t = t_4$ 時，功率開關 $Q_2$ 會截止。所以在此區間諧振電感電流 $i_{Lr}$ 仍然會持續流通，因此 $C_{01}$ 會放電，而 $C_{02}$ 會充電，由於此時諧振電感電流 $i_{Lr}$ 會等於激磁電感電流 $i_m$，所以沒有電流流入變壓器一次側，變壓器視為開路狀態。使得二次側整流二極體 $D_2$ 的電流諧振至零截止，此時由輸出電容 $C_O$ 提供能量給負載，而當 $t = t_5$ 時，$C_{01}$ 會放電至零，而 $C_{02}$ 會充電至 $V_{in}$，會使得功率開關 $Q_1$ 的本質二極體 $D_{b1}$ 會導通，結束此區間。

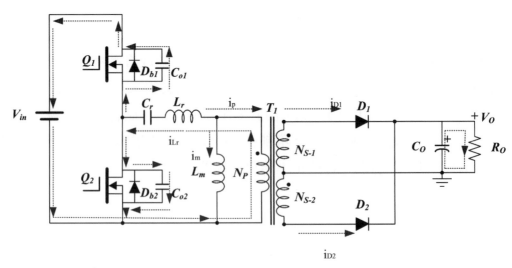

圖 4-100　Region-2 模式 5 之電路圖

6. 模式 6：$[t_5 \leq t \leq t_0]$

如圖 4-101 所示，當 $t = t_5$ 時，諧振電感電流 $i_{Lr}$ 仍然會持續流通，$C_{01}$ 已放電至零，而 $C_{02}$ 已充電至 $V_{in}$，會使得功率開關 $Q_1$ 的本質二極體 $D_{b1}$ 會導通，由於此時諧振電感電流 $i_{Lr}$ 會等於激磁電感電流 $i_m$，所以依然沒有電流流入變壓器一次側，變壓器視為開路狀態。此時由輸出電容 $C_O$ 提供能量給負載，當 $t = t_0$ 時，功率開關 $Q_1$ 導通，零電壓切換即可達成，結束此區間，並週而復始。

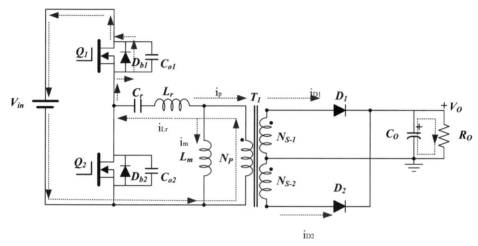

圖 4-101　Region-2 模式 6 之電路圖

## 4-7.7　電路設計零件選用

在前面章節中，我們分析了 LLC 半橋串聯諧振轉換器的兩個操作狀態。在 Region-1 與 Region-2 操作下最大的不同，就是在於它們兩個在零電壓交換區間的時候，Region-1 由於達成零電壓的條件仍然與負載有關，而 Region-2 達成零電壓的條件僅與一次側有關。在 Region-1 的時候，由於零電壓交換時一、二次側相連，可推得達成零電壓的條件與負載有關，也就是說在負載尚未達到條件時，在一次側半橋兩個功率開關無法達成零電壓，會有較大的交換損失。在 Region-2 時達成零電壓的條件僅在一次側發生作用，故與負載無關，不管是在輕載或是重載的情況下都可達成零電壓交換。所以，一般而言 LLC 半橋串聯諧振轉換器操作在 Region-2 是個比較好的選擇。

在 LLC 半橋串聯諧振轉換器中，會針對諧振控制器、諧振主變壓器、諧振槽參數、半橋功率開關以及輸出整流濾波電路做詳細介紹與設計應用。

### 4-7.7.1　LLC 諧振控制器

　　意法半導體公司(ST)所生產的高壓諧振控制器 L6598 於 2000 年正式推出，它是將諧振變換和 600V 的高壓半橋驅動器集成到同一晶片上的控制 IC。其內部方塊圖如圖 4-102 所示。此控制器內部本身含有 high side driver，所以不必另外外接驅動電路，即可直接驅動半橋轉換器中的上臂開關。

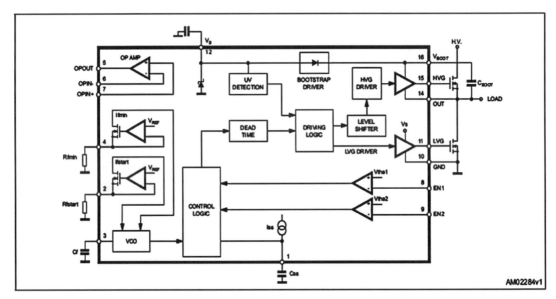

圖 4-102　L 6598 內部方塊圖

　　在圖 4-103 為 16 Pin 之控制器 IC 的腳位配置圖，在表 4-4 為 L6598 接腳名稱與功能說明。

　　意法半導體公司(ST)新的一代諧振控制器稱之為 L6599A，如圖 4-104 所示，為其內部方塊圖。新的控制器新增的功能包括用於直接連接 PFC 的專用輸出、兩級過電流保護(OCP)、鎖存禁用輸入、輕負載突衝模式控制以及輸入上電/斷電次序及低壓保護。在圖 4-105 為 16 Pin 之控制器 IC 的腳位配置圖。在表 4-5 為 L6599A 接腳名稱與功能說明。

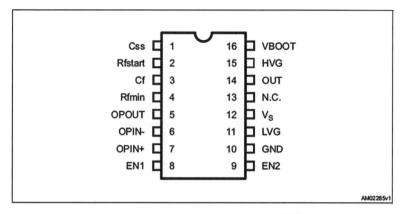

圖 4-103　L 6598　IC 腳位配置圖

表 4-4　L 6598 接腳名稱與功能

| 接腳 | 名稱 | 功能 |
|---|---|---|
| 1 | Css | 軟啓動時序電容 |
| 2 | $R_{fstart}$ | 軟啓動頻率設定-低阻抗電壓源-詳見 Cf |
| 3 | Cf | 振盪器頻率設定-詳見 $R_{fstart}$、$R_{fmin}$ |
| 4 | $R_{fmin}$ | 最小的振盪頻率設定-低阻抗電壓源-詳見 Cf |
| 5 | $O_{pout}$ | OP 放大器輸出-低阻抗 |
| 6 | $O_{pon\_}$ | OP 放大器反相輸入端-高阻抗 |
| 7 | $O_{pon+}$ | OP 放大器非反相輸入端-高阻抗 |
| 8 | EN1 | 半橋栓鎖致能 |
| 9 | EN2 | 半橋非栓鎖致能 |
| 10 | GND | 接地 |
| 11 | LVG | 低端驅動輸出 |
| 12 | $V_s$ | 具有內部 Zener 箝制的電源電壓 |
| 13 | N.C. | 空腳 |
| 14 | OUT | 高端驅動參考端 |
| 15 | HVG | 高端驅動輸出端 |
| 16 | $V_{boot}$ | 靴帶式電源電壓 |

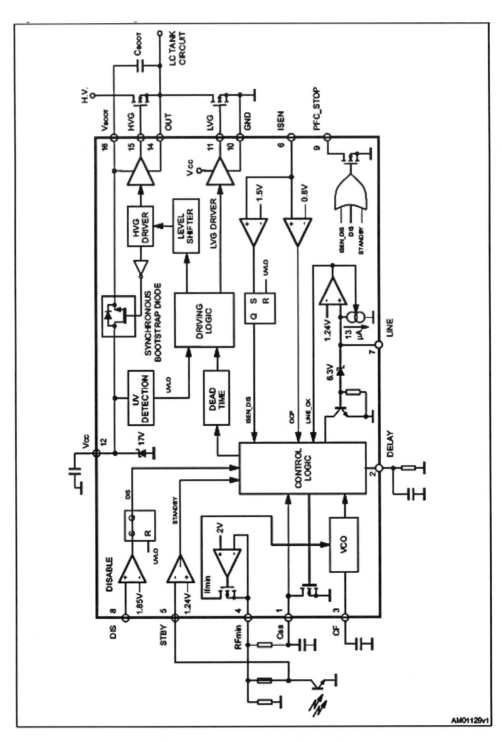

圖 4-104　L 6599A 內部方塊圖

表 4-5　L 6599A 接腳名稱與功能

| 接腳 | 名稱 | 功能 |
|---|---|---|
| 1 | Css | 軟啟動時序電容 |
| 2 | DELAY | 延遲功能。IC 關閉之後重新啟動的時間延遲<br>$V_{DELAY} > 3.5V \rightarrow$ IC 停止動作<br>$V_{DELAY} < 0.3V \rightarrow$ IC 致能 |
| 3 | CF | 定時電容。可藉由 pin RFmin 的外部電路，改變相依電流源對 CF 的充放電時間，可決定轉換器的切換頻率大小。 |
| 4 | RFmin | 最小切換頻率電阻 |
| 5 | STBY | 突衝模式操作限制。<br>$V_{STBY} < 1,25V \rightarrow$ IC 進入閒置模式<br>$V_{STBY} > 1.3V \rightarrow$ IC 重新正常工作 |
| 6 | ISEN | 電流偵測。<br>$V_{ISEN} > 0.8V \rightarrow$ IC 自動重新啟動<br>$V_{ISEN} > 1.5V \rightarrow$ IC 栓鎖 |
| 7 | LINE | 輸入電壓偵測。偵測由 $V_{dc}$ 分壓所得之 $V_{LINE}$ 當輸入電壓太高或太低 IC 就停止動作。<br>$V_{LINE} < 1.25V \rightarrow$ IC 自動重新啟動<br>$V_{LINE} > 1.25V \rightarrow$ IC 重新致能 |
| 8 | DIS | 栓鎖裝置。當 $V_{DIS} > 0.8V$ 時，IC 停止動作；<br>當 $V_{cc} < UVLO$ 時，IC 會重新啟動。 |
| 9 | PFC_STOP | 開集極輸出，控制 PFC 電路動作與否。<br>當錯誤發生時，此接腳會送出訊號 low。 |
| 10 | GND | IC 參考地電位。 |
| 11 | LVG | 下臂閘極控制訊號，以驅動下橋開關。 |
| 12 | $V_{cc}$ | IC 之供給電源。<br>$V_{cc} > 10.7V \rightarrow$ IC 動作<br>$V_{cc} < 8.15V \rightarrow$ IC 停止動作 |
| 13 | N.C. | 空腳。主要用來增加 Pin12 與 Pin14 之間的距離以符合安規要求。 |
| 14 | OUT | High-side 閘極控制訊號的浮接參考電位。 |
| 15 | HVG | High-side 閘極控制訊號，以驅動上橋開關。 |
| 16 | VBOOT | High-side 閘極控制訊號之浮接的電源。 |

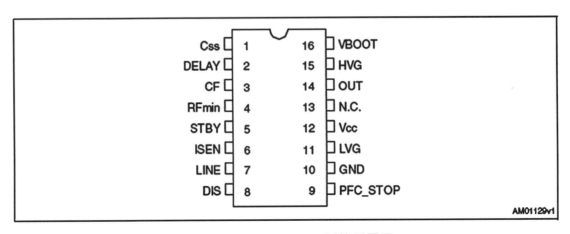

圖 4-105　L 6599A　IC 腳位配置圖

　　L6599A 適用於變頻控制之半橋諧振電路，此半橋諧振控制 IC 具有以下特點：

- 可以產生兩個 50%之工作週期訊號並互為對稱。

- 操作頻率可高達 500kHz。

- 電路具有柔性啟動能力。

- 以靴帶式電路驅動高壓開關，可承受 600V 之高壓，並內建靴帶式(Bootstrap)二極體。

- 具有 PFC 控制器之介面。

- 具過流保護功能，過電壓栓鎖功能以及欠壓保護(Brown-out)功能。

　　在圖 4-106 與圖 4-107 分別為 L6598 與 L6599A 的實際應用實例。

　　最後再介紹一個控制器為 CM6901 虹冠電子(Champion)所推出，在圖 4-108 為 IC 腳位配置圖，內部方塊圖則示於圖 4-109。此控制器因有內建控制同步整流的線路，因此適合將此 IC 置於二次側，若要驅動一次側的功率開關則可藉助脈衝變壓器或是隔離 IC 即可。

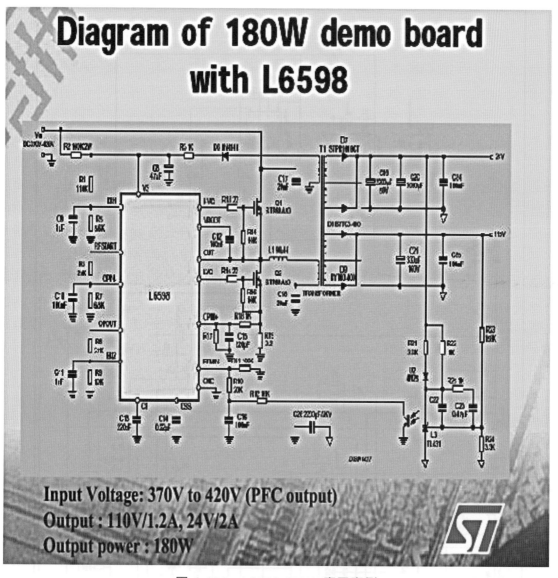

圖 4-106 L6598 180W 應用實例

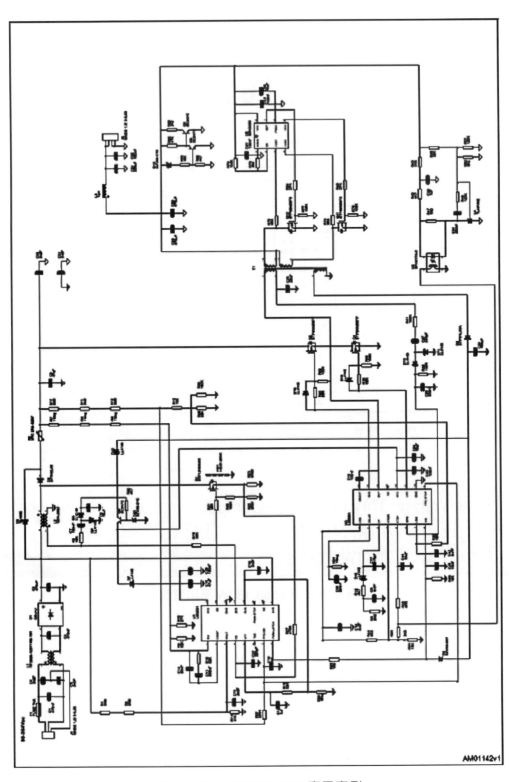

圖 4-107　L6599A 90W 應用實例

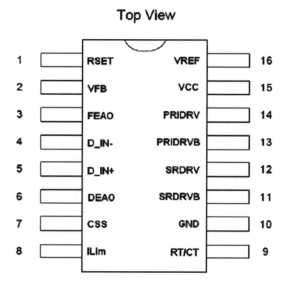

圖 4-108　CM6901 IC 腳位配置圖

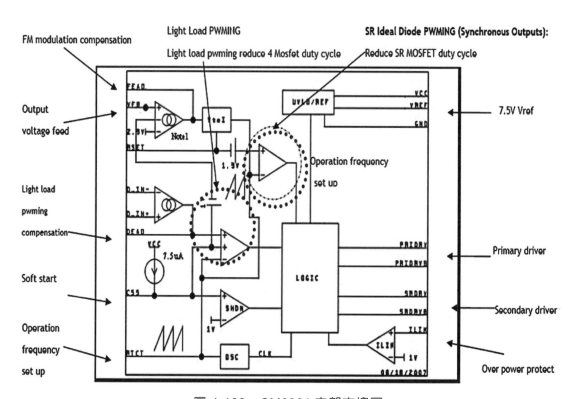

圖 4-109　CM6901 內部方塊圖

表 4-6　CM6901 接腳名稱與功能

| 接腳 | 名稱 | 功能 |
|---|---|---|
| 1 | RSET | 外部電阻設定。轉換 FEAO 電壓信號成爲電流信號以作爲頻率調變之用。當 RSET 低於 1.5V 時，SR 就是 PWMING 控制。 |
| 2 | VFB | 非反相輸入端至諧振誤差放大器 |
| 3 | FEAO | 諧振誤差放大器輸出端與頻率調變控制的補償節點 |
| 4 | D_IN– | 反相輸入至輕載 PWMING 誤差模式放大器 |
| 5 | D_IN+ | 非反相輸入至輕載 PWMING 誤差模式放大器 |
| 6 | DEAO | PWM 誤差放大器輸出端與輕載 PWMING 控制的補償節點 |
| 7 | CSS | 對 FM/PWM 操作具有 1V 致能臨限的柔性啓動 |
| 8 | ILIM | 具有 1V 臨限的感測輸入端至電流比較器 |
| 9 | RTCT | 振盪器時序元件可設定最低頻率 |
| 10 | GND | 接地 |
| 11 | SDRVB | 同步 MOSFET 驅動器輸出 |
| 12 | SDRV | 同步 MOSFET 驅動器輸出 |
| 13 | PRIDRVB | 一次側 MOSFET 驅動器輸出 |
| 14 | PRIDRV | 一次側 MOSFET 驅動器輸出 |
| 15 | VCC | IC 的電源電壓 |
| 16 | VREF | 7.5V 電壓參考準位的緩衝輸出 |

在表 4-6 爲 CM6901 接腳名稱與功能說明。圖 4-110 爲 CM6901 的應用實例。

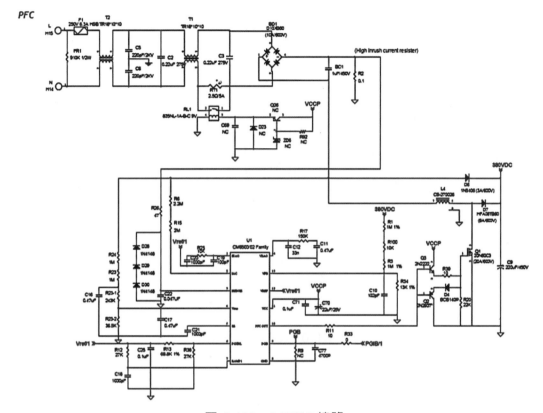

圖 4-110　(a)PFC 線路

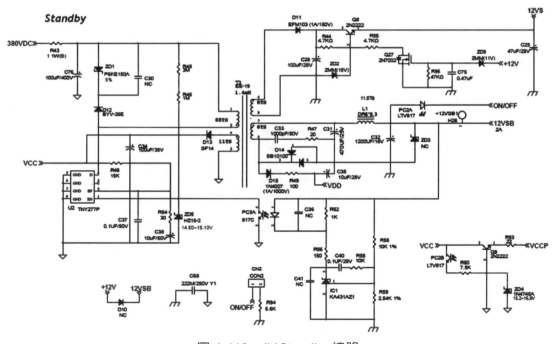

圖 4-110　(b)Standby 線路

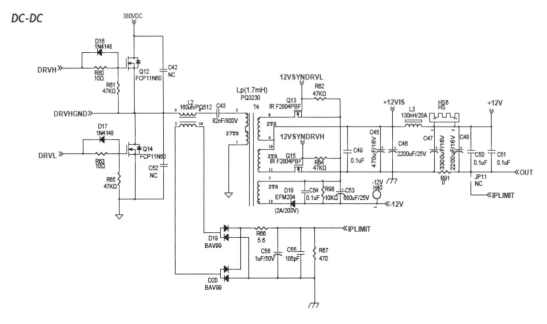

圖 4-110　(c)DC-DC 線路

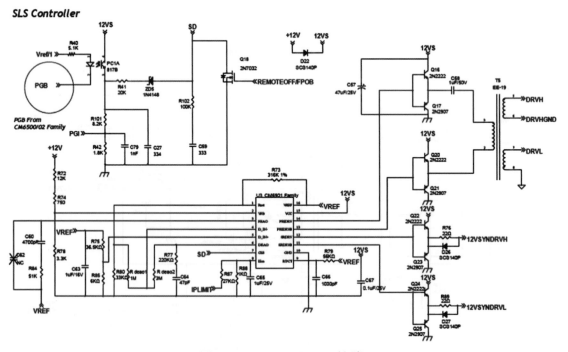

圖 4-110　(d)CM6901 線路

### 4-7.7.2　LLC 諧振變壓器設計

1. 變壓器鐵心選用與大小決定

　　LLC 諧振變壓器主要的功能是直接將輸入功率從初級側傳遞至次級側，並提供電氣隔離保護，由於此變壓器並不需要具有儲能作用，所以在鐵心的選擇上應採用具有高導磁率($\mu_e$)減少所需的磁化電流、高飽和磁通密度($B_s$)、低剩餘磁通密度($B_r$)的鐵心，以獲致變壓器最大的操作範圍。

　　一般 LLC 半橋諧振轉換器的操作頻率為變頻的方式，其切換頻率會介於 40kHz 至 150kHz 之間，所以選擇鐵心材質為 Ferrite(鐵氧体)。一般此種材質是由鐵(Fe)、錳(Mn)和鋅(Zn)三種金屬元素所組成。在下圖 4-111 中所示為 TDK 用於交換式電源供應器之 Ferrite 材料與其特性，而圖 4-112 所示為 TDK Ferrite 材料鐵心損失之曲線圖。一般此種 Ferrite 材料應用最普遍，頻率範圍低於 2MHz。其導磁率多為 2000～5000 之間，飽和磁通密度大約 0.3～0.5 Tesla，最大的優點是有各種形狀提供不同應用且價格低廉。

**■MATERIAL CHARACTERISTICS**

| Material | Initial permeability μi | Core loss volume density (Core loss)* Pcv (kW/m³) B=200mT 100kHz sine wave | | | | Saturation magnetic flux density* Bs (mT) H=1194A/m | | | | Remanent flux density* Br (mT) H=1194A/m | | | | Coercive force* Hc (A/m) H=1194A/m | | | | Curie temperature Tc (°C) | Density* db (kg/m³) ×10³ | Electrical resistivity* ρV (Ω·m) |
|---|---|---|---|---|---|---|---|---|---|---|---|---|---|---|---|---|---|---|---|---|
| | | 25°C | 60°C | 100°C | 120°C | 25°C | 60°C | 100°C | 120°C | 25°C | 60°C | 100°C | 120°C | 25°C | 60°C | 100°C | 120°C | | | |
| PC47 | 2500±25% | 600 | 400 | 250 | 360 | 530 | 480 | 420 | 390 | 180 | 100 | 60 | 60 | 13 | 9 | 6 | 7 | >230 | 4.9 | 4 |
| PC90 | 2200±25% | 680 | 470 | 320 | 460 | 540 | 500 | 450 | 420 | 170 | 95 | 60 | 65 | 13 | 9 | 6.5 | 7 | >250 | 4.9 | 4 |
| PC95 | 3300±25% | 350 | | 290 | 350 | 530 | 480 | 410 | 380 | 85 | 70 | 60 | 55 | 9.5 | 7.5 | 6.5 | 6 | >215 | 4.9 | 6 |

* Typ.

| Material | Initial permeability μi | Relative loss factor tanδ/μi ×10⁻⁶ | Saturation magnetic flux density* Bs (mT) H=1194A/m 25°C | Remanent flux density* Br (mT) H=1194A/m 25°C | Coercive force* Hc (A/m) H=1194A/m 25°C | Curie temperature Tc (°C) | Density* db (kg/m³) ×10³ | Electrical resistivity* ρV (Ω·m) |
|---|---|---|---|---|---|---|---|---|
| HS72 | 7500±25% (2000min. at 500kHz) | 30(100kHz) | 410 | 80 | 6 | >130 | 4.9 | 0.2 |
| HS10 | 10000±25% | 30(100kHz) | 380 | 120 | 5 | >120 | 4.9 | 0.2 |
| HS12 | 12000±25% (at 150kHz) | 20(100kHz) | 430 | 80 | 6 | >130 | 4.9 | 0.5 |

* Typ.

圖 4-111　TDK Ferrite 材料特性

　　LLC 半橋諧振變壓器之鐵心會工作在 *B-H* 曲線之 I、III 象限，因此磁通變化量為兩倍之最大磁通密度，即 $\Delta B = 2B_m$，因此選擇鐵心大小可由下式予已決定

$$AP = W_a A_c = \frac{V_{in} D_{eff} I_{p,rms}}{B_m K_u f_s J \cdot 10^{-8}}$$

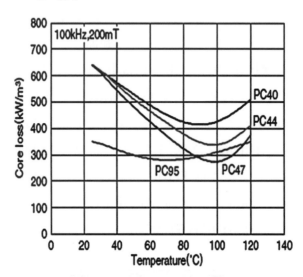

圖 4-112　TDK Ferrite 材料鐵心損失

$W_a$：Window Area 繞線窗面積

$A_c$：磁路有效面積

AP：Area Product 面積乘積

$B_m$：最大磁通密度

$K_u$：Winding Factor 繞線因數

$J$：Current Density 電流密度

$D_{eff}$：有效工作週期

2. 決定變壓器一、二次側圈數

　　由法拉第定律(Faraday's law)可得知關係式如下：

$$V_{in} \Delta t = V_{in} \frac{D_{eff}}{f_s} = N_P A_C \Delta B \cdot 10^{-8}$$

　　重新整理後可求得一次側圈數為

$$N_P = \frac{V_{\text{in}} D_{\text{eff}}}{f_S A_C \Delta B \cdot 10^{-8}}$$

二次側圈數 $N_S$ 爲

$$N_S = \frac{N_P}{n}$$

### 4-7.7.3　LLC 諧振槽參數設計

1. 諧振電容 $C_r$ 大小決定

   變壓器二次側轉換至一次側之等效電阻可表示爲

   $$R_e = \frac{8n^2 V_O}{\pi^2 I_O} = \frac{8n^2 R_O}{\pi^2}$$

   LLC 的第一諧振頻率可表示爲

   $$f_{r1} = \frac{1}{2\pi\sqrt{L_r C_r}} \rightarrow L_r \cdot C_r = \frac{1}{(2\pi \cdot f_{r1})^2}$$

   特性阻抗可表示爲

   $$Z_O = \sqrt{\frac{L_r}{C_r}} \rightarrow \frac{C_r}{L_r} = \frac{1}{Z_O^2}$$

   將以兩式相乘可得

   $$C_r^2 = \frac{1}{Z_O^2 (2\pi \cdot f_{r1})^2} \rightarrow C_r = \frac{1}{Z_O (2\pi \cdot f_{r1})}$$

   $$Z_O = Q \cdot R_e$$

   所以諧振電容可以用下式予以表示

   $$C_r = \frac{1}{(Q \cdot R_e)(2\pi \cdot f_{r1})}$$

2. 諧振電感 $L_r$ 大小決定

   若由上式中可求得諧振電容之大小，則諧振電感可以由下式求得

   $$L_r = \frac{1}{C_r (2\pi \cdot f_{r1})^2}$$

3. 激磁電感 $L_m$ 大小決定

　　一般會將激磁電感之電感量 $L_m$ 與諧振電感之電感量 $L_r$ 的比值定義為 $K\left(K = \dfrac{L_m}{L_r}\right)$，一般 $K$ 值較小時，會得到較大的增益，曲線會比較陡峭，此時第二諧振頻率會比較接近第一諧振頻率，如此會使得系統穩定度變差；當 $K$ 值較大時，會有較小的增益，使得第二諧振點變低，轉換器響應會變慢。所以激磁電感可以由下式求得

$$L_m = K \cdot L_r$$

　　在實務經驗上，一般 $K$ 值會選取 $6 \sim 8$。

### 4-7.7.4　輸出電容器設計

　　LLC 半橋串聯諧振式轉換器在電路架構上並沒有串聯輸出電感器，因此輸出電容器除了做濾波功能外，還可提供儲能以維持輸出電壓的穩定與連續性。除此之外，還需考量此輸出電容器上串聯的等效電阻(Equivalent Series Resistance；ESR)大小，它會影響輸出電壓漣波大小與流過電容器漣波電流的有效值。所以在選擇上可選用較小的等效串聯電阻的電容，一般高容量電容則如電解電容，其等效串聯電阻會較大，而較低的等效串聯電阻如陶瓷電容與金屬化聚丙烯膜電容，其電容量太低，因此在實際應用上可以將陶瓷電容與電解電容並聯使用，以獲得具有較低的等效串聯電阻與具有較高的電容量的組合。假設電容輸出電流為線性，在此期間平均電流為

$$\frac{1}{2}\Delta i_O \cdot \frac{1}{2} = \frac{1}{4}\Delta i_O$$

$$\Delta V_O = \frac{1}{C_{O(\min)}}\left(\frac{1}{4}\Delta i_O\right)\left(\frac{T_S}{4}\right) + \Delta i_O \cdot R_{\text{ESR}}$$

所以輸出濾波電容可用下式求得

$$C_{O(\min)} = \frac{\Delta i_O}{\Delta V_O}\left(\frac{1}{16 \cdot f_s} + 65 \cdot 10^{-6}\right)$$

一般電容器的等效串聯電阻值與其電容值的乘積為一定值，其值介於 $50 \times 10^{-6}\Omega/\text{C}$ 到 $80 \times 10^{-6}\Omega/\text{C}$ 之間，本書擬用 $65 \times 10^{-6}\Omega/\text{C}$ 做計算。

### 4-7.7.5　**功率開關元件設計**

1. 一次側功率開關

   現在在高頻交換式電源供應器中，一般功率開關多採用 MOSFET(金氧半場效電晶體)做為開關元件，因此元件具有較快的切換速度，另外必須考慮其最大額定耐壓值與最大額定電流值，首先選擇功率開關的汲-源極崩潰電壓為

   $$V_{DS} > V_{\text{in}}$$

   功率開關導通時，其電流最大值可以下式表示

   $$I_{Q(\text{max})} = \left( I_{O(\text{max})} + \frac{\Delta i_{O(\text{max})}}{2} \right) \cdot n + \Delta i_{L(\text{max})}$$

   其中 $I_{O(\text{max})}$：最大輸出電流

   $\Delta i_{O(\text{max})}$：最大輸出電流漣波

   $\Delta i_{L(\text{max})}$：最大諧振電流

   除了耐壓與耐流之考量外，另外特別須注意的是輸入電容 $C_{\text{iss}}$、寄生電容 $C_{\text{oss}}$ 與導通電阻 $R_{DS(\text{on})}$。當然基本上選擇的導通電阻越小越好，可以減少功率開關的導通損失。若選擇功率開關的導通電阻愈小，則寄生電容 $C_{\text{oss}}$ 就會愈大，因此若要達到相同的零電壓就需要較大的諧振電感 $L_r$，而較大的諧振電感需要較久的初級電流轉向時間，如此就會增加諧振電感的体積與鐵心損失，而造成無法發揮零電壓切換的優勢。因此功率開關的選擇要在兩者之間取得一平衡點，通常在允許的導通損失下，採用寄生電容愈小的功率開關愈好。

2. 輸出整流二極體

   LLC 半橋串聯諧振轉換器在二次側存在兩顆整流二極體，對於二極體的選用亦須考慮其最大額定耐壓值與最大額定電流值，因此流經整流二極體電流之有效值可表示為

   $$I_{D(\text{rms})} = \frac{\pi \cdot I_O}{4}$$

   整流二極體之耐壓可表示為

   $$V_{D(\text{RRM})} = \frac{N_S}{N_P} \cdot V_P + V_O$$

3. 同步整流開關

為了提高轉換器電路的整體效率可以將輸出整流二極體改用半導體開關 MOSFET 來予以取代,一般稱之為同步整流開關(Synchronous Rectification;SR),對於 SR 的選用也須考量其耐壓與耐流的問題。在耐流方面因輸出側電流都必須流經 SR,因此 SR 必須承受的最大電流為

$$I_{Q(\max)} = \left( I_{O(\max)} + \frac{\Delta I_{O(\max)}}{2} \right)$$

在耐壓方面,SR 必須承受的耐壓為

$$V_{DS(\max)} > 2V_o$$

除了耐壓與耐流問題外,SR 的切換速度、導通電阻 $R_{ds(\mathrm{on})}$ 與寄生電容 $C_{\mathrm{oss}}$ 也是要考慮的重點。若切換速度不夠快,則在開關 OFF 的時候造成電流回灌現象,而會有功率損耗產生,一般寄生電容 $C_{\mathrm{oss}}$ 會與導通電阻 $R_{ds(\mathrm{on})}$ 有關,若 $R_{ds(\mathrm{on})}$ 大,則 $C_{\mathrm{oss}}$ 就小。減少 $R_{ds(\mathrm{on})}$ 可以降低在 SR 上的損耗,但過大的 $C_{\mathrm{oss}}$ 也會與變壓器漏感產生不必要的振盪,增加損耗。一般來說具有同步整流的 LLC 半橋串聯諧振轉換器,不適合操作在第二工作區(Region-2),只適合操作在第一工作區(Region-1),這是因為同步整流架構是採用 MOSFET 功率開關來取代二次側整流二極體,它為雙向流動元件,當操作在第二工作區(Region-2)零電壓切換區間,其原本斷開的一、二次側,又會被同步整流的 MOSFET 功率開關本質二極體(Body Diode)連接在一起,在此區間由於激磁電感電流 $i_m$ 大於變壓器一次側電流 $i_p$,會使得二次側電流反灌回一次側,因此有可能會造成一次側 MOSFET 功率開關與同步整流的 MOSFET 功率開關燒毀,所以採用同步整流時,較適合操作在第一工作區(Region-1),當同步整流 MOSFET 導通時,其導通壓降小於本質二極體的順向壓降,所以此二極體不導通。

# 第五章
# 電源轉換器之小
# 信號模式化分析

## 5-1 概論

  交換式電源轉換器之產品，除了要滿足其特性規格與可靠度(reliability)之外，還須具備有穩定度(stability)之要求；如此方可使得產品之品質更臻完美無缺之境界，在市場上則無懼於競爭與挑戰。然而，在穩定度方面之探討與研究，卻是一般人們最脆弱且最容易忽視之一環。還是因為交換式電源轉換器本身就是屬於非線性(nonlinear)之電路，要分析其穩定度的確麻煩複雜；同時，功率開關的轉換元件經由脈波寬調變(PWM)，其信號會切割成高頻的方波信號，因此，在整個交換過程中就會產生許多令人討厭的雜訊(noise)，以及電磁之干擾。所以，如何分析並且實際量測交換式電源轉換器之穩定度，以及要如何設計補償網路以臻系統至穩定之要求，實乃一重要且值得探討研究之問題。

  在本章中將針對交換式電源轉換器做直流穩態數學模式之分析，並且將以前面所提的 'CUK 直流電源轉換器，一步一步的利用狀態空間平均法(state-space averaging method)來推導轉換器電路在低頻，小信號之動態模式；而由此動態模式則可設計迴授補償之控制器，使其穩定度及頻寬達到系統之要求。

　　同時，在下面幾章中將從理論與實際著手，深入探討研究轉換器電路頻率響應量測之方式與技術；並提出各種實際量測穩定度之方法，減少設計者在量測上所浪費的時間，而能快速精確地量測出其頻率響應之大小(magnitude)與相位(phase)。同時，能夠進一步獲致系統之增益邊限(gain margin；G.M.)與相位邊限(phase margin；P.M.)，以判斷系統穩定之特性程度。

## 5-2　現代線性系統之狀態空間分析介紹

　　由於在下節中，我們將提到直流電源轉換器之小信號之動態模式；因此，在本節中就先行對線性系統之狀態空間予以簡單的分析介紹。首先，我們來定義系統之狀態變數(State Variable)為：一最小的變數 $x_1(t)$，$x_2(t)$，$\cdots$，$x_n(t)$，這組變數在 $t = t_o$ 時的初始狀態為已知，對 $t \geq t_o$ 的特定輸入，可完全地決定系統在任何時間 $t \geq t_o$ 的行為。系統狀態可由在 $x_1$ 軸，$x_2$ 軸，$\cdots$，$x_n$ 軸所組成的 $n$ 度空間上的一點來表示，藉狀態來描述系統行為稱為狀態空間描述。

　　在圖 5-1 是具有 $p$ 個輸入，$q$ 個輸出及 $n$ 個狀態數的線性系統。輸入 $r_1(t)$，$r_2(t)$，$\cdots$，$r_p(t)$ 由輸入向量 $r(t)$ 表示

$$r(t) = \begin{bmatrix} r_1(t) \\ r_2(t) \\ \vdots \\ r_p(t) \end{bmatrix} \quad (p \times 1) \tag{5-1}$$

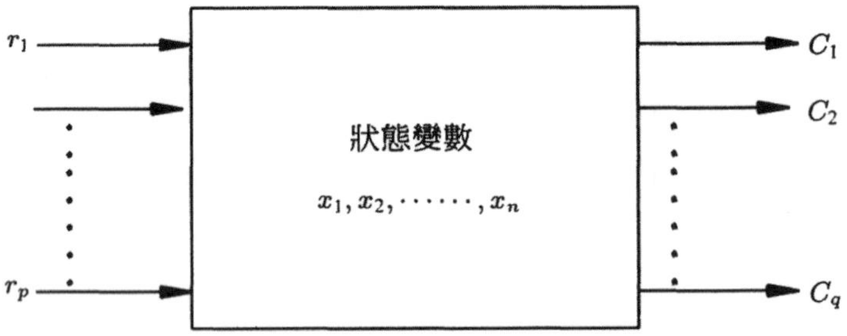

圖 5-1　一般的系統描述

輸出 $C_1(t)$，$C_2(t)$，$\cdots$，$C_q(t)$ 由輸出向量 $C(t)$ 表示

$$C(t) = \begin{bmatrix} C_1(t) \\ C_2(t) \\ \vdots \\ C_p(t) \end{bmatrix} \quad (q \times 1) \tag{5-2}$$

至於狀態 $x_1(t)$，$x_2(t)$，$\cdots$，$x_n(t)$由狀態向量 $x(t)$表示

$$x(t) = \begin{bmatrix} x_1(t) \\ x_2(t) \\ \vdots \\ x_p(t) \end{bmatrix} \quad (n \times 1) \tag{5-3}$$

一組描述系統輸入、輸出及狀態間之關係的方程式，稱為動態方程式(Dynamic Equation)可寫成

$$\text{狀態方程式} \quad \dot{x}(t) = AX(t) + Br(t) \tag{5-4}$$

$$\text{輸出方程式} \quad C(t) = DX(t) + Er(t) \tag{5-5}$$

其中 $A$，$B$，$D$ 及 $E$ 分別為 $n \times n$，$n \times p$，$q \times n$ 及 $q \times p$ 的常數矩陣。

在此，要注意的是系統狀態變數的選取不是唯一的。在線性網路的分析中，可選出獨立的電容電壓及電感電流做為變數，利用克希荷夫電流定律(KCL)與克希荷夫電壓定律(KVL)，寫出系統的狀態方程式。

在此我們舉一個簡單的 RLC 網路來說明動態方程式之表示方法，如圖 5-2 所示，由此電路我們選擇電容上之電壓及電感上之電流做為狀態變數，所以，令狀態變數為

$$x_1(t) = e_c(t)$$

$$x_2(t) = i_L(t)$$

應用克希荷夫電流與電壓定律，則可得出狀態方程式為

$$\text{KCL}： C\frac{dx_1}{dt} = \frac{e - x_1}{R_1} - x_2 \Rightarrow \frac{dx_1}{dt} = -\frac{1}{R_1 C}x_1 - \frac{1}{C}x_2 + \frac{1}{R_1 C}e(t)$$

$$\text{KVL}： L\frac{dx_2}{dt} = x_1 - R_2 x_2 \Rightarrow \frac{dx_2}{dt} = \frac{1}{L}x_1 - \frac{R_2}{L}x_2$$

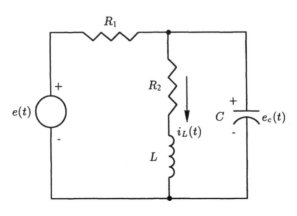

圖 5-2　基本 RLC 網路系統

寫成向量矩陣形式則為

$$\dot{x}(t) = \begin{bmatrix} \dot{x}_1(t) \\ \dot{x}_2(t) \end{bmatrix} = \begin{bmatrix} -\dfrac{1}{R_1 C} & -\dfrac{1}{C} \\ \dfrac{1}{L} & -\dfrac{R_2}{C} \end{bmatrix} \begin{bmatrix} x_1 \\ x_2 \end{bmatrix} + \begin{bmatrix} \dfrac{1}{R_1 C} \\ 0 \end{bmatrix} e(t)$$

至於輸出方程式則表示為

$$c(t) = \begin{bmatrix} 1 & 0 \end{bmatrix} \begin{bmatrix} x_1 \\ x_2 \end{bmatrix}$$

在(5-4)式中狀態方程式之解 $x(t)$，即為狀態轉移方程式(State Transition Equation)；將(5-4)式兩邊各取拉氏轉換

$$SX(s) - X(o) = AX(s) + BR(s)$$

式中 $X(o)$ 代表 $t = 0$ 的初始狀態向量，解上式則可得

$$X(s) = (SI - A)^{-1} X(o) + (SI - A)^{-1} BR(s)$$

在式中 $I$ 為單位矩陣(Unity Matrix)，上式的反拉氏轉換可得

$$x(t) = \mathscr{L}^{-1}[(SI - A)^{-1}]x(o) + \mathscr{L}^{-1}[(SI - A)^{-1}BR(s)] \tag{5-6}$$

因為

$$(SI-A)^{-1} = S^{-1}\left(I - \frac{A}{S}\right)^{-1} = S^{-1}\left(I + \frac{A}{S} + \frac{A^2}{S^2} + \cdots + \cdots\right) = \frac{I}{S} + \frac{A}{S^2} + \frac{A^2}{S^3} + \cdots + \cdots$$

$(SI-A)^{-1}$ 的反拉氏轉換則為

$$\mathcal{L}^{-1}[(SI-A)^{-1}] = I + At + \frac{A^2t^2}{2!} + \cdots = \sum_{k=0}^{\infty} \frac{A^k t^k}{k!} = e^{At} \tag{5-7}$$

在此我們定義一 $n \times n$ 狀態轉移矩陣(State Transition Matrix)$\Phi(t)$為

$$\Phi(t) = e^{At} = \mathcal{L}^{-1}[(SI-A)^{-1}] \tag{5-8}$$

所以，將(5-8)式代入(5-6)式並利用迴旋積分(Convolution Integral)，則可得到狀態轉移方程式之解為

$$x(t) = \Phi(t)x(o) + \int_0^t \Phi(x-\tau)Br(\tau)d\tau \tag{5-9}$$

一般又將上式等號右邊第一項為初始條件的響應，稱為零輸入響應，而第二項為對輸入的響應，又稱為零態響應。

## 5-3 轉換器之狀態空間平均模式與線性化

為了要得到交換式電源轉換器在低頻，小信號下的模式與性能，在此吾人將利用 Middlebrook 與 'CUK 二位所提出的狀態空間平均法(Statespace averaging method)來予以分析；由於轉換器的狀態空間平均方程式乃為非線性的狀態方程式，故吾人亦將配合利用線性化(linearization)的方式來使其達到線性之情況，以利轉換器之分析與探討。

因此，狀態空間平均法的基本觀念就是利用狀態變數之技巧，來推導出轉換器在交換週期的平均狀態方程式，如此則可描述出交換式電源轉換器輸入－輸出與控制－輸出的性能。同時，亦可利用所得到之模式研究在工作週期(duty cycle)範圍轉換器之性能，最佳化的設計，穩定度之決定，以及迴授補償電路的設計，並且可用來比較各類型轉換器之特性。

　　至於平均狀態方程式乃是在交換式電源轉換器的導通(turn on)週期與關閉 (turn off)週期所結合推導而得。同時，假設轉換器在操作點附近有擾動(perturbation) 信號，即可推導出小信號之動態模式；然後再經由線性化與拉普拉斯轉換(Laplace transform)後，則可獲得下列相關之轉移函數：

- 輸入－輸出(input to output)轉移函數；亦稱之為聲頻感受度(audio susceptibility) ，或是線拒斥率(line recjection)。

- 工作週期－輸出(duty-cycle to output)轉移函數。

- 輸出阻抗(output impedance)轉移函數；亦稱之為負載拒斥率(load rejection)。

- 輸入導抗(input admittance)轉移函數。

　　接著下來吾人將詳盡描述交換式電源轉換器，在低頻小信號下所推導的動態 模式，其步驟過程概述如下：

步驟 1：首先畫出轉換器在交換週期每一狀態之線性等效電路。若在連續模式 (continuous mode)情況下，則相對於功率開關之位置而言，會具有導通週 期與關閉週期兩個狀態。因此，須分別畫出導通與關閉情況之等效電路。 但是，若在不連續模式(discontinuous mode)之情況，則具有三種狀態。

步驟 2：根據步驟 1 之等效電路，利用狀態變數之形式推導出每一個狀態之電路方 程式。

步驟 3：利用功率開關之工作週期當做加權因子(weighting factor)，來將每一狀態之 方程式予以平均，然後再將這些狀態方程式組合為單一之狀態方程式。

步驟 4：將步驟 3 所得之平均方程式加入擾動信號，使其產生直流項與小信號項， 並消除任何非線性的交越乘積項。

步驟 5：將步驟 4 所得到的小信號項或 $AC$ 項轉換至複數頻域(complex frequency domain)，也就是所謂的 $S$ 領域。如此就可獲得所須之數學模式，並可經由 電腦模擬其轉移函數之特性。

步驟 6：若必要的話則可由步驟 5 所得之數學方程式，畫出其等效電路之模式。

在此吾人以無隔離庫氏('CUK)型轉換器為例,來說明其小信號動態模式是如何經由以上所述之步驟推導而得。在圖 5-3(a)所示為基本的庫氏型轉換器電路,而其功率開關 $Q_1$ 於導通與關閉狀態時,所得到之等效電路則分別示於圖 5-3(b)與圖 5-3(c)中。在這個等效電路中,功率開關 MOSFET $Q_1$ 若處於導通(ON)狀態時,則以短路來表示之(亦可使用電阻 $R_{DS}$ 來取代);同樣的,若功率開關 $Q_1$ 處於關閉狀態時,則以開路狀態來表示之。而當二極體 $D_1$ 處於導通狀態時,也是以短路來表示之(亦可使用電阻 $R_{D1}$ 串聯順向電壓降 $V_{D1}$ 來取代);同理,當二極體 $D_1$ 處於關閉狀態時,則以開路狀態來表示。當然,若要獲得較精確之模式,則在等效電路中亦可將電感器的串聯寄生電阻值(series parasitic resistance)與電容器的有效串聯電阻值 ESR(effective series resistance)一併考慮進去;不過在此,為了簡化起見,則予以省略。

首先,由圖 5-3(b)所示的導通週期等效電路來加以分析。而在這個電路中,由其輸出網路則可得到

$$i_{o1} = C_2 \frac{dV_{c2}}{dt} + \frac{V_{c2}}{R_{L1}}$$

因此

$$\frac{dV_{c2}}{dt} = \frac{1}{C_2} i_{01} - \frac{1}{C_2 R_{L1}} V_{c2} \tag{5-10}$$

而由能量轉移電容器 $C_1$ 端上,則可求出

$$C_1 \frac{dV_{c1}}{dt} = -i_{o1}$$

所以

$$\frac{dV_{c1}}{dt} = -\frac{1}{C_1} i_{o1} \tag{5-11}$$

接著由迴路 2,吾人則可推導出下面的迴路方程式

$$L_{o1} \frac{di_{o1}}{dt} - V_{c1} = -V_{c2}$$

將上式予以整理，則

$$\frac{di_{o1}}{dt} = \frac{1}{L_{o1}}V_{c1} - \frac{1}{L_{o1}}V_{c2} \qquad (5\text{-}12)$$

同樣的，由迴路 1 亦可推導出下面的迴路方程式

$$L_P \frac{di_g}{dt} = V_g$$

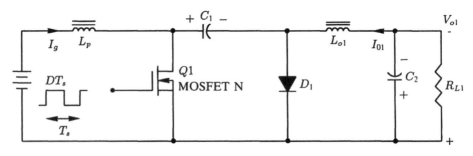

(a) 基本的庫氏轉換器電路

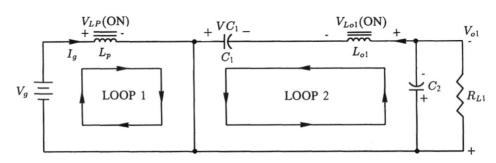

(b) 功率開關 $Q_1$ 在導通時的等效電路

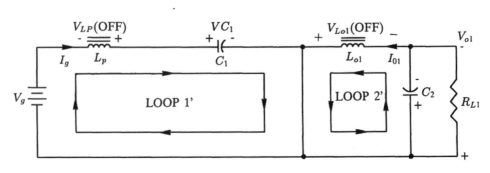

(c) 功率開關 $Q_1$ 在關閉時的等效電路

圖 5-3　無隔離型庫氏轉換器之等效電路

經整理後上式則為

$$\frac{di_g}{dt} = \frac{1}{L_p} V_g \tag{5-13}$$

而由輸出網路，則可求得輸出電壓為

$$V_{o1} = V_{c2} \tag{5-14}$$

所以，由以上之推導，則可得出在導通期間的四個狀態方程式，(5-10)式，(5-11)式，(5-12)式與(5-13)式；以及一個輸出方程式(5-14)式。因此，可以將它們表示成如下的狀態空間方程式：

$$\dot{x} = A_1 x + B_1 u \tag{5-15}$$

$$y = C_1^T x \tag{5-16}$$

在此 $x$ 為狀態變數，$u$ 為輸入變數，而 $y$ 則為輸出變數，故這些變數向量分別為

$$x^T = [i_g \quad i_{o1} \quad V_{c1} \quad V_{c2}]$$

$$u^T = [V_g]$$

$$y^T = [V_{o1}]$$

綜合以上，狀態方程式列於如下：

$$\dot{x} = \begin{bmatrix} \dot{i}_g \\ \dot{i}_{o1} \\ \dot{V}_{c1} \\ \dot{V}_{c2} \end{bmatrix} = \begin{bmatrix} 0 & 0 & 0 & 0 \\ 0 & 0 & \dfrac{1}{L_{o1}} & -\dfrac{1}{L_{o1}} \\ 0 & -\dfrac{1}{C_1} & 0 & 0 \\ 0 & \dfrac{1}{C_2} & 0 & \dfrac{1}{C_2 R_{L1}} \end{bmatrix} \begin{bmatrix} i_g \\ i_{o1} \\ V_{c1} \\ V_{c2} \end{bmatrix} + \begin{bmatrix} \dfrac{1}{L_P} \\ 0 \\ 0 \\ 0 \end{bmatrix} V_g = A_1 x + B_1 u \tag{5-17}$$

$$y = V_{o1} = \begin{bmatrix} 0 & 0 & 0 & 1 \end{bmatrix} \begin{bmatrix} i_g \\ i_{o1} \\ V_{c1} \\ V_{c2} \end{bmatrix} = C_1^T x \tag{5-18}$$

而由(5-17)式與(5-18)式，吾人可將矩陣 $A_1$，$B_1$ 與 $C_1$ 之值，列於表 5-1 中。

同理，由圖 5-3(c)中所示的關閉週期等效電路，吾人可由其輸出網路得到

$$i_{o1} = C_2 \frac{dV_{c2}}{dt} + \frac{V_{c2}}{R_{L1}}$$

而上式經化簡後，則為

$$\frac{dV_{c2}}{dt} = \frac{1}{C_2} i_{o1} - \frac{1}{C_2 R_{L1}} V_{c2} \tag{5-19}$$

另外，由能量轉移電容器 $C_1$ 端上，則可得出

$$C_1 \frac{dV_{C1}}{dt} = i_g$$

所以

$$\frac{dV_{c1}}{dt} = \frac{1}{C_1} i_g \tag{5-20}$$

表 5-1　轉換器導通週期之狀態矩陣

| | | | | |
|---|---|---|---|---|
| $A_1$ | 0 | 0 | 0 | 0 |
| | 0 | 0 | $\dfrac{1}{L_{o1}}$ | $-\dfrac{1}{L_{o1}}$ |
| | 0 | $-\dfrac{1}{C_1}$ | 0 | 0 |
| | 0 | $-\dfrac{1}{C_2}$ | 0 | $-\dfrac{1}{C_2 R_{L1}}$ |
| $B_1^T$ | $\dfrac{1}{L_p}$ | 0 | 0 | 0 |
| $C_1^T$ | 0 | 0 | 0 | 1 |

接著由迴路 2′，則可推導出下面的迴路方程式爲

$$L_{o1}\frac{di_{o1}}{dt}+V_{c2}=0$$

故將上式整理後，可得出

$$\frac{di_{o1}}{dt}=-\frac{1}{L_{o1}}V_{c2} \tag{5-21}$$

同樣的，由迴路 1′亦可推導出下面的迴路方程式爲

$$V_g=L_p\frac{di_g}{dt}+V_{c1}$$

上式經由移項後，則可得

$$\frac{di_g}{dt}=-\frac{1}{L_p}V_{c1}+\frac{1}{L_p}V_g \tag{5-22}$$

最後，由輸出網路亦可得出在關閉期間的輸出方程式爲

$$V_{o1}=V_{C2} \tag{5-23}$$

　　因此，同樣的由以上之推導，亦可獲致在關閉期間的四個狀態方程式，(5-19)式，(5-20)式，(5-21)式與(5-22)式，以及一個輸出方程式(5-23)式。如此，它們則可表示成如下的狀態空間方程式：

$$\dot{x}=A_2x+B_2u \tag{5-24}$$

$$y=C_2^Tx \tag{5-25}$$

在此　　狀態變數 $x^T=[i_g \quad i_{o1} \quad V_{C1} \quad V_{C2}]$

　　　　輸入變數 $u^T=[V_g]$

　　　　輸出變數 $y^T=[V_{o1}]$

所以，關閉週期的狀態方程式列於如下：

$$\dot{x} = \begin{bmatrix} \dot{i}_g \\ \dot{i}_{o1} \\ \dot{V}_{c1} \\ \dot{V}_{c2} \end{bmatrix} = \begin{bmatrix} 0 & 0 & -\dfrac{1}{L_p} & 0 \\ 0 & 0 & 0 & -\dfrac{1}{L_{o1}} \\ \dfrac{1}{C_1} & 0 & 0 & 0 \\ 0 & \dfrac{1}{C_2} & 0 & -\dfrac{1}{C_2 R_{L1}} \end{bmatrix} \begin{bmatrix} i_g \\ i_{o1} \\ V_{c1} \\ V_{c2} \end{bmatrix} + \begin{bmatrix} \dfrac{1}{L_p} \\ 0 \\ 0 \\ 0 \end{bmatrix} V_g = A_2 x + B_2 u \qquad (5\text{-}26)$$

$$y = V_{o1} = \begin{bmatrix} 0 & 0 & 0 & 0 \end{bmatrix} \begin{bmatrix} i_g \\ i_{o1} \\ V_{c1} \\ V_{c2} \end{bmatrix} = C_2^T x \qquad (5\text{-}27)$$

至於矩陣 $A_2$，$B_2$ 與 $C_2$ 之值，可由(5-26)式與(5-27)式得知，在此將其列於表 5-2 中。

表 5-2 轉換器關閉週期之狀態矩陣

| | | | | |
|---|---|---|---|---|
| $A_2$ | $0$ | $0$ | $-\dfrac{1}{L_p}$ | $0$ |
| | $0$ | $0$ | $0$ | $-\dfrac{1}{L_{o1}}$ |
| | $\dfrac{1}{C_1}$ | $0$ | $0$ | $0$ |
| | $0$ | $\dfrac{1}{C_2}$ | $0$ | $-\dfrac{1}{C_2 R_{L1}}$ |
| $B_2^T$ | $\dfrac{1}{L_p}$ | $0$ | $0$ | $0$ |
| $C_2^T$ | $0$ | $0$ | $0$ | $1$ |

接著下一個步驟，將利用狀態空間平均法，來將導通週期 $dT_s$ 與關閉週期 $d'T_s'$ 這二個期間的狀態空間方程式結合起來，如此則可用來描述轉換器電路在整個週期 $T_s$ 的狀態行為。首先，在 $dT_s$ 期間，可以將(5-15)式與(5-16)式之狀態空間方程

式表示為：

$$\frac{x(dT_s) - x(o)}{dT_s} = A_1 x + B_1 u \tag{5-28}$$

$$dT_s y = dT_s C_1^T x \tag{5-29}$$

同理，在 $d'T_s$ 期間，吾人亦可將(5-24)式與(5-25)式之狀態空間方程式表示為：

$$\frac{x(T_s) - x(dT_s)}{d'T_s} = A_2 x + B_2 u \tag{5-30}$$

$$d'T_s y = d'T_s C_2^T x \tag{5-31}$$

由(5-28)式可得到

$$x(dT_s) = dT_s(A_1 x + B_1 u) + x(o)$$

將上式代入(5-30)式，則可得出

$$x(T_s) = d'T_s(A_2 x + B_2 u) + x(dT_s) = d'T_s(A_2 x + B_2 u) + dT_s(A_1 x + B_1 u) + x(o) \tag{5-32}$$

而(5-32)式可繼續化簡為

$$\frac{x(T_s) - x(o)}{T_s} = \dot{x} = d(A_1 x + B_1 u) + d'(A_2 x + B_2 u)$$

$$= (dA_1 + d'A_2)X + (dB_1 + d'B_2)U \tag{5-33}$$

同理，可將(5-29)式與(5-31)式相結合在一起，則

$$(dT_s + d'T_s)y = (dT_s C_1^T + d'T_s C_2^T)x \tag{5-34}$$

因為

$$dT_s + d'T_s = (d + d')T_s = T_s$$

所以，(5-34)式可化簡為

$$y = (dC_1^T + d'C_2^T)x \tag{5-35}$$

因此，由(5-33)式與(5-35)式即可得知，整個週期的狀態空間方程式可以表示為：

$$\dot{x} = Ax + Bu \tag{5-36}$$

$$y = C^T x \tag{5-37}$$

在此 $A = dA_1 + d'A_2$

$$B = dB_1 + d'B_2$$

$$C^T = dC_1^T + d'C_2^T$$

$$d' = 1 - d$$

而其關係則如下圖所描述：

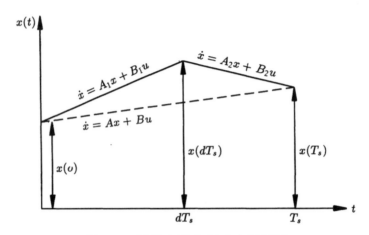

圖 5-4　狀態空間方程式之關係圖

此時吾人假設交換式電源轉換器在操作點[$D$，$X$，$U$]附近有擾動(Perturbatior)發生，也就是

$$u = U + \hat{u} \tag{5-38}$$

$$x = X + \hat{x} \tag{5-39}$$

$$d = D + \hat{d} \tag{5-40}$$

$$d' = 1 - d = 1 - D - \hat{d} = D' - \hat{d} \tag{5-41}$$

並且假設

$$\frac{\hat{u}}{U} \ll 1, \ \frac{\hat{d}}{D} \ll 1, \ \frac{\hat{x}}{X} \ll 1$$

在此 $U, D, D', X$ 代表直流穩定狀態值，而 $\hat{u}, \hat{d}, \hat{x}$ 代表加於其上的小信號交流變動值(smallsignalac variation)。

所以，當轉換器在操作中並到達無變動的穩定狀態(steady state)時，則可得出直流情況的狀態方程式為

$$A'X + B'U = 0 \tag{5-42}$$

$$Y = C'^T X \tag{5-43}$$

在此

在此 $A' = DA_1 + D'A_2$

$B' = DB_1 + D'B_2$

$C'^T = DC_1^T + D'C_2^T$

因此，為了能獲得轉換器的小信號動態模式，則將(5-38)式，(5-39)式，(5-40)式與(5-41)式代入(5-36)式與(5-37)式，同時將二階段變動予以忽略，如此則可得到之狀態空間方程式為

$$
\begin{aligned}
(\dot{X} + \dot{x}) = \hat{x} &= A(X + \hat{x}) + B(U + \hat{u}) = (dA_1 + d'A_2)(X + \hat{x}) + (dB_1 + d'B_2)(U + \hat{u}) \\
&= [(D + \hat{d})A_1 + (D' - \hat{d})A_2](X + \hat{x}) + [(D + \hat{d})B_1 + (D' - \hat{d})B_2](U + \hat{u}) \\
&= (DA_1 + D'A_2)\hat{x} + (DB_1 + D'B_2)\hat{u} + (A_1 - A_2)X\hat{d} + (B_1 - B_2)U\hat{d} + (A_1 - A_2)\hat{x}\hat{d} \\
&\quad + (B_1 - B_2)\hat{u}\hat{d} + (DA_1 + D'A_2)X + (DB_1 + D'B_2)U \\
&= A'\hat{x} + B'\hat{u} + [(A_1 - A_2)X + (B_1 - B_2)U]\hat{d} + A'X + B'U \\
&= A'\hat{x} + B'\hat{u} + E\hat{d}
\end{aligned}
\tag{5-44}
$$

$$y = C^T x = (dC_1^T + d'C_2^T)x$$

因此，考慮擾動信號則上式變成

$$
\begin{aligned}
Y + \hat{y} &= [(D + \hat{d})C_1^T + (D' - \hat{d})C_2^T](X + \hat{x}) \\
&= (DC_1^T + D'C_2^T)\hat{x} + (C_1^T - C_2^T)\hat{x}\hat{d} + (C_1^T - C_2^T)X\hat{d} + (DC_1^T + D'C_2^T)X
\end{aligned}
$$

由(5-14)式與(5-23)式可得知 $C_1^T = C_1^T$，所以

$$Y + \hat{y} = (DC_1^T + D'C_2^T)\hat{x} + (DC_1^T + D'C_2^T)X = C'^T\hat{x} + C'^T X$$

另外，由(5-43)可得知 $Y = C'^T X$，所以上式變成

$$\hat{y} = C'^T \hat{x} \tag{5-45}$$

所以，(5-44)式與(5-45)式就是轉換器的小信號狀態空間方程式。而在此矩陣 $A'$，$B'$ 與 $C'$ 之值，則列於表 5-3 中。至於在(5-44)式中矩陣 $E$ 為

$$
E = (A_1 - A_2)X + (B_1 - B_2)U
$$

$$
= \begin{bmatrix} 0 & 0 & \dfrac{1}{L_p} & 0 \\ 0 & 0 & \dfrac{1}{L_{o1}} & 0 \\ -\dfrac{1}{C_1} & -\dfrac{1}{C_1} & 0 & 0 \\ 0 & 0 & 0 & 0 \end{bmatrix} \begin{bmatrix} i_g \\ i_{o1} \\ V_{c1} \\ V_{c2} \end{bmatrix} + \begin{bmatrix} 0 \\ 0 \\ 0 \\ 0 \end{bmatrix} V_g = \begin{bmatrix} \dfrac{V_{c1}}{L_p} \\ \dfrac{V_{c1}}{L_{o1}} \\ -\dfrac{I_g + I_{o1}}{C_1} \\ 0 \end{bmatrix} \tag{5-46}
$$

表 5-3　在狀態空間平均之狀態矩陣

| | | | | |
|---|---|---|---|---|
| | $0$ | $0$ | $-\dfrac{D'}{L_p}$ | $0$ |
| | $0$ | $0$ | $\dfrac{D}{L_{o1}}$ | $-\dfrac{1}{L_{o1}}$ |
| $A'$ | $\dfrac{D'}{C_1}$ | $-\dfrac{D}{C_1}$ | $0$ | $0$ |
| | $0$ | $\dfrac{1}{C_2}$ | $0$ | $-\dfrac{1}{C_2 R_{L1}}$ |
| $B'^T$ | $\dfrac{1}{L_p}$ | $0$ | $0$ | $0$ |
| $C'^T$ | $0$ | $0$ | $0$ | $1$ |

接著將 (5-44) 式與 (5-45) 式的小信號狀態空間方程式取拉氏轉換 (Laplace transform)，則可得到

$$S\hat{x}(s) = A'\hat{x}(s) + B'\hat{u}(s) + E\hat{d}(s)$$

$$\hat{y}(s) = C'^T \hat{x}(s)$$

所以

$$\hat{x}(s) = (SI - A')^{-1} B' \hat{u}(s) + (SI - A')^{-1} E \hat{d}(s) \tag{5-47}$$

$$\hat{y}(s) = C'^T \hat{x}(s) = C'^T (SI - A')^{-1} B' \hat{u}(s) + C'^T (SI - A')^{-1} E \hat{d}(s) \tag{5-48}$$

因此，由(5-47)式與(5-48)式即可得到交換式直流轉換器輸入－輸出(或稱之爲聲頻感受度)的轉移函數，以及工作過期－輸出的轉移函數；它們分別爲

輸入－輸出轉移函數

$$GV_g = \left.\frac{\hat{y}(s)}{\hat{u}(s)}\right|_{\hat{d}(s)=0} = \left.\frac{\hat{V}_{o1}(s)}{\hat{V}_g(s)}\right|_{\hat{d}(s)=0} = C'^T (SI - A')^{-1} B'$$

$$= [0 \quad 0 \quad 0 \quad 1] \left[ \begin{pmatrix} S & 0 & 0 & 0 \\ 0 & S & 0 & 0 \\ 0 & 0 & S & 0 \\ 0 & 0 & 0 & S \end{pmatrix} - \begin{pmatrix} 0 & 0 & -\dfrac{D'}{L_p} & 0 \\ 0 & 0 & \dfrac{D}{L_{o1}} & -\dfrac{1}{L_{o1}} \\ \dfrac{D'}{C_1} & -\dfrac{D}{C_1} & 0 & 0 \\ 0 & \dfrac{1}{C_2} & 0 & -\dfrac{1}{C_2 R_{L1}} \end{pmatrix} \right]^{-1} \begin{bmatrix} \dfrac{1}{L_p} \\ 0 \\ 0 \\ 0 \end{bmatrix}$$

$$= \frac{DD'}{C_1 C_2 L_{o1} L_p} S^4 + \frac{1}{C_2 R_{L1}} S^3 + \left( \frac{1}{C_2 L_{o1}} + \frac{D^2}{C_1 L_{o1}} + \frac{D'^2}{L_p C_1} \right) S^2$$

$$+ \left( \frac{D^2}{C_1 C_2 L_{o1} R_{L1}} + \frac{D'^2}{L_p C_1 C_2 R_{L1}} \right) S + \frac{D'^2}{L_p C_1 C_2 L_{o1}} \tag{5-49}$$

工作週期－輸出轉移函數

$$G_d(s) = \left.\frac{\hat{y}(s)}{\hat{d}(s)}\right|_{\hat{V}_g(s)=0} = \left.\frac{\hat{V}_{o1}(s)}{\hat{d}(s)}\right|_{\hat{V}_g(s)=0} = C'^T(SI - A')^{-1}E$$

$$= [0 \quad 0 \quad 0 \quad 1]$$

$$\left[\begin{pmatrix} S & 0 & 0 & 0 \\ 0 & S & 0 & 0 \\ 0 & 0 & S & 0 \\ 0 & 0 & 0 & S \end{pmatrix} - \begin{pmatrix} 0 & 0 & -\dfrac{D'}{L_p} & 0 \\ 0 & 0 & \dfrac{D}{L_{o1}} & -\dfrac{1}{L_{o1}} \\ \dfrac{D'}{C_1} & -\dfrac{D}{C_1} & 0 & 0 \\ 0 & \dfrac{1}{C_2} & 0 & -\dfrac{1}{C_2 R_{L1}} \end{pmatrix}\right]^{-1} \begin{bmatrix} \dfrac{V_{c1}}{L_p} \\ \dfrac{V_{c1}}{L_{o1}} \\ -\dfrac{I_g + I_{o1}}{C_1} \\ 0 \end{bmatrix}$$

$$= \frac{V_{c1}}{L_{o1}C_2}S^2 - \frac{(I_g + I_{o1})D}{C_1 C_2 L_{o1}}S + \frac{D'V_{c1}}{C_1 C_2 L_{o1}L_p}S^4 + \frac{1}{C_2 R_{L1}}S^3$$

$$+ \left(\frac{1}{C_2 L_{o1}} + \frac{D^2}{C_1 L_{o1}} + \frac{D'^2}{L_p C_1}\right)S^2 + \left(\frac{D^2}{C_1 C_2 L_{o1} R_{L1}} + \frac{D'^2}{L_p C_1 C_2 R_{L1}}\right)S$$

$$+ \frac{D'^2}{L_p C_1 C_2 L_{o1}} \tag{5-50}$$

同理，吾人亦可推導出轉換器輸入導抗與輸出阻抗之轉移函數，分別如下所示。
首先，輸入電流可以表示成

$$\hat{y}_1(s) = \hat{i}_g(s) = [1 \quad 0 \quad 0 \quad 0]\begin{bmatrix} \hat{i}_g(s) \\ \hat{i}_{o1}(s) \\ \hat{V}_{c1}(s) \\ \hat{V}_{c2}(s) \end{bmatrix} = C''^T \hat{x}(s) \tag{5-51}$$

接著將(5-47)式代入(5-51)中，則可得到

$$\hat{y}_1(s) = C''^T(SI - A')^{-1}B'\hat{u}(s) + C''^T(SI - A')^{-1}E\hat{d}(s) \tag{5-52}$$

因此，由(5-52)式則可獲得開迴路之輸入導抗為

輸入導抗轉移函數

$$Y_{oi}(s) = \frac{\hat{y}_1(s)}{\hat{u}(s)}\bigg|_{\hat{d}(s)=0} = \frac{\hat{i}_g(s)}{\hat{V}_g(s)}\bigg|_{\hat{d}(s)=0} = C''^{T}(SI - A')^{-1}B'$$

$$= \begin{bmatrix} 1 & 0 & 0 & 0 \end{bmatrix} \left[ \begin{pmatrix} S & 0 & 0 & 0 \\ 0 & S & 0 & 0 \\ 0 & 0 & S & 0 \\ 0 & 0 & 0 & S \end{pmatrix} - \begin{pmatrix} 0 & 0 & -\dfrac{D'}{L_p} & 0 \\ 0 & 0 & \dfrac{D}{L_{o1}} & -\dfrac{1}{L_{o1}} \\ \dfrac{D'}{C_1} & -\dfrac{D}{C_1} & 0 & 0 \\ 0 & \dfrac{1}{C_2} & 0 & -\dfrac{1}{C_2 R_{L1}} \end{pmatrix} \right]^{-1} \begin{bmatrix} \dfrac{1}{L_p} \\ 0 \\ 0 \\ 0 \end{bmatrix}$$

$$= \frac{1}{L_p}S^3 + \frac{1}{L_p C_2 R_{L1}}S^2 + \left( \frac{D^2}{L_{o1} L_p C_1} + \frac{1}{L_{o1} L_p C_2} \right)S + \frac{D^2}{L_{o1} L_p C_1 C_2 R_{L1}}S^4$$

$$+ \frac{1}{C_2 R_{L1}}S^3 + \left( \frac{1}{C_2 L_{o1}} + \frac{D^2}{C_1 L_{o1}} + \frac{D'^2}{L_p C_1} \right)S^2$$

$$+ \left( \frac{D^2}{C_1 C_2 L_{o1} R_{L1}} + \frac{D'^2}{L_p C_1 C_2 R_{L1}} \right)S + \frac{D'^2}{L_p C_1 C_2 L_{o1}} \tag{5-53}$$

至於開迴路之輸出阻抗，則可表示為

$$Z_{oo}(s) = \frac{\hat{V}_{o1}(s)}{\hat{i}_{o1}(s)} = \frac{\hat{V}_{o1}(s)}{\hat{V}_g(s)} \bigg/ \frac{\hat{i}_{o1}(s)}{\hat{V}_g(s)} \tag{5-54}$$

由於 $\hat{V}_{o1}(s)/\hat{V}_g(s)$ 之轉移函數在前面(5-49)式中已求出，所以現在衹要求出 $\hat{i}_{o1}(s)/\hat{V}_g(s)$ 之轉移函數即可，然後再代回(5-54)式就可以獲得輸出阻抗 $Z_{oo}(s)$。因此，吾人將輸出電流表示為

$$\hat{y}_2(s) = \hat{i}_{o1}(s) = \begin{bmatrix} 0 & 1 & 0 & 0 \end{bmatrix} \begin{bmatrix} \hat{i}_g(s) \\ \hat{i}_{o1}(s) \\ \hat{V}_{c1}(s) \\ \hat{V}_{c2}(s) \end{bmatrix} = C'''^{T}\hat{x}(s) \tag{5-55}$$

同樣的，將(5-47)式代入(5-55)式，則可得到

$$\hat{y}_2(s) = C'''^T (SI - A')^{-1} B' \hat{u}(s) + C'''^T (SI - A')^{-1} E \hat{d}(s) \tag{5-56}$$

因此，由(5-56)式，則可得到

$$\left.\frac{\hat{y}_2(s)}{\hat{u}(s)}\right|_{\hat{d}(s)=0} = \left.\frac{\hat{i}_{o1}(s)}{\hat{V}_g(s)}\right|_{\hat{d}(s)=0} = C'''^T (SI - A')^{-1} B'$$

$$= \begin{bmatrix} 0 & 1 & 0 & 0 \end{bmatrix}$$

$$\left[ \begin{pmatrix} S & 0 & 0 & 0 \\ 0 & S & 0 & 0 \\ 0 & 0 & S & 0 \\ 0 & 0 & 0 & S \end{pmatrix} - \begin{pmatrix} 0 & 0 & -\dfrac{D'}{L_p} & 0 \\ 0 & 0 & \dfrac{D}{L_{o1}} & -\dfrac{1}{L_{o1}} \\ \dfrac{D'}{C_1} & -\dfrac{D}{C_1} & 0 & 0 \\ 0 & \dfrac{1}{C_2} & 0 & -\dfrac{1}{C_2 R_{L1}} \end{pmatrix}^{-1} \right]^{-1} \begin{bmatrix} \dfrac{1}{L_p} \\ 0 \\ 0 \\ 0 \end{bmatrix}$$

$$= \frac{D^2}{C_1 L_{o1} L_P} S^3 + \frac{D^2}{C_1 C_2 L_{o1} L_p R_{L1}} \Big/ S^4 + \frac{1}{C_2 R_{L1}} S^3$$

$$+ \left( \frac{1}{C_2 L_{o1}} + \frac{D^2}{C_1 L_{o1}} + \frac{D'^2}{L_p C_1} \right) S^2 + \left( \frac{D^2}{C_1 C_2 L_{o1} R_{L1}} + \frac{D'^2}{L_P C_1 C_2 R_{L1}} \right) S$$

$$+ \frac{D'^2}{L_p C_1 C_2 L_{o1}} \tag{5-57}$$

此時，將(5-49)式與(5-57)式代入(5-54)式，則可得出

輸出阻抗轉移函數

$$Z_{oo}(s) = \left.\frac{\hat{V}_{o1}(s)}{\hat{i}_{o1}(s)}\right|_{\hat{d}(s)=0} = \left.\frac{(\hat{V}_{o1}(s) / \hat{V}_g(s))}{(\hat{i}_{o1}(s) / \hat{V}_g(s))}\right|_{\hat{d}(s)=0}$$

$$= \frac{\dfrac{D}{D'}}{\dfrac{D^2}{C_1 L_{o1} L_p} S + \dfrac{D^2}{C_1 C_2 L_{o1} L_p R_{L1}}} = \frac{\dfrac{C_1 L_{o1} L_P}{DD'}}{S + \dfrac{1}{C_2 L_{o1}}} \tag{5-58}$$

而由以上之分析討論可得知，祇要轉換器之規格與元件值已知，即可得到每一個轉移函數之頻率響應。

# 第六章
# 穩定度之分析與迴授
# 補償控制器之設計

## 6-1　頻率響應觀念

在交換式電源轉換器之系統中，其整個架構一般可視為負迴授之型態；因此，吾人可使用頻率響應(frequency response)法來量度決定其相對穩定之程度。而一個系統的頻率響應就是系統饋入正弦輸入信號時的穩定狀態響應，其輸出信號和系統內各處信號都是正弦的，它們和輸入信號只是大小(magnitude)和相位(phase)不同而已。

至於使用頻率響應法，則有兩個優點：第一，可以很容易取得各種不同頻率範圍和大小的正弦信號，所以利用實驗方法則可容易獲致系統的頻率響應，也是對一系統作實驗分析最可靠且最簡單的方法；第二，描述系統正弦穩定行為的轉移函數容易求得，只要將系統轉移函數中的 $S$ 用 $j\omega$ 來取代即可。

在頻率響應中，最有用的方法是由 H.W. Bode 在 1932 年到 1942 年間於 Bell 實驗室發展出來的波德圖(Bode Plot)或稱之為轉角圖(Corner Plot)。而波德圖包含兩個圖，第一個圖是振幅之大小以分貝(dB)為單位對 $\log \omega$ 或 $\log f$ 的圖形；另一個圖是相位以度為單位對 $\log w$ 或 $\log f$ 的圖形。因此，以波德圖從事頻率響應，其優點與特性如下：

1. 由於振幅大小是以分貝(dB)表示，因此，在轉移函數中含乘與除的項取對數後變成加與減；相位也是各項的相位加減而得。

2. 系統的行為可以廣泛的表現出來，也就是一個圖可以表現高低頻的行為。

3. 可以完全根據波德圖設計補償器。

4. 可以提供其它頻域圖所需的資料，如極座標圖(polar plot)，或大小對相位圖 (magnitude-versus-phase plot)。

　　若要表示出轉換器在頻域(frequency domain)中的形式，則可將時域(time domain)中的這些方程式予以拉普拉斯轉換(Laplace transform)，一般其結果可以表示為

$$\frac{C(s)}{R(s)} = \frac{a_m s^m + a_{m-1} s^{m-1} + \cdots + a_1 s + a_0}{b_n s^n + b_{n-1} s^{n-1} + \cdots + b_1 s + b_0} = G(s) \tag{6-1}$$

在此 $R(s)$ 為系統的輸入驅動信號，而 $C(s)$ 則為系統的輸出信號；至於 $C(s)/R(s)$ 的比值，吾人則將其定義為轉移函數(transfer function)$G(s)$，也就是轉換器系統輸出信號之拉普拉斯轉換對輸入驅動信號之拉普拉斯轉換之比，如圖 6-1 所示。而由此函數即可得知，其結合了增益大小與相位之特性。

圖 6-1　系統轉移函數之表示

　　在(6-1)的方程式中，一般定義 $C(s) = 0$ 的根稱之為系統的零點(zeros)，而 $R(s) = 0$ 的根則稱之為系統的極點(poles)。所以，一般轉移函數亦可表示為

$$\frac{C(s)}{R(s)} = G(s)$$

$$= \frac{K'(S + Z_1)(S + Z_2) \cdots (S + Z_m)}{S^i (S + P_1)(S + P_2) \cdots (S + P_n)} \tag{6-2}$$

$$= \frac{K(1 + T_1 S)(1 + T_2 S) \cdots (1 + T_m S)}{s^i (1 + T_a S)(1 + T_b S) \cdots (1 + T_n S)} \tag{6-3}$$

在此吾人將 $Z_1$, $Z_2$, $\cdots$, $Z_m$ 或 $1/T_1$, $1/T_b$, $\cdots$, $1/T_n$ 稱為零點的轉角頻率(conner frequency)或是轉折頻率(break frequency)。而 $P_1$, $P_2$, $\cdots$, $P_n$ 或 $1/T_a$, $\cdots$, $1/T_b$, $\cdots$, $1/T_n$ 則稱為極點的轉角頻率或是轉折頻率。所以極點或零點之轉折頻率，則能夠決定頻率響應增益圖形之斜率。

若吾人要決定增益大小漸近線之變化率，則可使用每八度(octave)有一 6dB 的斜率，或是用每十進(decade)有−20dB 的斜率來表示。而所謂八度乃指 2：1 的頻率範圍，至於十進則指 10：1 的頻率範圍；同樣的電路中，相位的變位在 $f_c$ /10 與 $10f_c$ 兩點間會產生 90°的相位落後(對極點而言)，或是相位超前(對零點而言)，在此 $f_c$ 為轉折頻率。

所以，在增益大小之頻率響應的曲線中，其極點會產生+1 至 0 的斜率變換，或是 0 至−1，或是−1 至−2，或是−2 至−3 等變換。而這就相當於每八度增益的變化為+6dB，0dB，−6dB，−12dB 或−18dB，相對的其相移(phase shift)則為+90°，0°，−90°，−180°與−270°。若是每十進增益的變化為+20dB，0dB，−20dB，−40dB，與−60dB，相對的其相移則為+45°，0°，−45°，−90°與−135°。因此，遇到極點其響應曲之斜率是向下轉折的。至於在頻率中的零點，其波德圖的斜率是向上轉折的。故所產生增益圖形的變換斜率是由−1 至 0，或是−2 至−1，或是−3 至−2 等。

## 6-2　轉換器之迴授原理與穩定度準據

由圖 6-2 吾人則可得知交換式電源轉換器可視為一閉迴路之負迴授控制系統，在此 $H(s)$ 表示迴授分壓網路，$G_1(s)$ 為誤差放大器與補償網路，$G_2(s)$ 為脈波寬度調變器與高頻轉換器，而 $G_3(s)$ 則為低通濾波器。所以，由此轉換器之系統方塊，吾人則可將其表示為標準的控制系統型式，如圖 6-3 所示。至於圖中的 $G(s)$ 則表示 $G_1(s)G_2(s)G_3(s)$ 之轉移函數，而輸出信號經由 $H(s)$ 之迴授網路可得出迴授信號 $B(s)$，此信號會與參考信號 $R(s)$ 在相加點做比較，如此所產生的誤差信號 $E(s)$ 則會輸入至方塊圖 $G(s)$，並獲得 $C(s)$ 輸出信號。接著吾人可由此圖推導出閉迴路轉移函數(close loop transfer function)，其過程如下：首先，可將輸出信號，迴授信號，以及誤差信號表示為

$$C(s) = G(s)E(s) \qquad\qquad (6\text{-}4)$$

$$B(s) = H(s)C(s) \qquad\qquad (6\text{-}5)$$

$$E(s) = R(s) - B(s) \qquad\qquad (6\text{-}6)$$

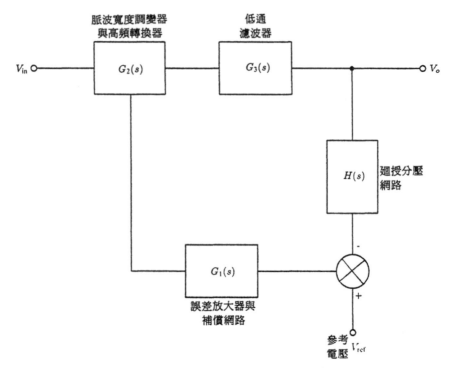

圖 6-2　交換式電源轉換器閉迴路系統

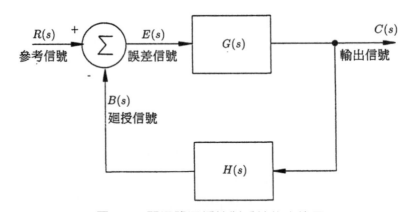

圖 6-3　閉迴路迴授控制系統的方塊圖

然後，將(6-4)式與(6-5)式代入(6-6)式中，則可得出

$$C(s) = G(s)R(s) - H(s)G(s)C(s) \qquad (6-7)$$

最後，由(6-7)則可獲得閉迴路轉移函數之表示式為：

$$\frac{C(s)}{R(s)} = \frac{G(s)}{1 + G(s)H(s)} \qquad (6-8)$$

而閉迴路系統的特性方程式是藉著設定 $C(s)/R(s)$ 的分母之多項式為零而得到，這與設定 $1 + G(s)H(s)$ 的分子為零是相同的。因此，為了導出有關系統穩定度之結論，則特性方程式(characteristic equation)之解為

$$F(s) = 1 + G(s)H(s) = 0 \tag{6-9}$$

對於穩定之系統而言，特性方程式 $F(s)$ 之根或是其零點都是在 $S$ 平面的半邊；或是說閉迴路轉移函數之極點都是位於 $S$ 平面的左半邊，若是位於虛軸上或是 $S$ 平面的右半邊，則系統就變為不穩定了。

由特性方程式可以顯而易見看出 $G(s)H(s)$ 項，包含了所有關於閉迴路極點之訊息，且 $G(s)H(s)$ 很清楚地表示出誤差信號 $E(s)$ 與迴授信號 $B(s)$ 之間所有在迴路中之方塊部份的轉移函數。也就是

$$\frac{B(s)}{E(s)} = \frac{迴授信號}{誤差信號} = G(s)H(s) \tag{6-10}$$

而此函數 $G(s)H(s)$ 一般稱之為迴路轉移函數(loop transfer function)，或是開迴路轉移函數(open-loop transfer function)；亦可稱之為迴路增益(loop gain)，或是開迴路增益(open-loop gain)。對於閉迴路系統為漸近穩定度而言，迴路轉移函數的極點與零點的位置並沒有任何限制；但是，前面吾人則提過閉迴路轉移函數的極點或特性方程式的根必須全部位於 $S$ 平面的左半邊。

在波德圖的頻率響應中，為了分析相對之穩定度常利用下述兩種定義：增益邊限(gain margin；G.M.)和相位邊限(phase margin；P.M.)。而所謂的增益邊限(G.M.)其實際的物理意義就是說，當閉迴路系統到不穩定之前，其迴路內所能容許增加的迴路增益(以分貝–dB 表示)。也就是當迴路轉移函數之相位在–180°時(若將負迴授包含進去則為–360°)，其相位交越頻率(phase crossover frequency)之增益與單位增益(零 dB)之間的增益大小，如圖 6-4 所示。因此，其閉迴路系統之增益邊限可定義為

$$增益邊限(\text{G.M.}) = 20\log_{10}\frac{1}{|G(j\omega_c)H(j\omega_c)|}(\text{dB}) \tag{6-11}$$

在此 $\omega_c$ 就是相位交越頻率。所以，吾人亦可說增益邊限就是在 $G(s)H(s)$ 平面上相位交越點對 $(-1, jo)$ 點接近程度的一種量度。

大體上來說，增益邊限大的系統較增益邊限小的系統穩定；但是，有時增益邊限並不一定能夠充分表示出所有系統的相對穩定度。因此，為了加強相對穩定度的表示法，吾人則定義相位邊限(P.M.)來補充增益邊限之不足。同樣地，所謂相位邊限就是當閉迴路系統達到不穩定之前，其迴路內所能容許增加的相位。也就是當迴路轉移函數之增益在零分貝(單位增益)時，其增益交越頻率(gain crossover frequency)之相位與-180°(若將負迴授包含進去則為-360°)之間的相位大小，如圖 6-4 所示。因此，其閉迴路系統之相位邊限可定義為

$$相位邊限(P.M.) = \angle G(j\omega_g)H(j\omega_g) - (-180°)$$
$$= 180° + \angle G(j\omega_g)H(j\omega_g) \tag{6-12}$$

或是考慮負迴授之相位，則

$$相位邊限(P.M.) = \angle G(j\omega_g)H(j\omega_g) - (-360°)$$
$$= 360° + \angle G(j\omega_g)H(j\omega_g) \tag{6-13}$$

在此 $\omega_g$ 為增益交越頻率。所以，相位邊限乃是為了使 $G(s)H(s)$ 軌跡上的增益交越點通過 $(-1, jo)$ 點，則 $G(s)H(s)$ 圖必須對原點旋轉，而此旋轉之角度即吾人所定義的相位邊限。換言之，也就是原點至增益交越點所成之向量與負實軸所夾之角度。

通常，增益邊限可以表示出迴路增益對閉迴路系統穩定度的影響，而相位邊限則可顯示出其它的系統參數對穩定度的影響；理論上而言，這些參數僅改變 $G(s)H(s)$ 的相位，而對增益大小則無影響。至於在圖 6-5(a)與(b)所示，乃分別在極座標圖與大小對相位圖所定義之增益邊限與相位邊限。

綜合以上之討論吾人則可得知，對交換式電源轉換器系統而言，若要獲得穩定且不振盪的結果，則其迴路增益轉移函數之頻率響應，在增益交越頻率 $f_c$ 之增益為零 dB，此時曲線之斜率為 -1 (或是-20dB/dec)，且其相移不可低於-180° (或是-360°)；也就是說其相位邊限必須大於零。同樣的，在相位交越頻率之處(即相位在-180°或-360°時)，其增益大小則必須小於零 dB，也就是增益邊限必須大於零。當然，若相位邊限與增益邊限之值，祇是稍稍大於零時，雖然對系統而言也

是一穩定之情況；不過卻會具有很大的超越量(over-shoot)和振鈴(ringing)之現象。一般來說，相位邊限最好在 45°，增益邊限在 10dB 以上，如此系統方可獲得較佳之響應與較少的超越量。

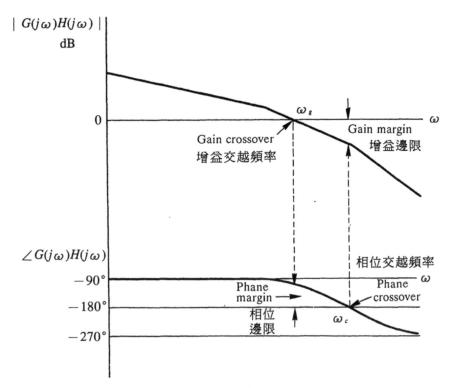

圖 6-4　在波德圖上增益邊限與相位邊限之定義

## 6-3　轉換器系統之穩定度分析

在上節中吾人已經分析過轉換器系統之迴授原理與其穩定度之準據，接著下來將探討研究如何從系統中決定其穩定度。一般則可從理論分析上著手，或是實際上從系統之頻率響應量測做分析。至於實際迴路增益頻率響應之量測，則將在第七章中探討其方法與原理。因此，在本節中則從系統迴路增益轉移函數之理論推導分析，來決定其頻率響應之穩定度。

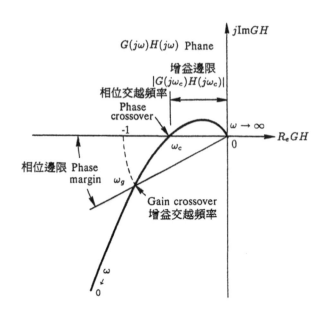

(a) 在極座標圖上增益邊限與相位邊限之定義

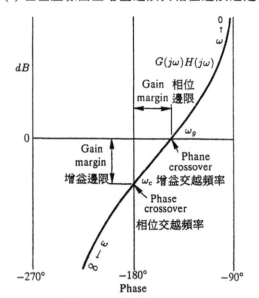

(b) 在大小對相位圖上增益邊限與相位邊限之定義

圖 6-5

　　而整個系統之方塊圖則如前面圖 6-2 所示，接著則須推導出每一方塊在低頻小信號下之等效電路，並分別得出其轉移函數，如此系統之迴路增益轉移函數即可獲得，以做為系統穩定度之判定。而整個系統方塊更詳細的表示方式，則如圖 6-6 所示；在此圖中 $G_d(s)G_p(s)$ 乃為工作週期至輸出之轉移函數($\hat{V}_o(s)/\hat{d}(s)$)，吾人可利用前面所提過的狀態空間平均法，來推導轉換器此部份之轉移函數。同時，亦可推導得出輸入至輸出($\hat{V}_o(s)/\hat{V}_{in}(s)$)之轉移函數 $G_i(s)G_p(s)$。

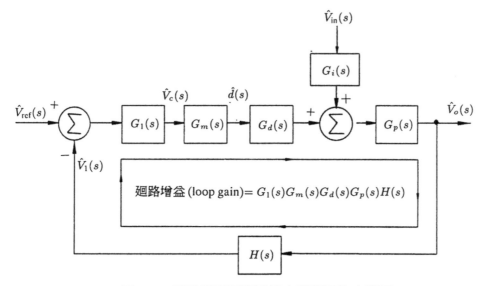

圖 6-6　轉換器閉迴路系統之轉移函數方塊圖

　　另外，在系統方塊圖中 $G_m(s)$ 為調變器的轉移函數，由於脈波寬度調變的作用就是將類比控制電壓信號，轉換成為工作週期比的信號，接著再將此信號用來推動控制功率開閉。因此，在 PWM 系統中，誤差放大器所輸出的誤差信號準位，會與鋸齒波形做比較；如果所放大的誤差信號準位等於鋸齒波電壓高度時，則 PWM 的工作週期為 100%。所以，調變器的轉移函數一般可以表示為

$$\frac{\hat{d}(s)}{\hat{V}_c(s)} = G_m(s) = \frac{1}{V_m} \tag{6-14}$$

在此 $V_m$ 為鋸齒波形的最大振幅。至於圖中的 $H(s)$ 則為迴授分壓網絡之轉移函數，其電路型態如圖 6-7 所示。首先，由圖 6-7(a)可以得知其轉移函數可表示為

$$\frac{\hat{V}_1(s)}{\hat{V}_o(s)} = \frac{R_2}{R_1 + R_2} = H(s) \tag{6-15}$$

而上式之結果乃為一常數，不會隨著頻率而改變。若由圖 6-7(b)的網路，則可推導出

$$\frac{\hat{V}_1(s)}{\hat{V}_o(s)} = H(s) = \frac{R_2}{R_1 + R_2} \cdot \frac{(1 + SC_1R_1)}{(1 + \dfrac{SC_1R_1R_2}{R_1 + R_2})} \tag{6-16}$$

在上式中，由於零點$(-1/C_1R_1)$比極點$(-1(R_1 + R_2)/C_1R_1R_2)$更接近原點；所以，此分壓網路亦可視為領前(lead)網路，其頻率響應曲線會隨著頻率之變化而改變。最後一種型態如圖 6-7(c)所示之網路，其轉移函數則為

$$\frac{\hat{V}_1(s)}{\hat{V}_o(s)} = H(s) = \frac{R_2}{R_1 + R_2} \cdot \frac{1}{(1 + \dfrac{SC_1R_1R_2}{R_1 + R_2})} \tag{6-17}$$

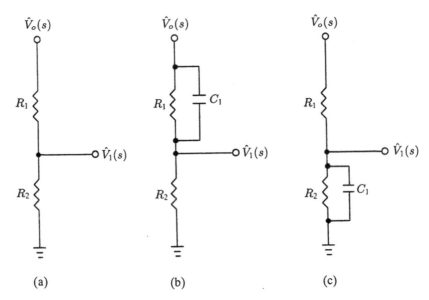

圖 6-7　迴授分壓網路之電路型式

同樣的，由此式可得知其零點在$-\infty$之處，而極點在$(-(R_1 + R_2)/C_1R_1R_2)$所以，極點比零點更接近原點，故此分壓網路可視為落後(lag)網路之型式。

將上面已知的轉移函數結合在一起，則可得到控制至輸出(control to output)之轉移函數為

$$\frac{\hat{V}_1(s)}{\hat{V}_c(s)} = G_m(s)G_d(s)G_p(s) \tag{6-18}$$

若將分壓網路之轉移函數包含進去，則為

$$\frac{\hat{V}_1(s)}{\hat{V}_c(s)} = \frac{\hat{V}_o(s)}{\hat{V}_c(s)} \cdot \frac{\hat{V}_1(s)}{\hat{V}_o(s)} = G_m(s)G_d(s)G_p(s)H(s) \tag{6-19}$$

然而為了使系統更趨穩定,則需加入迴授補償網路 $G_1(s)$;因此,吾人可以根據(6-19)式轉移函數之頻率響應結果來設計誤差放大器之補償網路。至於補償網路之設計與選擇,將在下一節中予以詳加討論。雖然,補償網路祇是系統中極小的一部份,但是,對穩定度而言卻是最重要的一部份;同時,也會影響到系統之穩壓率(regulation),頻帶寬度(band width),以及暫能響應(transient responses)等等。一般補償網路都是配合運算放大器來達成之,因此,其轉移函數之表示式則為

$$\left.\frac{\hat{V}_c(s)}{\hat{V}_1(s)}\right|_{\hat{V}_{ref}(s)=0} = \frac{Z_f}{Z_{in}} = G_1(s) \tag{6-20}$$

其中 $Z_f$ 為誤差放大器之迴授阻抗,而 $Z_{in}$ 則為輸入阻抗。

最後,系統方塊中各個轉移函數都已讀得,吾人即可得出轉換器迴路增益(loop gain)之轉移函數為

$$T' = G_m(s)G_d(s)G_p(s)H(s)G_1(s)$$
$$= \frac{1}{V_m} \cdot \frac{\hat{V}_o(s)}{\hat{d}(s)} \cdot \frac{\hat{V}_1(s)}{\hat{V}_o(s)} \cdot \frac{Z_f}{Z_{in}} \tag{6-21}$$

並且可以在波德圖上得出其頻率響應之結果;然後再根據前面所提之穩定度準則,而來判定整個轉換器系統是否達到吾人所要求設計之穩定情況。

## 6-4　迴授補償網路之結構與設計

在探討各種迴授捕償網路結構之前,吾人擬先提出補償網路之設計要求,以使轉換器系統之迴路增益響應結果,能夠滿足達到穩定度之需求。由前面之分析可得知在小信號下利用狀態空間平均法,則可推導出轉換器系統工作週期至輸出之轉函數($\hat{V}_o(s)/\hat{d}(s)$),而此部份則包括了功率轉換器電路與輸出濾波器電路;若將調變器包含進去,則可得出控制至輸出之轉移函數($\hat{V}_o(s)/\hat{V}_c(s)$)。而一般在波德圖上控制至輸出之頻率響應曲線,則如圖 6-8 所示;至於工作週期至輸出之頻率響應曲線亦類似,祇是不包括調變器之直流增益而已。此響應曲線具有–2 之斜率

(–40dB/dec)，而此轉折點之處乃由 $LC$ 濾波器所產生的二個近似之極點(Poles)所造成；接著在高頻之處斜率變爲–1，此處之轉折點乃由電容器之 ESR(等效串聯電阻)所產生之零點(Zero)而造成。在此吾人若以降壓型轉換器(buck converter)爲例，當使用前面所研討之狀態空間平均法來推導其小信號之模式時，則可得出其工作週期至輸出之轉移函數爲

$$\frac{\hat{V}_o(s)}{\hat{d}(s)} = \left(\frac{V_o}{D}\right)\left[\frac{1+SR_cC}{1+S(R_cC+[R//R_L]C+\dfrac{L}{R+R_L})+S^2LC(\dfrac{R+R_c}{R+R_L})}\right] \tag{6-22}$$

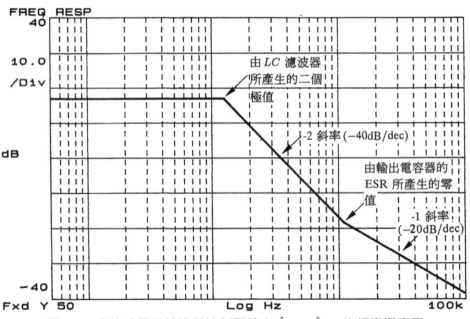

圖 6-8　交換式電源轉換器控制至輸出 $\hat{V}_o(s)/\hat{V}_c(s)$ 的頻率響應圖

　　若將調變器之轉移函數 $\hat{d}(s)/\hat{V}_c(s) = 1/V_m$ 加入，則可獲得控制至輸出之轉移函數爲

$$\frac{\hat{V}_o(s)}{\hat{d}(s)} = \frac{\hat{d}(s)}{\hat{V}_c(s)} \cdot \frac{\hat{V}_o(s)}{\hat{d}(s)}$$

$$= \left(\frac{V_o}{DV_m}\right)\left[\frac{1+SR_cC}{1+S(R_cC+[R//R_L]C+\dfrac{L}{R+R_L}+S^2LC\left(\dfrac{R+R_c}{R+R_L}\right)}\right] \tag{6-23}$$

在此 $R_L$ 爲電感器之寄生串聯電阻，$R_C$ 爲電容器之等效串聯電阻，$R$ 爲輸出負載電阻，至於 $V_o/D = V_{in}$ 乃爲輸入電壓，輸出電壓與工作週期之間的關係。若假設此轉換器系統之參數值如下：

輸入電壓：$V_{in}$ = 30V 至 60V

輸出電壓：$V_o$ = 12V；輸出電流：$I_o$ = 2A 至 20A

輸出功率：$P_o$ = 240W；輸出負載：$R$ = 60Ω 至 0.6Ω

交換頻率：$f_s$ = 40kHz；交換週期：$T$ = 25μsec

工作週期：$D = V_o/V_{in}$ = 0.2 至 0 .4

關閉時間：$t_{off}$ = 0.8 × 25μsec = 20μsec (MAX)

最大漣波電流：$\Delta I_L$ = 2 × (min $I_o$) = 4A (MAX)

電感值：$L = V_o t_{off}/\Delta I_L$ = 12 × 20/4 = 60μH

寄生電阻：$R_L$ = 40mΩ

電容值：$C$ = 4000μF

等效串聯電阻：ESR：$R_c$ = 25mΩmax (5mΩmin)

(ESR for $0.1V_{pp}$ Ripple at $\Delta I_L$ = 4A)

鋸齒波形最大振幅：$V_m$ = 5V

接著將以上之參數值代入(6-22)式與(6-23)式，並考慮在最大輸入電壓與最大負載情況下，則可得到

$$\frac{\hat{V}_o(s)}{\hat{d}(s)} = 60 \cdot \frac{1+(10^{-4})S}{1+(3.44\times10^{-4})S+(2.34\times10^{-7})S^2} \tag{6-24}$$

且

$$\frac{\hat{V}_o(s)}{\hat{V}_c(s)} = 12 \cdot \frac{1+(10^{-4})S}{1+(3.44\times10^{-4})S+(2.34\times10^{-7})S^2} \tag{6-25}$$

而其波德圖之頻率響應結果，則如圖 6-9 與圖 6-10 所示。所以，由此頻率響應曲線則可看出其斜率爲−2(−40dB/dec)，至於曲線中轉折點之頻率分別爲：

$$f_{P1, P2} \cong \frac{1}{2\pi\sqrt{LC}} \cong 325\text{Hz}$$

$$f_{Z1} = \frac{1}{2\pi R_c C} = 1590\text{Hz (for } R_c = 25\text{mΩ)}$$

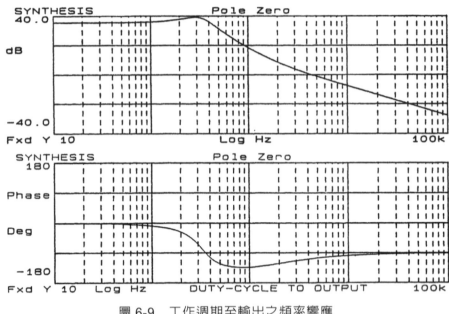

圖 6-9　工作週期至輸出之頻率響應

另外，當輸入電壓 $V_{in}$ 改變時，轉換器之工作週期 $D$ 亦會隨之變化；因此，其控制至輸出之響應曲線，則如圖 6-11、圖 6-12 與圖 6-13 所示，在此輸入電壓為 50V、40V 與 30V，而工作週期所產生之變化則分別為 0.24、0.3 與 0.4。

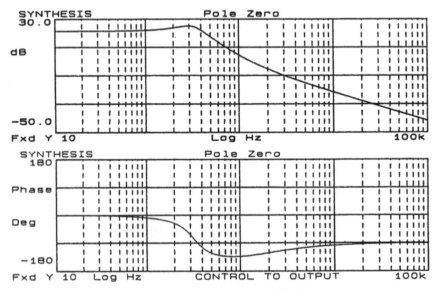

圖 6-10　控制至輸出之頻率響應

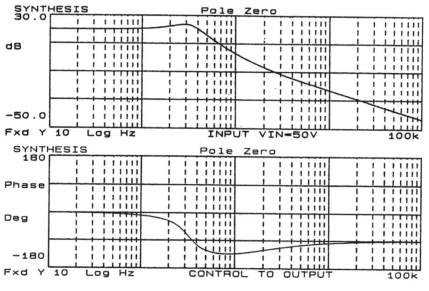

圖 6-11　控制至輸出之頻率響應($V_{in}$ = 50V)

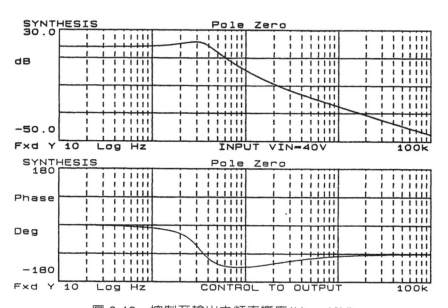

圖 6-12　控制至輸出之頻率響應($V_{in}$ = 40V)

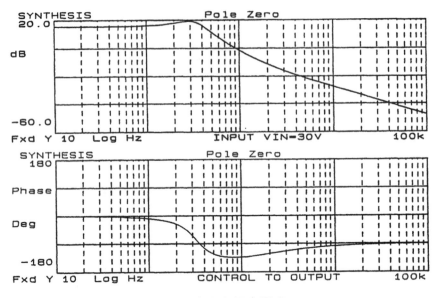

圖 6-13　控制至輸出之頻率響應($V_{in}$ = 30V)

　　綜合以上之探討分析，此時吾人即可得知控制至輸出之頻率響應結果；接著若要使轉換器系統操作更加穩定，則需使用負迴授方式將迴路閉合起來，而使用誤差放大器即可達此目的。因此，吾人乃希望在誤差放大器上設計補償網路，來使整個轉換器系統之迴路增益在–1 (–20dB/dec)斜率時會經過 0dB(單位增益)線，如此系統即可達到系統之要求。也就是說此時吾人所設定之增益交越頻率，必定通過斜率為–1 之響應曲線。

　　而補償網路之結構一般可以區分為以下三種：(1)超前補償(lead compensation)網路(2)落後補償(lag compensation)網路；(3)超前－落後補償(lead-lag compensation)網路。在此將分別就其特性與結構敘述如下：

## A. 超前補償

　　在補償網路中，所謂"超前"之意即指正弦輸出信號的相位會領前於正弦輸入信號。而電路中加入超前補償，一般對轉換器系統之影響為

1. 增加系統之頻帶寬度(band width)，並導致較快的暫態響應；但是相對的卻較易受雜訊之干擾影響。

2. 適用於改善暫態特性，而要有快速響應的系統。也就是降低系統暫態響應之過激(overshoot)現象，與改善系統相對穩定性之功能。

3. 超前補償增加了轉換器系統之增益交越頻率(0dB 時的頻率)。

4. 超前補償電路本身即為一高通濾波器(high-pass filter)，所以，相位恆為正，在補償網路設計中，即應用相位為正之特性，增加轉換器系統之相位邊限(P.M.)。

5. 需要額外的增益放大器來彌補超前網路在低頻之衰減。

6. 超前補償對穩態響應只做有限之改進。

在圖 6-14(a)所示就是典型的超前補償網路。其網路之轉移函數可表示為

$$
\begin{aligned}
\frac{\hat{V}_c(s)}{\hat{V}_1(s)} &= \frac{R_2}{\left(\dfrac{1}{SC_1} \mathbin{/\mkern-5mu/} R_1\right) + R_2} \\[2mm]
&= \left(\frac{R_2}{R_1 + R_2}\right) \cdot \frac{1 + SC_1 R_1}{1 + S\dfrac{C_1 R_1 R_2}{R_1 + R_2}} \\[2mm]
&= \alpha \cdot \frac{1 + TS}{1 + \alpha TS}
\end{aligned}
\tag{6-26}
$$

在此

$$
\alpha = \frac{R_2}{R_1 + R_2} \quad , \quad T = C_1 R_1
$$

而網路中的零點與極點，則分別為

$$
零點：\omega_z = \frac{1}{C_1 R_1} = \frac{1}{T} \Rightarrow f_z = \frac{1}{2\pi C_1 R_1}
$$

$$
極點：\omega_p = \frac{1}{\dfrac{C_1 R_1 R_2}{R_1 + R_2}} = \frac{1}{\alpha T} \Rightarrow f_p = \frac{1}{2\pi \dfrac{C_1 R_1 R_2}{R_1 + R_2}}
$$

在圖 6-14(b)所示就是零點與極點在座標上之位置，其波德圖之頻率響應，則如圖 6-14(c)所示。

另外，在圖 6-15 所示之電路乃具有運算放大器之非反相超前補償網路。在此網路之轉移函數可以表示為

$$\frac{\hat{V}_c(s)}{\hat{V}_1(s)} = \frac{R_5}{R_4 + R_5} \cdot \left(1 + \frac{R_3}{Z_1}\right) \tag{6-27}$$

而上式之 $Z_1$ 阻抗，則為

$$Z_1 = R_2 // \left(\frac{1}{SC} + R_1\right) = \frac{R_2\left(R_1 + \frac{1}{SC_1}\right)}{R_2 + R_1 + \frac{1}{SC_1}} \tag{6-28}$$

將(6-28)式代入(6-27)式，則可得到

$$\frac{\hat{V}_c(s)}{\hat{V}_1(s)} = \frac{R_5}{R_4 + R_5} \cdot \left(1 + \frac{R_3}{R_2} \cdot \frac{R_2 + R_1 + \frac{1}{SC_1}}{R_1 + \frac{1}{SC_1}}\right)$$

$$= \frac{R_5}{R_4 + R_5} \cdot \frac{R_2 + R_3}{R_2} \cdot \frac{1 + \frac{SC_1(R_1R_2 + R_2R_3 + R_1R_3)}{R_2 + R_3}}{1 + SC_1R_1} \tag{6-29}$$

故由(6-29)式，可得知網路之零點與極點分別為

$$零點：\omega_z = \frac{1}{\frac{C_1(R_1R_2 + R_2R_3 + R_1R_2)}{R_2 + R_3}}$$

$$\Rightarrow f_z = \frac{1}{2\pi \cdot \frac{C_1(R_1R_2 + R_2R_3 + R_1R_3)}{R_2 + R_3}}$$

$$極點：\omega_p = \frac{1}{C_1R_1} \Rightarrow f_p = \frac{1}{2\pi C_1R_1}$$

至於具有運算放大器之反相超前補償網路，則如圖 6-16 所示。由此電路則可推導出其轉移函數之表示式為

$$\frac{V_c(s)}{V_1(s)} = \frac{R_2}{R_3 + \left(\frac{1}{SC_1} // R_1\right)} = \left(\frac{R_2}{R_3 + R_1}\right) \cdot \frac{1 + SC_1R_1}{1 + S\frac{C_1R_1R_3}{R_3 + R_1}} \tag{6-30}$$

由(6-30)式，則可得知網路之零點與極點分別為

零點：$\omega_z = \dfrac{1}{C_1 R_1} \Rightarrow f_z = \dfrac{1}{2\pi C_1 R_1}$

極點：$\omega_p = \dfrac{1}{\dfrac{C_1 R_1 R_3}{R_3 + R_1}} \Rightarrow f_p = \dfrac{1}{2\pi \dfrac{C_1 R_1 R_3}{R_3 + R_1}}$

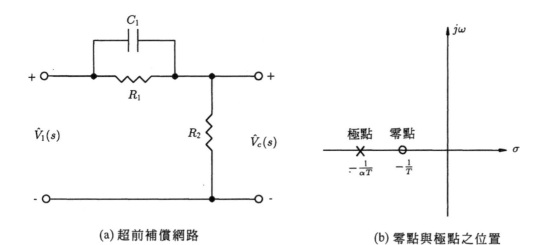

| (a) 超前補償網路 | (b) 零點與極點之位置 |
|---|---|

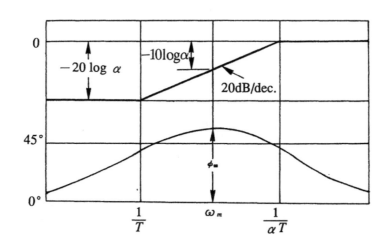

(c) 頻率響應圖

圖 6-14

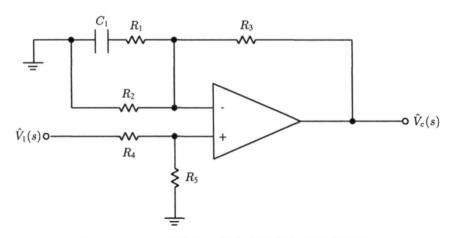

圖 6-15　具有運算放大器之非反相超前補償網路

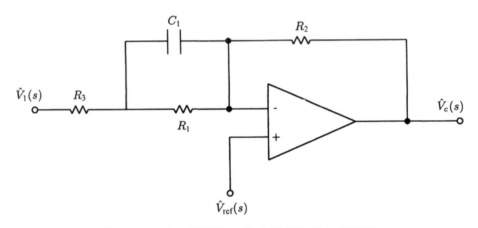

圖 6-16　具有運算放大器之反相超前補償網路

## B. 落後補償

　　同樣的在補償網路中,所謂"落後"之意即指正弦輸出信號的相位會落後於正弦輸入信號。而系統中加入落後補償,則對轉換器而言其影響為

1. 可用於改善穩態誤差。

2. 會降低頻帶寬度導致較慢的暫態響應,但是相對的卻可抑制高頻雜訊的影響。

3. 落後補償本身為一低通濾波器(low-pass filter),所以,低頻信號通行無阻,高頻信號則予以衰減。

在圖 6-17(a)所示就是一典型的落後補償網路。其網路之轉移函數可以表示為

$$\frac{\hat{V}_c(s)}{\hat{V}_1(s)} = \frac{R_2 + \dfrac{1}{SC_1}}{R_1 + R_2 + \dfrac{1}{SC_1}} = \frac{1 + SC_1 R_2}{1 + SC_1(R_1 + R_2)} = \frac{1 + TS}{1 + \beta TS} \tag{6-31}$$

在此

$$\beta = \frac{R_1 + R_2}{R_2} \ , \ T = C_1 R_2$$

由上式則可知網絡之零點與極點，則分別為

$$零點：\omega_z = \frac{1}{C_1 R_2} = \frac{1}{T} \Rightarrow f_z = \frac{1}{2\pi C_1 R_2}$$

$$極點：\omega_p = \frac{1}{C_1(R_1 + R_2)} = \frac{1}{\beta T} \Rightarrow f_p = \frac{1}{2\pi C_1(R_1 + R_2)}$$

在圖 6-17(b)所示就是落後補償網路之零點與極點在座標上之位置，而其頻率響應則圖 6-17(c)所示。

在圖 6-18 所示為具有運算放大器之非反相落後補償網路，其轉移函數一般可以表示為

$$\frac{\hat{V}_c(s)}{\hat{V}_1(s)} = \frac{R_5}{R_4 + R_5} \cdot \left(1 + \frac{Z_f}{R_3}\right) \tag{6-32}$$

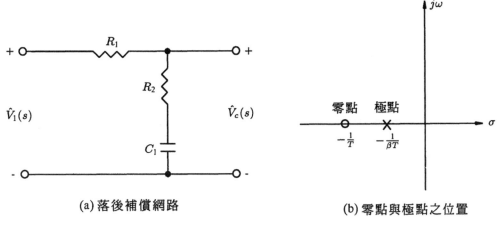

(a) 落後補償網路　　　　　(b) 零點與極點之位置

圖 6-17

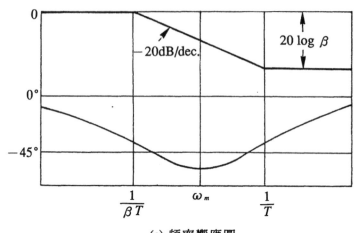

(c) 頻率響應圖

圖 6-17 (續)

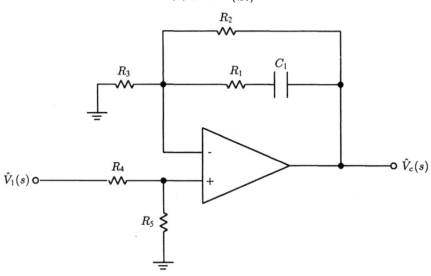

圖 6-18 具有運算放大器之非反相落後補償網路

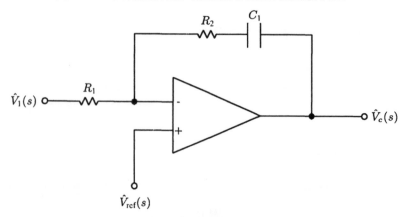

圖 6-19 具有運算放大器之反相落後補償網路

其中 $Z_f$ 乃由 $R_1$、$R_2$ 與 $C_1$ 所組成之迴授阻抗，故

$$Z_f = \frac{R_1 R_2}{R_1 + R_2(1 + SC_1 R_1)} \tag{6-33}$$

將(6-33)式代入(6-32)式，則

$$\frac{\hat{V}_c(s)}{\hat{V}_1(s)} = \frac{R_5}{R_4 + R_5} \cdot \left[ 1 + \frac{R_1 R_2}{R_3 R_1 + R_2 R_3(1 + SC_1 R_1)} \right]$$

$$= \frac{R_5}{R_4 + R_3} \cdot \frac{R_3 R_1 + R_2 R_3 + R_1 R_2}{R_3 R_1 + R_2 R_3} \cdot \frac{\left[ 1 + \dfrac{SC_1 R_1 R_2 R_3}{R_3 R_1 + R_2 R_3 + R_1 R_2} \right]}{\left[ 1 + \dfrac{SC_1 R_1 R_2 R_3}{R_3 R_1 + R_2 R_3} \right]} \tag{6-34}$$

因此，由(6-34)式可得知此補償網路之零點與極點分別為

$$零點：\omega_z = \frac{1}{\dfrac{C_1 R_1 R_2 R_3}{R_3 R_1 + R_2 R_3 + R_1 R_2}} \Rightarrow f_z = \frac{1}{2\pi \cdot \dfrac{C_1 R_1 R_2 R_3}{R_3 R_1 + R_2 R_3 + R_1 R_2}}$$

$$極點：\omega_p = \frac{1}{\dfrac{C_1 R_1 R_2 R_3}{R_3 R_1 + R_2 R_3}} \Rightarrow f_p = \frac{1}{2\pi \cdot \dfrac{C_1 R_1 R_2 R_3}{R_3 R_1 + R_2 R_3}}$$

而具運算放大器之反相落後補償網路，則如圖 6-19 所示。其網路之轉移函數可表示為

$$\frac{\hat{V}_c(s)}{\hat{V}_1(s)} = \frac{R_2 + \dfrac{1}{SC_1}}{R_1} = \frac{1 + SC_1 R_2}{SC_1 R_1} \tag{6-35}$$

由(6-35)式之轉移函數可知其極點位於原點之處，而零點則為

$$零點：\omega_z = \frac{1}{C_1 R_2} \Rightarrow f_z = \frac{1}{2\pi C_1 R_2}$$

在圖 6-20 所示之電路亦為反相落後補償，而網路之轉移函數則可表示為

$$\frac{\hat{V}_c(s)}{\hat{V}_1(s)} = \frac{R_3 \,//\, \left( R_2 + \dfrac{1}{SC_1} \right)}{R_1} = \frac{R_3}{R_1} \cdot \frac{1 + SC_1 R_2}{1 + SC_1(R_2 + R_3)} \tag{6-36}$$

因此，由(6-36)式可得出其零點與極點分別為

零點：$\omega_z = \dfrac{1}{C_1 R_2} \Rightarrow f_z = \dfrac{1}{2\pi C_1 R_2}$

極點：$\omega_p = \dfrac{1}{C_1(R_2 + R_3)} \Rightarrow f_p = \dfrac{1}{2\pi C_1(R_2 + R_3)}$

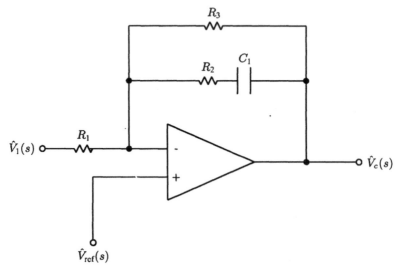

圖 6-20　具有運算放大器之反相落後補償網路

## C.超前－落後補償：

　　最後要探討研究的補償方式為"超前－落後"補償網路，其意即指正弦輸出信號的相位，在不同頻率範圍有落後有超前於正弦輸入信號。故可說是結合超前補償與落後補償之設計方式，以達到改善暫態及穩態響應不良之轉換器系統。

　　在圖 6-21(a)所示就是典型利用 RC 網路所組成的超前－落後補償，而其轉移函數則可表示為

$$\frac{\hat{V}_c(s)}{\hat{V}_1(s)} = \frac{\dfrac{1}{SC_2} + R_2}{\left(\dfrac{1}{SC_1} /\!/ R_1\right) + \left(\dfrac{1}{SC_2} + R_2\right)} = \frac{(R_1 C_1 S + 1)(R_2 C_2 S + 1)}{(R_1 C_1 S + 1)(R_2 C_2 S + 1) + R_1 C_2 S}$$

$$= \frac{(1 + ST_1)(1 + ST_2)}{(1 + S\beta T_1)\left(1 + S\dfrac{T_2}{\beta}\right)} \ , \ \beta > 1 \ , \ T_1 > T_2 \tag{6-37}$$

在此

$$T_1 = R_1 C_1 \text{，} T_2 = R_2 C_2 \text{，} \beta = \frac{R_1 + R_2}{R_2}$$

由(6-37)式可知$(1 + ST_2)/(1 + S\dfrac{T_2}{\beta})$此項會產生超前補償之效果，而$(1 + ST_1)/(1 + S\beta T_1)$此項則會產生落後補償之效果。至於超前－落後轉移函數之零點與極點則分別有兩個，其值為

$$\text{零點：} \omega_{z1} = \frac{1}{C_1 R_1} = \frac{1}{T_1} \Rightarrow f_{z1} = \frac{1}{2\pi C_1 R_1}$$

$$\omega_{z2} = \frac{1}{C_2 R_2} = \frac{1}{T_2} \Rightarrow f_{z2} = \frac{1}{2\pi C_2 R_2}$$

$$\text{極點：} \omega_{p1} = \frac{1}{\left(\dfrac{R_1 + R_2}{R_2}\right) \cdot (R_1 C_1)} = \frac{1}{\beta T_1} \Rightarrow f_{p1} = \frac{1}{2\pi \cdot \left(\dfrac{R_1 + R_2}{R_2}\right) \cdot (R_1 C_1)}$$

$$\omega_{p2} = \frac{1}{\left(\dfrac{R_2}{R_1 + R_2}\right) \cdot (R_2 C_2)} = \frac{1}{\dfrac{T_2}{\beta}} \Rightarrow f_{p2} = \frac{1}{2\pi \cdot \left(\dfrac{R_2}{R_1 + R_2}\right) \cdot (R_2 C_2)}$$

因此，其零點與極點之位置則示於圖 6-21(b)中，而頻率響應之曲線則如圖 6-21(c)所示。

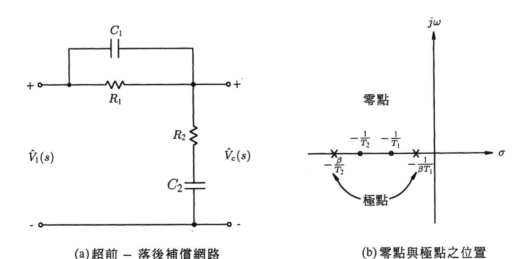

(a)超前 – 落後補償網路　　　(b)零點與極點之位置

圖 6-21

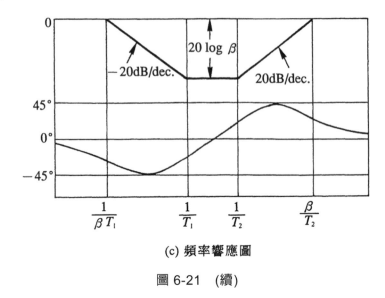

(c) 頻率響應圖

圖 6-21　(續)

　　在圖 6-22(a)所示為具有運算放大器之反相超前－落後補償網路。由此可推得轉移函數之表示式為

$$\frac{\hat{V}_c(s)}{\hat{V}_1(s)} = \frac{\dfrac{1}{SC_2} + R_2}{R_3 + \left(\dfrac{1}{SC_1} \,//\, R_1\right)} = \frac{(1 + SC_1R_2)(1 + SC_1R_1)}{(SC_2R_1)(1 + SC_1R_3)} \tag{6-38}$$

而式中兩個零點與極點，則分別為

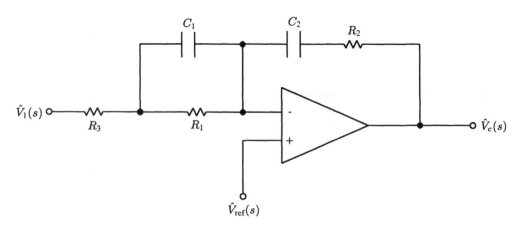

(a) 具有運算放大器之反相超前 － 落後補償網路

圖 6-22

$$\text{零點：} \omega_{z1} = \frac{1}{C_2 R_2} \Rightarrow f_{z1} = \frac{1}{2\pi C_2 R_2}$$

$$\omega_{z2} = \frac{1}{C_1 R_1} \Rightarrow f_{z2} = \frac{1}{2\pi C_1 R_1}$$

$$\text{極點：} \omega_{p1} = \text{原點} \Rightarrow f_{p1} = \text{原點}$$

$$\omega_{p2} = \frac{1}{C_1 R_3} \Rightarrow f_{p2} = \frac{1}{2\pi C_1 R_3}$$

此結構之波德圖頻率響應，則如圖 6-22(b)的所示。而在高頻部份之增益一般可以由 $R_2$ 與 $R_3$ 來設定；因此，在頻率 $f_{p2}$ 之增益為

$$AV_2 = \frac{R_2}{R_3} \tag{6-39}$$

至於在頻率 $f_{z1}$ 與 $f_{z2}$ 之增益則為

$$AV_1 = \frac{R_2}{R_1 + R_3} \tag{6-40}$$

由頻率響應圖即可得知，在 $f_{z2}$ 與 $f_{p2}$ 之間其斜率為 +1；因此，為了使整個迴路增益交越頻率能通過 − 1 斜率，則補償網路在設計上一般都將增益交越率設定在 $f_{z2}$ 與 $f_{p2}$ 之間，如此方能使轉換器系統達到穩定之需求。

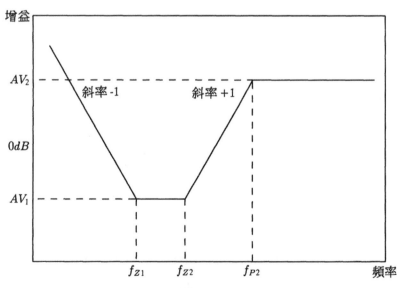

(b) 超前 − 落後補償頻率響應圖

圖 6-22

　　另外，在圖 6-23(a)所示亦爲反相超前－落後補償網路，電路結構則稍微複雜一些，其轉移函數則可推導表示如下

$$\frac{\hat{V}_c(s)}{\hat{V}_1(s)} = \frac{\left(\dfrac{1}{SC_2}\right) // \left(R_2 + \dfrac{1}{SC_1}\right)}{(R_1) // \left(R_3 + \dfrac{1}{SC_3}\right)} = \frac{(1 + SR_2C_1)[1 + S(R_1 + R_3)C_3]}{[SR_1(C_1 + C_2)]\left(1 + S\dfrac{R_2C_1C_2}{C_1 + C_2}\right)(1 + SR_3C_3)} \quad (6\text{-}41)$$

由上式之轉移函數可得知零點有兩個，極點則有三個，它們分別爲

零點：$\omega_{z1} = \dfrac{1}{R_2C_1} \Rightarrow f_{z1} = \dfrac{1}{2\pi R_2C_1}$

$\qquad \omega_{z2} = \dfrac{1}{(R_1 + R_3)C_3} \simeq \dfrac{1}{R_1C_3} \Rightarrow f_{z2} = \dfrac{1}{2\pi(R_1 + R_3)C_3} \simeq \dfrac{1}{2\pi R_1C_3}$

極點：$\omega_{p1} = 原點 \Rightarrow f_{p1} = 原點$

$\qquad \omega_{p2} = \dfrac{1}{R_3C_3} \Rightarrow f_{p2} = \dfrac{1}{2\pi R_3C_3}$

$\qquad \omega_{p3} = \dfrac{1}{\dfrac{R_2C_1C_2}{C_1 + C_2}} \simeq \dfrac{1}{R_2C_2} \Rightarrow f_{p3} = \dfrac{1}{2\pi \dfrac{R_2C_1C_2}{C_1 + C_2}} \simeq \dfrac{1}{2\pi R_2C_2}$

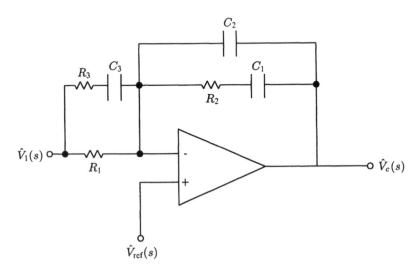

(a) 具有運算放大器之反相超前 － 落後補償網路

圖 6-23

此轉移函數之頻率響應則如圖 6-23(b)所示，由此曲線與前一個圖不同的是在高頻部份會遇到一極點 $f_{p3}$，而使其向下反折為–20dB/dec，至於在頻率 $f_{z1}$ 與 $f_{z2}$ 之間的增益一般可近似表為

$$AV_1 = \frac{R_2}{R_1} \qquad\qquad (6\text{-}42)$$

而在頻率 $f_{p2}$ 與 $f_{p3}$ 之間的增益則可近似表為

$$AV_2 = \frac{R_2(R_1 + R_3)}{R_1 R_3} \approx \frac{R_2}{R_3} \qquad\qquad (6\text{-}43)$$

當然，以此結構做為誤差放大器補償之用時，最好的結果是使增益交越頻率發生在 $f_{z2}$ 與 $f_{p2}$ 頻率之間，以使系統達到穩定之目的。

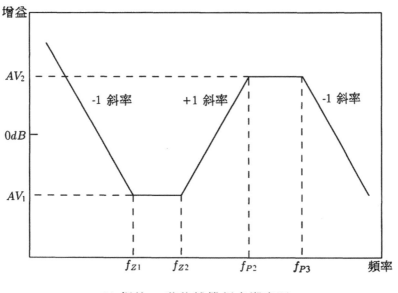

(b) 超前 — 落後補償頻率響應圖

圖 6-23

因此，綜合以上研究可得知為了使轉換器系統達到吾人所要求之穩定度，則需視情況而定加入適當之迴授補償網路。也就是說使整個迴路增益交越頻率 $f_c$ (一般都設定在 1/4，或 1/5 或 1/10 的交換頻率)通過–1 斜率之處。而迴授補償網路之設計大都是利用 PWM，IC 內部的誤差放大器外加 $RC$ 被動元件而成；或是將 IC 內的誤差放大器當做緩衝器(buffer)，利用外加的運算放大器來做補償設計；或是

在輸出迴授的分流穩壓器(shunt regulator)上做補償設計亦可。而一般補償設計之原則如下：

1. 在控制至輸出 $\hat{V}_o(s)/\hat{V}_c(s)$ 的兩個相近的極點值 $f_{po} \approx 1/2\pi\sqrt{LC}$，可設計頻率為其 1/2 的兩個零點來補償之，也就是

$$f_{z1} = f_{z2} = \frac{1}{2} f_{po}$$

如此在 $f_{po}$ 點可提供額外之相位移。

2. 在控制至輸出 $\hat{V}_o(s)/\hat{V}_c(s)$ 的零點 $f_{zESR} = 1/2\pi R_c C$(由 ESR 引起)，或是發生在昇壓型(boost)，返馳式(flyback)轉換器的右半平面之零點 $f_{ZR}$，此時可分別設計極點來補償之，也就是

$$f_{p2} = f_{zESR} \quad \text{或} \quad f_{p3} = f_{ZR}$$

當然，$f_{p2}$ 此點頻率最好要能夠大於五倍的 $f_{p0}$ 頻率，以避免在 $f_{p0}$ 點造成更多的相位落後。而在降壓型(buck)，順向式(forward)轉換器中由於右半平面沒有零點產生，故 $f_{p3}$ 點之補償即可省略。

　　例如在圖 6-22(a)的補償網路中，$C_2 R_2$ 與 $C_1 R_1$ 就是提供兩個零點頻率，用來補償 $f_{p0}$ 兩個相近之極點；而 $C_1 R_3$ 則提供極點頻率來補償電容器之 ESR 所造成之零點頻率 $f_{zESR}$。同樣的，在圖 6-23(a)的補償網路中，$C_1 R_2$ 與 $C_3 (R_1 + R_3)$ 也是提供兩個零點頻率，來補償 $f_{p0}$ 兩個相近之極點；另外，$C_3 R_3$ 則提供極點頻率 $f_{p2}$ 來補償 ESR 所造成之零點頻率 $f_{ESR}$，至於 $C_1 C_2 R_2$ 所提供之極點頻率 $f_{p3}$，則可用來補償昇壓型，返馳式轉換器右半平面之零點 $f_{ZR}$，或是當 $f_{p3}$ 大於 $f_c$ 時，則可用來減小高頻之交換雜訊(switching noise)，並確使迴路增益在 $f_c$ 之後會予以衰減。(注意在 'CUK 轉換器中亦會有右半平面之零點產生)

　　此時若假設輸出分壓網路之轉移函數 $H(s) = \hat{V}_1(s)/\hat{V}_o(s) = 1$(也就是說輸出電壓 $V_o$ 與參考電壓 $V_{ref}$ 此時是相等的)，則當吾人所設定之增益交越頻率 $f_c$ 在控制至輸出 $\hat{V}_o(s)/\hat{V}_c(s)$ 的頻率響應上為 $-A$ dB 時，接著就必須要使吾人所設計的補償網路 $\hat{V}_c(s)/\hat{V}_1(s)$，其頻率響應在 $f_c$ 上為 $+A$ dB。如此方可使得整個系統之迴路增益在 $f_c$ 上為零 dB，且斜率為 $-1(-20\text{dB/dec})$。

　　若轉換器的輸出迴路中包含有分壓網路 $H(s)$ 時，則由控制至輸出的轉移函數 $\hat{V}_o(s)/\hat{V}_c(s)$ 與分壓網路轉移函數 $\hat{V}_1(s)/\hat{V}_o(s)$，吾人可得出控制至輸出分壓的轉移函數為

$$\frac{\hat{V}_1(s)}{\hat{V}_c(s)} = \frac{\hat{V}_o(s)}{\hat{V}_c(s)} \cdot \frac{\hat{V}_1(s)}{\hat{V}_o(s)} \tag{6-44}$$

因此，由(6-44)式之頻率響應可得知，若吾人所設定之增益交錯頻率 $f_c$ 在其上為$-A$ dB 時，同理，所設計的補償網路 $\hat{V}_c(s)/\hat{V}_1(s)$，其頻率響應在 $f_c$ 上亦必須為$+A$ dB。

　　有此觀念之後，接著下來就是要設法求出補償網路各元件之參數值；在此吾人以圖 6-21(a)之補償結構來說明之。若增益交越頻率 $f_c$ 設定在補償網路 $f_{z2}$ 與 $f_{p2}$ 頻率之間(+1 斜率)，則吾人可求出在零點 $f_{z1}$ 與 $f_{z2}$ 之增益為

$$AV_1 = \left(\frac{f_{z2}}{f_c}\right) \cdot (迴授補償網路 \hat{V}_c(s)/\hat{V}_1(s) 在 f_c 的增益單位)$$
$$= \frac{R_2}{R_1 + R_3} \tag{6-45}$$

至於補償 ESR 之極點 $f_{p2}$ 的增益則為

$$AV_2 = \left(\frac{f_{z2}}{f_c}\right) \cdot (迴授補償網路 \hat{V}_c(s)/\hat{V}_1(s) 在 f_c 的增益單位)$$
$$= \frac{R_2}{R_3} \tag{6-46}$$

所以，整個補償網路之參數值可計算如下：

1. 首先假設 $R_2$ 值。
2. 由(6-46)式求出 $R_3$ 值。
3. 由(6-45)式求出 $R_1$ 值。
4. 由 $f_{z1} = 1/2\pi C_2 R_2$ 之表示式求出 $C_2$ 值。
5. 由 $f_{z2} = 1/2\pi C_1 R_1$ 之表示式求出 $C_1$ 值。

　　由此參數值即可獲得迴授補償網路轉移函數 $\hat{V}_c(s)/\hat{V}_1(s)$ 的表示式，而整個轉換器系統之迴路增益即為

迴路增益(loop gain)
= (控制至輸出 $\hat{V}_o(s)/\hat{V}_c(s)$)·(輸出分壓網路刊 $\hat{V}_1(s)/\hat{V}_o(s)$ )
　·(迴授補償網路 $\hat{V}_c(s)/\hat{V}_1(s)$ )　　　　　　　　　　　　　　(6-47)

所以，由(6-47)式就可獲得迴路增益之頻率響應，並可確知系統加入補償之後，是否確實已達到吾人所要求之穩定度。在設計上有一點要注意的是，剛剛有前面所提到吾人所設定之增益交越頻率 $f_c$，在控制至輸出(或輸出分壓)的頻率響應上，其斜率為–2(–40dB/dec 做考慮設計。若所設定之 $f_c$ 頻率在 ESR 零點之後，此時其斜率乃為–1(–20dB/dec)；所以，在設計補償網路時，可將其置於零斜率之處(也就是 $f_{p2}$ 頻率之後)，如此方可使系統之迴路增益在 $f_c$ 上為–1 之斜率。

# 第七章
# 轉換器頻率響應
# 量測技術之建立

## 7-1　概論

　　在交換式電源轉換器的系統中，其頻率響應之量測，可以決定出系統的穩定度，以及拒斥輸入雜訊/漣波(noise/ripple)傳遞到輸出的能力；另外，亦可得知其暫態響應之特性。因此，在本章中將深入探討研究轉換器的頻率響應量測之方法與技術；並提出各種量測迴路增益(loop gain)之方式，減少設計者在量測上所浪費的時間，而能快速精確地量測出其頻率響應之大小(magnitude)與相位(phase)，同時能進一步獲致系統之增益邊限(G.M.)與相位邊限(P.M.)，以判斷系統穩定之特性程度。另外，在本章中亦對系統的其它轉移函數做頻率響應之量測，如控制至輸出(controlto-output)轉移函數，聲頻感受度(audiosusceptibility)，輸出阻抗(output impedance)與輸入阻抗(input impedance)等。

## 7-2　頻率響應之量測裝置

　　由於交換式電源轉換器本身乃為一非線性電路，且信號經由功率開關轉換元件會切割成高頻的方波信號，因此，在整個交換過程中則會有大量的雜訊以及高頻諧波(harmonics)產生。所以，此系統的頻率響應量測，就需要較特殊的儀器裝置，以便能夠量測出所注入之頻率信號，在轉換器的輸出端點所得之反應結果，同時亦要能拒斥其它頻率之雜訊與諧波信號；因此，可使用窄頻帶的追蹤電壓計(narrow band tracking voltmeter)，並配合使用掃描振盪器(sweep oscillator)，即可達成頻率響應增益大小之量測。另外，接著再再以三角相量(phasor triangle)的方式計算求得轉移函數之相位角。不過，最好能夠使用結合掃描振盪器與窄頻帶追蹤電壓計在一起之儀器裝置，如此可使電壓計之窄頻帶濾波器能夠自動追蹤振盪器之頻率信號。而一般此種量測裝置則稱之爲波形分析器(wave analyzers)，例如Hewlett-Packard (HP)公司所出品的 302A，310A，312A，3590A 與 3581A 等等都是屬於此種型式之儀器。因此，利用此種具有兩個輸入通道之量測裝置，即可得出這信號注入端與輸出端之信號增益大小，並以 dB 值表示出來；同時，亦可得到它們之間($V_o/V_{in}$)的增益與相位。所以，使用波形分析器做爲交換式電源轉換器之動態頻率響應的量測，會較前面所提的裝置方式來得方便些，且可稍減在量測上所花費的時間。

當然，若要獲得較精確的結果，且能直接由儀器裝置得到連續之動態頻率響應曲線，則可使用較精密的分析裝置；例如，HP3040A 的網路分析器(network analyzer)，BAFCO 916H 的頻率響應分析器(frequency responseanalyzer)，或是HP3562A 的動態信號分析器(dynamic signa Lanalyzer)；同時，再配合使用繪圖器(plotter)即可快速又精確地將轉換器之增益與相位的頻率響應曲線繪出來。如此在量測時閒上就可以大大地減少許多，由原來的幾小時，或幾天時間，現今卻可在幾分鐘之內予以完成；而且也將精確度與可靠度相對地提高許多。

在本文中針對於交換式電源轉換器的穩定度分析，以及其頻率響應量測技術之建立，所採用的儀器量測裝置就是 HP 3562A 的動態信號分析器，與 HP 7475A 的繪圖器。此種型式的量測裝置是屬於雙通道的 FFT 分析器，而其頻率量測範圍可從 64 μHz 至 100 kHz。接著下來將詳細研究探討如何利用動態信號分析器，在交換式電源轉換器上做動態頻率響應之量測，並建立其量測技術準則與方法。

## 7-3　迴路增益之頻率響應量測技術

一般在交換式電源轉換器中的基本性能規格，都與其直流穩壓率，輸出阻抗，暫態響應，與線拒斥(line rejection)(或是稱之爲聲頻感受度)有所關係。而所有這些特性都會直接關聯影響轉換器之迴路增益，因此，由迴路增益的大小與相位即可得知其抵抗振盪之穩定邊限程度。在傳統中若要得知轉換器系統的閉迴路穩定度之情況，可量測其暫態響應之波形來予以分析。而暫態響應的量測則可在二倍的交流輸入頻率下，轉換輸出負載由其全額值的 75% 至 100%，如此的負載變化在回復時間結束時，可強制使得迴授放大器由一個開迴路情況變至閉迴路情況。

在圖 7-1 所示為 ±25% 負載變化下，典型的暫態響應軌跡。圖中的轉換波形在方波的上升與下降邊緣，會引起開關的輸出電壓有"下陷" (dip) 或"跳動"(jump) 之現象產生。這些暫態的 $V_r$ 電壓大小主要全視輸出電容器的 ESR 值而定，而回復時間 $t_r$ 乃為輸出濾波器與迴路響應的函數。在圖 7-1(b) 中所示的響應波形乃為吾人所期望的回復響應，並具有在 −20dB/dec 之處整個迴路增益會通過單位增益(零分貝)，而且相位邊限會大於 90°。在圖 7-1(c) 所示也是一個可接受的回復響應，其振鈴(ringing) 現象在一個或二個週期就會被減弱，在此情況，整個迴路增益會在非常接近 −20 dB/dec 斜率之處通過單位增益線，而其相位邊限會介於 90° 與 45° 之間。至於圖 7-1(d) 所示則是處於邊限上的穩定，而且轉換器會有振盪的現象，且其相位邊限較差。另外測試時亦可由半載至全載變化觀察其波形，若 $t_r \le 1ms$ 且峰值超越量 $V_p \le \dfrac{1}{4} V_r$，則此轉換器會具有約 45° 之相位邊限，可達到穩定之狀態。

當然使用前面暫態響應的方式來做為測量雖然較簡單方便些，不過卻無法得出精確頻率響應值，如增益邊限，相位邊限，交越頻率與頻帶寬度等。因此，接著下來將探討研究並建立整個交換式電源轉換器之動態頻率響應量測技術與方法，以茲做為決定系統之穩定度。至於量測方式則歸納分為兩種：

1. 注入技術法(injection technique)：而此法又分為開迴路直接(open loop direct) 方式與閉迴路直接(closed loop direct) 方式。

2. 參考技術法(reference technique)：又稱之為閉迴路計算法(closed loop calculate)。

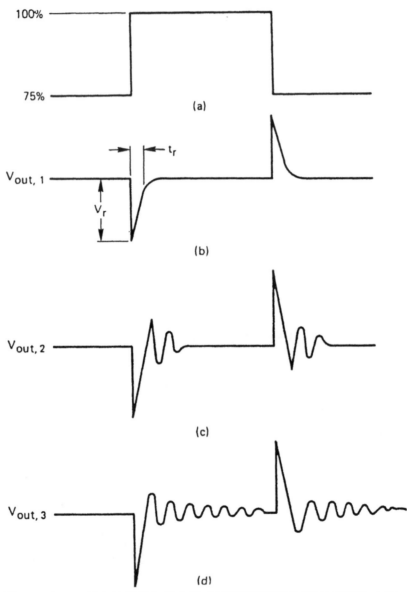

圖7-1 在25%輸出負載變化下交換式電源轉換器以不同的迴授放大器
補償值所產生的暫態響應軌跡

## 7-3.1 開迴路直接方式之量測

一般在交換式電源供應器中為了連到穩定之操作,都是採用負迴授(negative feedback)的方式,如圖 7-2 所示的系統方塊圖,而在此圖中則包括了交換式高頻轉換器,脈波寬度調變器,誤差放大器,參考電壓,迴授網路與低通濾波器。因此,亦可將此轉換器結構表示成控制系統之形式,如圖 7-3 所示,而此舉將有助於系統之分析。在圖中吾人將迴授網路以 $H$ 方塊函數來表示之，並將脈波寬度調變器，高頻交換式轉換器與低通濾波器以 $G$ 方塊函數視之。當然亦可將 $G$ 表示成串聯的 $G_1$ 與 $G_2$ 方塊函數，其中 $G_1$ 可為誤差放大器補償網路之轉移函數，而 $G_2$ 轉移函數則由調變器，交換式轉換器與低通濾波器所組成。

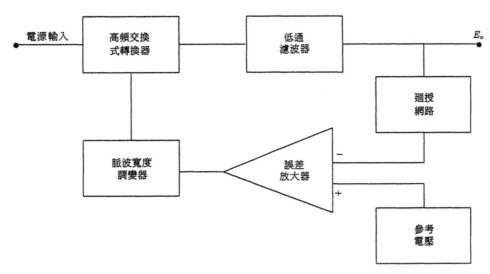

圖 7-2　交換式電源轉換器系統方塊圖

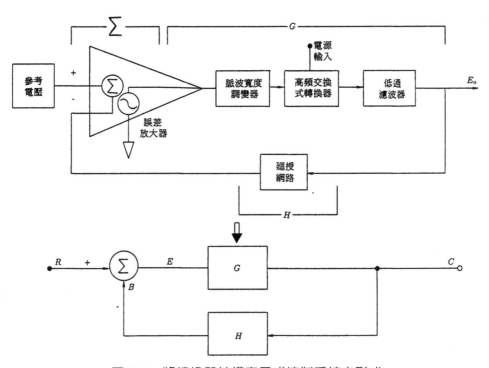

圖 7-3　將轉換器結構表示成控制系統之形式

　　因此，由負回授控制系統之轉換器中，若要做迴路增益的頻率響應量測，則可在迴路適當之處予以開路；並在此處連接一負載阻抗，用來模擬此點在閉迴路時的阻抗。接著在開路的順向路徑上注入一頻率掃描的信號，則在另外一端點就會有信號電壓產生。所以，在整個掃描頻率的範圍中，此兩端電壓信號之比，即可得出迴路增益之大小與相位。如圖 7-4 所示吾人在迴授分壓網路之處，將此點予以開路，然後再配合使用 HP3562A 的動態信號分析器於開路兩端，即可量測出系統迴路增益的頻率響應。同理，若 PWM 部份所使用的是分離式元件，則可以在誤差放大器的輸出端與調變器的輸入端之間予以開路；此時頻率掃描信號源則置於調變器開路輸入端，並於誤差放大器開路輸出端置一等效阻抗，如圖 7-5 所示，因此，亦可獲得所期望之迴路增益的頻率響應。例如，由圖 7-4(a)所建立的量測方塊圖，則可得知

$$Y = HC \tag{7-1}$$

而此時將 $R$ 設定為零，則

$$C = - G_1 G_2 Z \tag{7-2}$$

所以，將(7-2)式代入(7-1)式中則可得到開迴路增益為

$$-\frac{Y}{Z} = + G_1 G_2 H \tag{7-3}$$

同樣的，由圖 7-5(a)所建立的量測方塊圖，亦可得知

$$C = G_2 Z \tag{7-4}$$

而此時亦將 $R$ 設定為零，則

$$Y = - G_1 HC \tag{7-5}$$

所以，將(7-5)式代入(7-4)式中則可得到開迴路增益為

$$-\frac{Y}{Z} = + G_1 G_2 H \tag{7-6}$$

在此 $Z$ 表示開路輸入端的測試信號，而 $Y$ 則為開路另一端之迴路回流信號(loop return signal)。

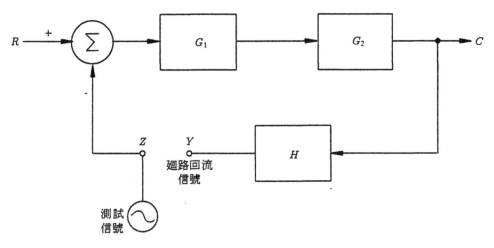

(a) 迴路增益的量測方塊圖

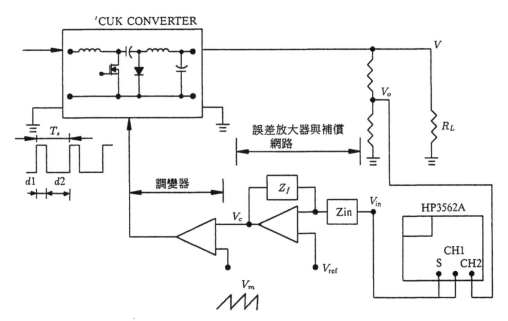

(b) 實際量測裝置之建立

圖 7-4 迴授分壓網路端的開迴路注入技術

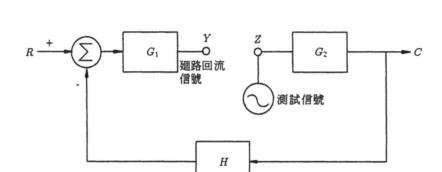

(a)迴路增益的量測方塊圖

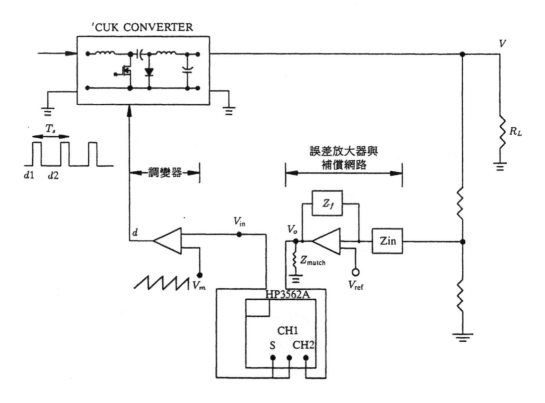

(b)實際量測裝置之建立

圖 7-5 誤差放大器輸出端的開迴路注入技術

　　經由以上所建立的量測技術，轉換器迴路增益之大小與相位就會自動隨著測試信號掃描頻率之改變而有所不同。整個量測結果即可顯示在動態信號分析器的監視器上，並經由繪圖器繪出其頻率響應之波德圖，以茲判斷系統之穩定度是否在閉迴路時有振盪之情況發生。不過此種開迴路的注入技術法在做頻率響應之量測時，卻有以下一些實際之缺點產生：

1. 在做迴路增益的頻率響應量測時，必須在迴路適當之處將其開路；並且須時時保持在相同的操作點。

2. 在開迴路中之漂移(drift)現象，很容易造成轉換器系統飽和(saturation)之情況。

3. 若轉換器在飽和或截止(cut off 的情況，此時其乃為一高增益之系統，故在操作量測頻率響應就較為困難些。

4. 在迴路開路之處所置入的閉迴路等效阻抗較難予以決定或是達到匹配(match)之效。

5. 若轉換器的交越頻率設計在交換頻率的二分之一處，則系統就會有較寬廣的頻帶寬度；不過由於會有較大的斜坡漣波電壓產生交互作用(interaction)，因此，在開迴路與閉迴路之間所量測的頻率響應就會有所不同。故吾人在做轉換器之系統設計時，最好能將交越頻率設計在 10%至 15%的交換頻率之下，如此方可在開迴路與閉迴路量測出相同的頻率響應。

　　為了克服此種開迴路注入技術之缺點，乃改採用閉迴路之方式來做轉換器動態頻率響應之量測，接下來將繼續探討研究此種注入技術法。

## 7-3.2　閉迴路直接方式之量測

　　在此吾人所稱之為閉迴路的注入技術，乃是不須將迴路在適當之處予以開路，祇要保持原來交換式電源轉換器之閉迴路狀態即可。此時將正弦掃描測試信號注入系統較適切之控制迴路中，並量測控制迴路中兩個不同點之信號，即可獲得轉換器之迴路增益與相位。所以，此種量測方式則具有以下一些優點：

1. 由於不須要將系統迴路在適當之處予以打開，且不須置入等效的閉迴路阻抗；因此，可以真正的在直流操作點(dc operating point)與正確的負載阻抗之情況下做量測。

2. 可以避免直流與信號飽和之問題。

3. 在量測上非常容易而且又非常方便，大大地減少在量測上所花費的時間；而且迴路的操作不會受到干擾。

4. 可獲得較精確之量測結果。

5. 適用於多重迴授(rnultiple feedback)路徑之轉換器系統，若用開迴路的量測方式，則可能無法量測出主控制迴路。

而其惟一之缺點就是雜訊在信號注入的迴路兩端上($Y$ 與 $Z$)會有同調(coherent)之現象產生。

在圖 7-6 中所示，就是使用閉迴路注入技術的量測方法；由此方式吾人即可將系統之迴路增益與相位精確地量測出來。圖 7-6(a)所示為量測之方塊圖，而圖7-6(b)則將實際動態信號分析器加入量測系統中的方塊裝置。圖中 $S$ 表示注入迴路中的測試信號，其為正弦掃描之信號，而頻率掃描之範圍則可由吾人設定之；$Z$則表示迴路的測試驅動信號(drive signal)；至於 $Y$ 則為閉迴路另一端之迴路回流信號。不過在閉迴路中，若要將測試信號注入系統迴路則需使用總和的連接裝置(surnrning junction)，如圖中所示，而實際注入裝置的方式則將在下節中詳加予以探討。

至於轉換器系統之迴路增益，吾人亦可由圖 7-6 所建立的量測方塊圖推演而得，首先由圖中可得出迴路流信號

$$Y = G_1 X_2 \tag{7-7}$$

而

$$X_2 = R - X_1 \tag{7-8}$$

$$X_1 = HC \tag{7-9}$$

$$C = G_2 Z \tag{7-10}$$

$$Z = Y - S \tag{7-11}$$

將(7-11)式代入(7-10)式則可得出輸出信號為

$$C = G_2(Y - S) \tag{7-12}$$

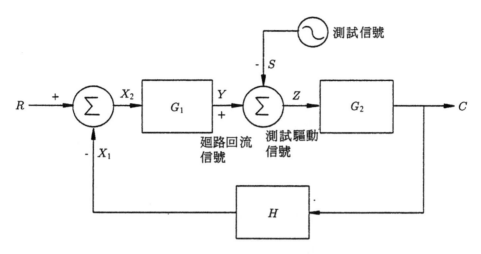

(a) 迴路增益的量測方塊圖

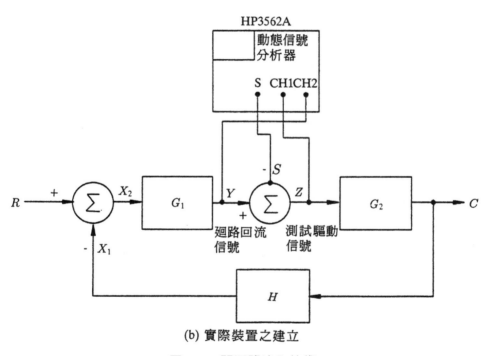

(b) 實際裝置之建立

圖 7-6　閉迴路注入技術

接著將(7-9)式代入(7-8)式中，則可求得

$$X_2 = R - HC$$

再將上式代入(7-7)式的迴路回流信號方程式，則變成

$$Y = G_1(R - HC) \tag{7-13}$$

因此，由(7-13)式可推演得出輸出信號為

$$C = \frac{G_1 R - Y}{H G_1}\qquad(7\text{-}14)$$

此時，由(7-12)式與(7-14)式，可得出

$$G_2(Y - S) = \frac{G_1 R - Y}{H G_1}$$

所以，由上式則可將迴路回流信號表示為

$$Y = \frac{G_1 R}{1 + G_1 G_2 H} + \frac{G_1 G_2 H S}{1 + G_1 G_2 H}\qquad(7\text{-}15)$$

另外，將(7-15)式代入(7-11)式中，則可得出測試驅動信號之方程式為

$$\begin{aligned}
Z &= \frac{G_1 R}{1 + G_1 G_2 H} + \frac{G_1 G_2 H S}{1 + G_1 G_2 H} - S \\
&= \frac{G_1 R}{1 + G_1 G_2 H} - \frac{S}{1 + G_1 G_2 H}
\end{aligned}\qquad(7\text{-}16)$$

接著將參考信號 $R$ 設立為零，此時吾人將(7-15)式除以(7-16)式則可得出系統之開迴路增益(open loop gain)為

$$\begin{aligned}
-\frac{Y}{Z} &= -\left(\frac{G_1 G_2 H S}{1 + G_1 G_2 H}\right) \Big/ \left(\frac{-S}{1 + G_1 G_2 H}\right) \\
&= \frac{1 + G_1 G_2 H S}{1 + G_1 G_2 H} \cdot \frac{1 + G_1 G_2 H}{-S} \\
&= +G_1 G_2 H
\end{aligned}\qquad(7\text{-}17)$$

同樣的，吾人亦可將注入點置於閉迴路的輸出端中，如圖 7-7 所示，而如此亦可達到開迴路增益的頻率響應量測。至於其系統之轉移函數方程式，則可經由下面之推導而得，由圖 7-7(a)則可得知迴路回流信號，就相當於是系統的輸出信號，故

$$Y = C\qquad(7\text{-}18)$$

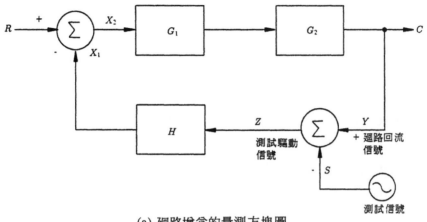

(a) 迴路增益的量測方塊圖

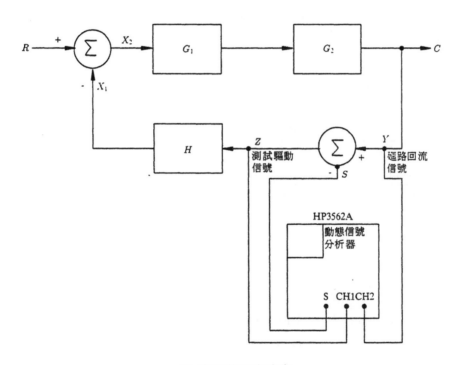

(b) 實際裝置之建立

圖 7-7　輸出端之閉迴路注入技術

另外，亦可得出

$$C = G_1 G_2 H \tag{7-19}$$

$$X_2 = R - X_1 \tag{7-20}$$

$$X_1 = HZ \tag{7-21}$$

$$Z = Y - S \tag{7-22}$$

接著將(7-19)式，(7-20)式，(7-21)式與(7-22)式分別代入(7-18)式，則可推導出

$$
\begin{aligned}
Y &= G_1 G_2 X_2 \\
&= G_1 G_2 (R - X_1) \\
&= G_1 G_2 (R - HZ) \\
&= G_1 G_2 [R - H(Y - S)] \\
&= G_1 G_2 R - G_1 G_2 HY + G_1 G_2 HS
\end{aligned}
\tag{7-23}
$$

再將(7-23)式經過整理後，則可獲得迴路回流信號為

$$
\begin{aligned}
Y(1 + G_1 G_2 H) &= G_1 G_2 R + G_1 G_2 HS \\
Y &= \frac{G_1 G_2 R}{1 + G_1 G_2 H} + \frac{G_1 G_2 HS}{1 + G_1 G_2 H}
\end{aligned}
\tag{7-24}
$$

至於要獲得測試驅動信號之方程式，可將(7-24)式代入(7-22)式中，故可得出

$$
\begin{aligned}
Z &= \frac{G_1 G_2 R}{1 + G_1 G_2 H} + \frac{G_1 G_2 HS}{1 + G_1 G_2 H} - S \\
&= \frac{G_1 G_2 R}{1 + G_1 G_2 H} - \frac{S}{1 + G_1 G_2 H}
\end{aligned}
\tag{7-25}
$$

最後，若要獲得系統之開迴路增益，可由(7-24)式與(7-25)式來得出，此時則須將參考信號 $R$ 設定為零，故

$$
\begin{aligned}
-\frac{Y}{Z} &= -\left(\frac{G_1 G_2 HS}{1 + G_1 G_2 H}\right) \Big/ \left(\frac{-S}{1 + G_1 G_2 H}\right) \\
&= \frac{-G_1 G_2 HS}{1 + G_1 G_2 H} \cdot \frac{1 + G_1 G_2 H}{-S} \\
&= +G_1 G_2 H
\end{aligned}
\tag{7-26}
$$

因此，使用圖 7-6 或圖 7-7 所示之量測方式，即可快速達到量測系統之開迴路增益，而此種閉迴路之技術，的確可以大大減少開迴路技術所遭遇之麻煩。當然，信號注入點之選擇與決定，亦有所限制，此將在稍後予以探討。

### 7-3.3 閉迴路計算方式之量測

由於 HP3562A 動態信號分析器具有將閉迴路之頻率響應轉換爲開迴路頻率響應之功能，因而此種間接計算量測開迴路增益之方式，稱之爲閉迴路計算法；或是稱之爲參考技術法。當然，它是與前面所提的閉迴路直接法一樣，是在系統閉迴路之情況下來做量測；而由於迴路不須斷開，故可以在原來的直流操作點與負載阻抗下，以較少的時間，較快的速度，做頻率響應精確之量測。同時，可以較容易獲得電路系統中所需的量測點，不過若轉換器系統具有高的迴路增益，則所量測的電位會有誤差存在。

在圖 7-8 所示乃爲迴路增益量測的參考技術法，而圖 7-8(a)爲其量測方式之方塊圖；至於圖 7-8(b)則是含有動態信號分析器實際裝置之建立。此種技術就是在比較器電路的參考電壓點上，提供一具有直流抵補(offset)準位的正弦掃描信號，並量測其直流輸出。因而所量測出來的爲閉迴路響應 $T$，此時則須再經由動態信號分析器的數學運算，來將其轉換爲 $T/(1-T)$ 開迴路增益的頻率響應。由圖 7-8 吾人可得知

$$C = G_1 G_2 Z \tag{7-27}$$

而且

$$Y = HC \tag{7-28}$$

將(7-27)式代入(7-28)式則可將開迴路增益表示爲

$$\frac{Y}{Z} = G_1 G_2 H \tag{7-29}$$

由於

$$Z = S - Y$$

故將(7-29)之結果代入上式可得出

$$\frac{Y}{G_1 G_2 H} = S - Y$$

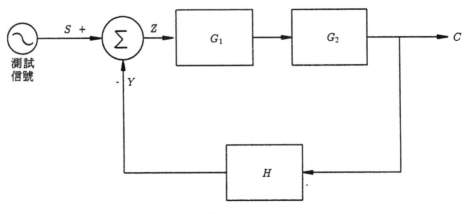

(a) 量測方塊圖

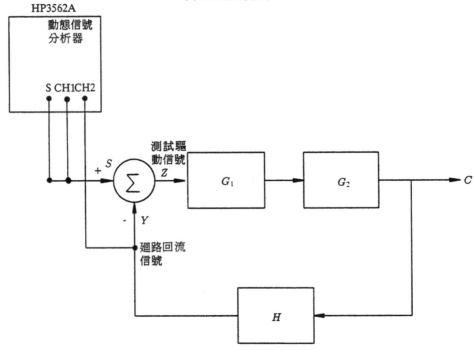

(b) 實際裝置之建立

圖 7-8　量測迴路增益之參考技術法

經由整理之後則為

$$\frac{Y}{S} = \frac{G_1 G_2 H}{1 + G_1 G_2 H}$$

$$= 閉迴路響應 = T \tag{7-30}$$

同時，亦可得到

$$
\begin{aligned}
\frac{Y}{Z} &= G_1 G_2 H \\
&= \frac{Y}{S - Y} \\
&= \frac{Y / S}{1 - Y / S} = \frac{T}{1 - T} \\
&= \text{開迴路增益}
\end{aligned} \tag{7-31}
$$

　　另外，在圖 7-9 所示亦為量測迴路增益之參考技術法；其中信號源是經由注入裝置加入系統迴路中。因此，由圖 7-9(a)吾人可得出下列之關係式為

$$
Y = G_1 X_2 \tag{7-32}
$$

$$
X_2 = R - X_1 \tag{7-33}
$$

$$
X_1 = HC \tag{7-34}
$$

$$
C = G_2 Z \tag{7-35}
$$

此時將(7-33)，(7-34)與(7-35)式代入(7-32)式中，則

$$
\begin{aligned}
Y &= G_1 (R - X_1) \\
&= G_1 (R - HC) \\
&= G_1 (R - G_2 HZ)
\end{aligned}
$$

若令 $R = 0$，則由上式可推論出開迴路增益為

$$
-\frac{Y}{Z} = G_1 G_2 H \tag{7-36}
$$

由圖中可得知測試驅動信號為

$$
Z = Y - S \tag{7-37}
$$

將(7-37)式代入(7-36)式，則可將開迴路增益表示為

$$
-\frac{Y}{Z} = -\frac{Y}{Y - S} = \frac{Y / S}{1 - Y / S} \tag{7-38}
$$

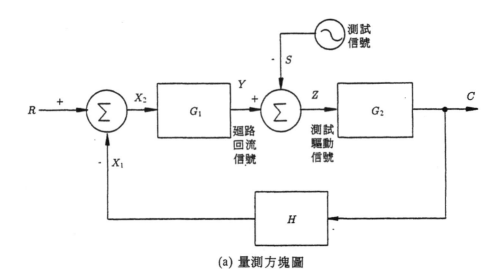

(a) 量測方塊圖

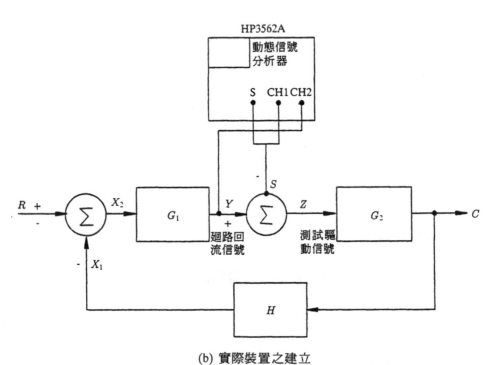

(b) 實際裝置之建立

圖 7-9 使用注入裝置量測迴路增益之參考技術法

若此時吾人將閉迴路響應 $Y/S$ 定義為

$$\frac{Y}{S} = T \tag{7-39}$$

則即可得出

$$-\frac{Y}{Z} = \frac{T}{1-T}$$

$$= 開迴路增益 \tag{7-40}$$

因此，經由此種間接轉換之方式，吾人即可得到轉換器系統開迴路增益之頻率響應。不過要注意的是，使用參考技術法做量測時，必須滿足下列兩點之要求：

1. 交換式電源轉換器系統必須是單一控制迴路，不可以使用在多重控制的迴路中。

2. 在整個增益與相位邊限頻率範圍之內，比較器必須是一個理想的總和和連接裝置。

另外，使用此種間接計算轉換所得之開迴路增益，若是增益大小較高時，就會有誤差產生，如圖 7-10 所示。這是由於動態信號分析器之精確限制使然，由表 7-1 即可看出實際增益之限制大約在 59dB 左右，超過此值就無法經由儀器量測轉換成相同之結果，除非所使用之儀器精確度相當高，才能改善此缺點。

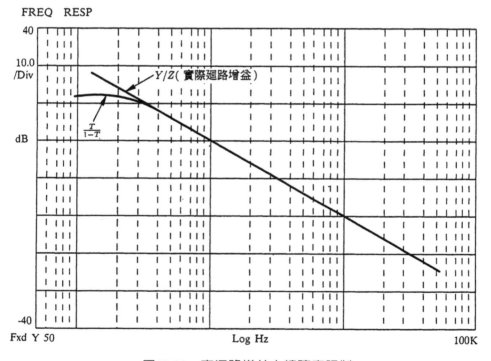

圖 7-10　高迴路增益之精確度限制

表 7-1　開迴路計算方式之精確度考慮

| 實際 $T$ 值 | 量測 $T$ 值 | 量測誤差(dB) | $\dfrac{T}{1-T}$ | dB 值(近似) | |
|---|---|---|---|---|---|
| 0.9999 | 0.9999 | 0.0009 | 9999 | 80 | |
| 0.9999 | 0.9989 | 0.009 | 908.1 | 59 | ←實際之限制 |
| 0.9999 | 0.9899 | 0.09 | 98 | 40 | |
| 0.9999 | 0.8999 | 0.9 | 9 | 19 | |

## 7-4　信號注入技術與注入點的決定

　　由前面所做的探討研究吾人即可得知，在做交換式電源轉換器之開迴路增益的頻率響應量測時，應該儘量採用閉迴路的方式，而開迴路則應避免採用，如此方可獲致精確之響應結果。接下來吾人要考慮的是在閉迴路的量測中，要如何將測試信號注入迴路內，同時在迴路中要如何選擇最佳的住入點，而這些都會直接影響動態頻率響應之準確性；因此，非常值得加以深入探討研究。

　　首先來考慮在系統迴路中信號注入點的決定。一般而言，在系統正常操作下，若所注入的測試信號為有效的，且不會受到任何衰減或干擾的話，則注入點之選擇必須滿足下面兩項之要求：

1. 信號迴路必須限制為單一路徑(one path)。

2. 在信號注入點之處，輸出阻抗(output impedance)必須遠小於輸入阻抗(input impedance)。

　　依據這些準則吾人即可在轉換器迴路中找到最佳之注入點，而由此必可量測出精確之動態頻率響應，以做為系統穩定度之判斷參考指標。如圖 7-12 所示為一典型之轉換器系統方塊圖，在此圖中 $P_1$ 點，$P_2$ 點，$P_3$ 點，$P_4$ 點與 $P_5$ 點，都有可能是信號注入點，這是因為它們滿足輸出阻抗必須遠小於輸入阻抗之要求；不過，對於信號迴路必須為單一路徑之要求，僅有 $P_1$ 點，$P_2$ 點與 $P_3$ 點合乎此準則，而 $P_4$ 點與 $P_5$ 點由於包含有次迴路，並非單一路徑，因此無法滿足此項要求，若在此兩點做量測，則所得之頻率響應必定為錯誤之結果。故最好之測試點則以 $P_1$ 點，$P_2$ 點與 $P_3$ 點較佳；在此 $P_1$ 點是位於誤差放大器與補償網路的輸出端，以及調變器輸入端之間；而 $P_2$ 點是位於低通濾波網路之後的電源輸出端；至於 $P_3$ 點則位於迴授分壓網路輸出端，以及誤差放大器與補償網路之間；如圖 7-13 所示就是在實際系統中較佳之信號注入點。

在前面吾人曾提到於信號注入點之處，其輸出阻抗必須遠小於輸入阻抗；因此，吾人可經由下面之步驟來推演驗證，而由圖 7-6 所示之閉迴路量測方塊圖，則可得知

$$\text{迴路增益 } = G_1 G_2 H = -\frac{Y}{Z} \tag{7-41}$$

接著將圖 7-6 所示之方塊圖重新繪於團 7-11 中，在此圖中為轉換器迴路增益之等效方塊圖與電路圖。故由圖 7-11(b)中可得出

$$Y = I Z_{\text{in}} \tag{7-42}$$

$$I = \frac{C}{Z_{\text{in}} + Z_{\text{out}}} \tag{7-43}$$

將(7-43)式代入(7-42)，則

$$Y = \frac{C Z_{\text{in}}}{Z_{\text{in}} + Z_{\text{out}}} \tag{744}$$

然後，將(7-44)式代入(7-41)式中，則迴路增益為

$$\begin{aligned}
G_1 G_2 H &= -\frac{C}{Z}\left(\frac{Z_{\text{in}}}{Z_{\text{in}} + Z_{\text{out}}}\right) \\
&= -\frac{C / Z}{1 + \dfrac{Z_{\text{out}}}{Z_{\text{in}}}}
\end{aligned} \tag{7-45}$$

接著考慮將測試信號注入閉迴路的轉換器中，如圖 7-11(c)所示。則由此圖中可得出

$$Y = C - I Z_{\text{out}} \tag{7-46}$$

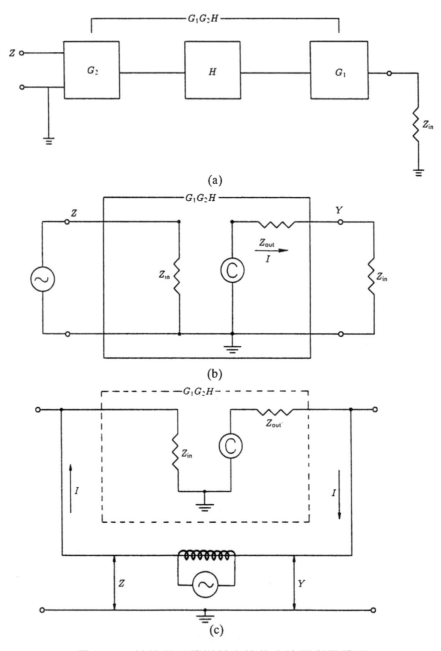

圖 7-11　轉換器迴路增益之等效方塊圖與電路圖

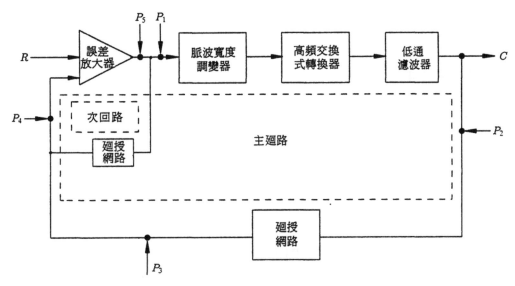

圖 7-12　交換式電源轉換器信號注入點之選擇

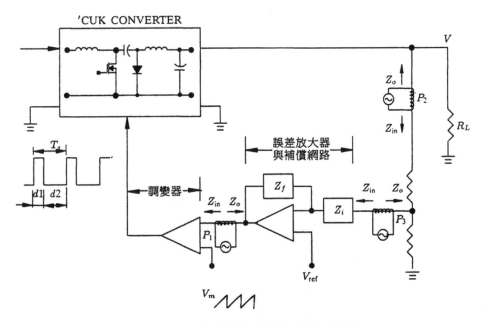

圖 7-13　在實際系統中較佳之信號注入點

而且

$$I = \frac{Z}{Z_{in}} \tag{7-47}$$

將(7-47)式代入(7-46)式，則

$$Y = C - \frac{ZZ_{out}}{Z_{in}} \tag{7-48}$$

經整理後上式可得

$$C = Y + \frac{ZZ_{out}}{Z_{in}} \tag{7-49}$$

最後，將(7-49)式代入(7-45)式中，則可得迴路增益為

$$G_1 G_2 H = -\frac{\dfrac{Y}{Z} + \dfrac{Z_{out}}{Z_{in}}}{1 + \dfrac{Z_{out}}{Z_{in}}} \tag{7-50}$$

因此，由(7-50)式可以看出，若在閉迴路信號注入點之處，其輸出阻抗與輸入阻抗比較之下非常小的話，也就是

$$Z_{out} \ll Z_{in} \tag{7-51}$$

則吾人即可得出簡化之迴路增益為

$$G_1 G_2 H = -\frac{Y}{Z} \tag{7-52}$$

在此情況即驗證出(7-52)式之結果與前面(7-41)式所定義之結果相同。

　　不過要注意的是，在此迴路中之測試信號乃為電壓源(voltage source)，也就是一般所稱的電壓注入(voltage injection)方式；所以，在此情況之下，阻抗之問題就必須滿足(7-51)式。當然如果在轉換器的閉迴路中實在無法找到輸出阻抗遠小於輸入阻抗之信號注入點，則吾人可考慮使用電流注入(current injection)之方式，也就是迴路中之測試信號為電流源(current source)，如圖 7-14 所示就是轉換器使用電流注入之迴路增益等效電路圖。由此圖中吾人可得知

$$C = I_2 Z_{out} \tag{7-53}$$

而且

$$Z = I_1 Z_{in} \tag{7-54}$$

然後將(7-53)式與(7-54)式代入(7-45)式中,則可得出

$$G_1 G_2 H = -\frac{\dfrac{I_2 Z_{out}}{I_1 Z_{in}}}{1 + \dfrac{Z_{out}}{Z_{in}}}$$

$$= -\left(\frac{I_2}{I_1}\right)\left(\frac{1}{1 + \dfrac{Z_{out}}{Z_{in}}}\right) \tag{7-55}$$

因此,由(7-55)式即可得知,若在閉迴路信號注入點之處,其輸出阻抗遠大於輸入阻抗的話,也就是

$$Z_{out} \gg Z_{in} \tag{7-56}$$

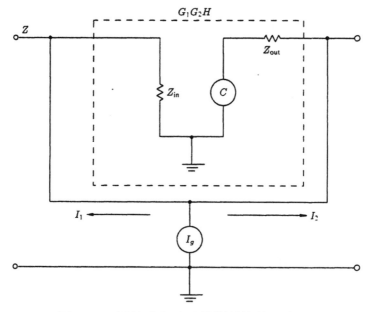

圖 7-14 電流注入之迴路增益等效電路圖

此時吾人即可獲得轉換器電流注入之迴路增益為

$$G_1 G_2 H = -\frac{I_2}{I_1} \tag{7-57}$$

而此種電流注入的方式中，其電流源之產生可將掃描信號源電壓之信號注入一高阻值之電阻器與一串聯之阻隔電容中，如此即可獲得吾人所須之電流源 $I_g$。至於所產生之 $I_1$ 與 $I_2$ 電流，則可藉助電流測試棒加以偵測，然後再經由動態信號分析器即可量測出迴路增益之頻率響應。

　　至於將測試掃描信號注入轉換器控制迴路中之裝置，則可藉助下列方式來達成：(以下都是屬於電壓注入法)

1. 使用主動總和連接注入(active summing junction injection)之裝置。
2. 使用變壓器之注入裝置。
3. 使用電流測試棒之注入裝置。

　　在圖 7-15 所示就是使用主動總和連接之注入裝置，一般也稱之為運算放大器之注入裝置(OP-AMP injection device)。而此種方式其頻率範圍從 0 Hz～2 MHz 都具有很平坦的頻率響應，並且所注入的正弦波掃描測試信號，若其振幅低於 50mV 峰值時，則可獲得很好的信號－雜訊比($S/N$)。在此電路中所有的信號都是以地端當做參考準位，並且測試信號源 $S$ 則須具有相容之直流準位，同時每一個運算放大器都須有直流電源偏壓方能正常工作。因此，由圖中之電路可得出

$$\begin{aligned}
Z(j\omega) &= -\frac{R}{R}S(j\omega) - \frac{R}{R}Y_1(j\omega)\\
&= -S(j\omega) - Y_1(j\omega)
\end{aligned} \tag{7-58}$$

而且

$$\begin{aligned}
Y_1(j\omega) &= -\frac{R}{R}Y(j\omega)\\
&= -Y(j\omega)
\end{aligned} \tag{7-59}$$

將(7-59)式代入(7-58)式，則可獲得

$$Z(j\omega) = Y(j\omega) - S(j\omega) \tag{7-60}$$

所以，使用此種運算放大器之電路結構，即可達成總和連接之目的。

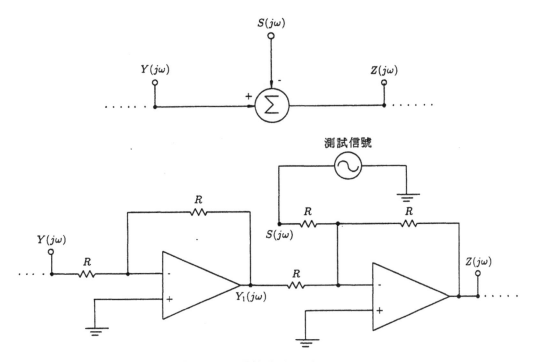

圖 7-15　運算放大器注入裝置

　　另外，吾人亦可使用變壓器來當做注入裝置，如圖 7-16 所示。在變壓器 $T$ 的初級端則連接至測試信號源，而在次級端則並聯一適當之電阻，以達阻抗匹配之效；然後再將整個裝置之次級端串聯至線路適當注入點之處，如此即可著手做開迴路增益之頻率響應的量測。由於 HP3562A 動態信號分析器測試信號源之接頭輸出阻抗為 50Ω，因此，假設吾人在此將初級圈 $N_p$ 繞 67 圈，次級圈 $N_s$ 繞 30 間，則次級端所並聯之電阻 $Z_s$ 為

$$Z_s = \frac{N_s^2}{N_p^2} \times Z_p$$

$$= \frac{(30)^2}{(67)^2} \times 50 = 10\,(\Omega)$$

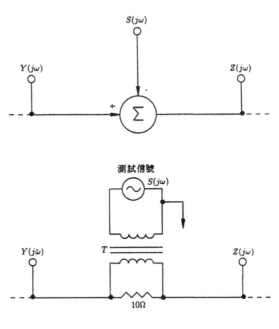

圖 7-16　變壓器注入裝置

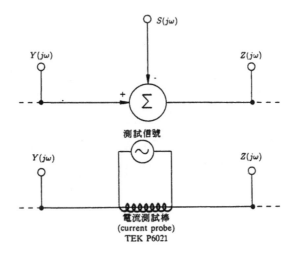

圖 7-17　電流測試棒注入裝置

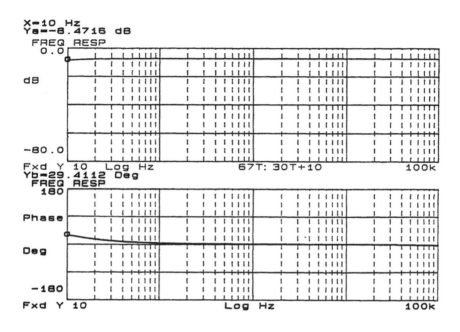

圖 7-18　注入變壓器的頻率響應($N_P$ = 67 圈，$N_S$ = 30 圈 + 10Ω)

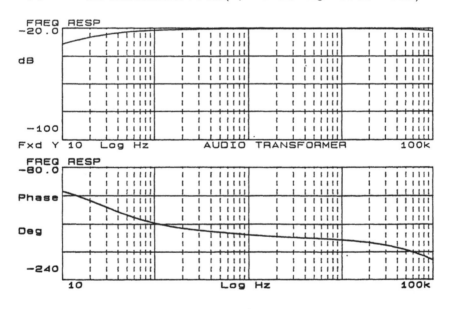

圖 7-19　聲頻變壓器的頻率響應

　　當然使用此種變壓器做為注入裝置，一般來說在低頻率響應方面會比前面所提之運算放大器注入裝置稍差些；因此，其較好之頻率響應一般都是從 20Hz 至 200MHz 範圍之間，不過卻具有較寬廣之高頻範圍。在圖 7-18 所示的頻率響應就是根據上面的規格所繞製出來之結果，由圖中之響應確實可得知從 20Hz 開始就具有非常平坦之頻率響應。而在此吾人亦可使用市售的聲頻變壓器來做為注入裝置，其頻率響應如圖 7-19 所示；不過在低頻範圍的響應較差些，必須從 200Hz 左右才會開始有較平坦之響應。

最後，吾人亦可使用電流測試棒來做為量測頻率響應的注入裝置，如 TEK P6021 的電流測試棒即是。而其原理則與變壓器注入裝置相同，如圖 7-17 所示。同樣的，使用電流測試棒當做注入裝置，其低頻響應比使用運算放大器與變壓器的注入裝置來得較差些，不過在使用上卻來得較方便些。綜合以上之討論，轉換器注入點之注入裝置則以變壓器之使用較為適切些，而且也甚為便利。

## 7-5　其它轉移函數之頻率響應量測

在先前所討論的頻率響應之量測，乃是針對轉換器的開迴路增益，因為由此響應結果即可決定出系統之穩定度。不過在電源轉換器中些特性與性能卻無法由開迴路增益之響應來獲知，因此，在本節中吾人將繼續探討系統一些其它轉移函數之頻率響應量測；例如，控制至輸出轉移函數(control to output)，聲頻感受度(audiosusceptibility)，輸出阻抗與輸入阻抗。而由這些頻率響應吾人就可獲知電源轉換器的直流穩壓率，拒斥雜訊與漣波之能力，步級負載(step load)與步級線電源(step-line)之響應，以及暫態響應之安定時間(settling time)等等之特性。所以，其重要性並不亞於開迴路增益之頻率響應，在此吾人將分別探討分析如下。

### 7-5.1　控制至輸出轉移函數

在 5-3 節中，吾人曾利用狀態空間平均法推導出轉換器之狀態變數模式，其中可得到一工作週期至輸出之轉移函數，此函數之頻率響應即表示工作週期之改變對輸出所造成之影響。若將脈波寬度調變器部份包括進去，即成為控制至輸出之轉移函數，而此頻率響應亦表示出控制端信號之變化會對輸出所產生之影響。至於控制至輸出之頻率響應，對於設計者而言是非常重要的；因為根據其頻率響應，吾人可設計出所需的誤差放大器補償網路，以達到系統更好的穩定度與更佳的動態性能。

　　在此若要實際量測出控制至輸出之頻率響應，則可使用開迴路或是閉迴路的方式，而圖 7-20 所示就是使用閉迴路技術的量測裝置。同樣的，對於注入點之選擇也必須滿足前面所提到的兩項條件，也就是必須為單一路徑，且輸出阻抗必須遠小於輸入阻抗。一般吾人將此注入點選擇在誤差放大器輸出端與調變器輸入端之間，如此即可達到所要求之條件。至於注入裝置則可選用變壓器，如圖 7-20(b) 所示。而量測響應之裝置亦是使用 HP3562A 的動態信號分析器，此時將其測試信號置於變壓器的初級端，而通道 1 (CH1)則置於注入變壓器的次級端，也就是調變器的輸入端，另外通道 2 (CH2)則置於迴路輸出端，如此即可量測出轉換器控制至輸出之動態頻率響應。

　　由圖 7-20(a)之方塊圖吾人亦可驗證出此種量測方式控制至輸出之轉移函數，首先由圖中可獲得輸出信號為

$$C = G_2\,(Y - S)$$

將上式予以整理，則

$$Y = \frac{C}{G_2} + S \tag{7-61}$$

同理，由圖中亦可得出

$$Y = G_1(R - HC) \tag{7-62}$$

將(7-61)式代入(7-62)式，則可得到

$$C = \frac{G_1 G_2}{1 + G_1 G_2 H}\,R - \frac{G_2 S}{1 + G_1 G_2 H} \tag{7-63}$$

由(7-16)式可得知測試驅動信號 $Z$ 之方程式可以表示為

$$Z = \frac{G_1 R}{1 + G_1 G_2 H} - \frac{S}{1 + G_1 G_2 H} \tag{7-64}$$

接著將(7-63)式與(7-64)式相除，並將參考信號 $R$ 設定為零，則可得出開迴路控制至輸出之轉移函數

$$\frac{C}{Z} = -\left(\frac{G_2 S}{1 + G_1 G_2 H}\right) \bigg/ -\left(\frac{S}{1 + G_1 G_2 H}\right) = G_2 \tag{7-65}$$

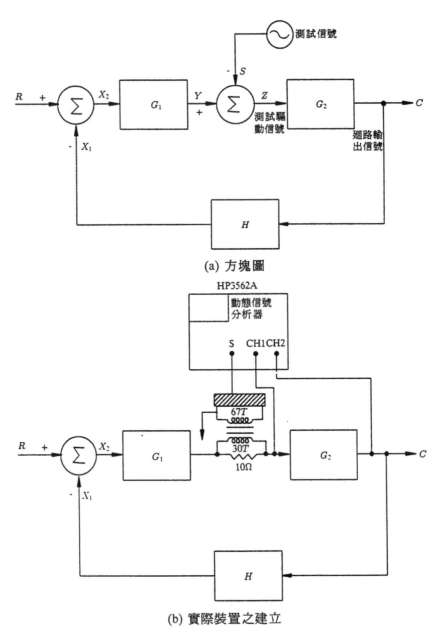

(a) 方塊圖

(b) 實際裝置之建立

圖 7-20　控制至輸出之頻率響應量測

## 7-5.2 聲頻感受度

　　所謂聲頻感受度(audiosusceptibility)乃是指計算量測轉換器在開迴路或閉迴路電源輸入至輸出(input to output)的轉移函數。一般電源設計者常常將此小信號特性忽略掉，並對其含義不甚了解；而此頻率響應乃表示轉換器輸入端至輸出端，正弦波干擾(sinusoidaLdisturbance)之拒斥比(rejection rate)，或是表示量測輸入至輸出正弦干擾的衰減(attenuation)程度；也就是輸入雜訊或漣波會耦合到輸出的程度大小。

在圖 7-21 所示就是聲頻感受度之量測方式，其中圖 7-21(a)為量測之方塊圖，而圖 7-21(b)則為其實際之量測裝置。在此測試信號 $S$ 則注入疊加在直流電源輸入端，信號量測 CH1 通道則置於轉換器直流電源輸入端上(含測試信號 $S$)，而信號量測 CH2 通道則置於轉換器輸出端上。經由此種方式建立之後，即可量測出吾人所需之輸入至輸出的頻率響應，也就是一般所稱之聲頻感受度。因此，由所獲得之頻率響應結果，吾人則可得知轉換器相關的一些特性。例如直流穩壓率(DC regulation)之情況；也就是在直流輸入電壓之上下範圍做變化時，則由頻率響應之增益，即可計算得知輸出電壓所造成之變動，進而求得穩壓率大小。當然若電源輸入端含有線頻率諧波(line frequency harmonics)，則與輸入漣波頻率一致的輸出漣波亦可由頻率響應圖計算得知。另外由聲頻感受度頻率響應之峰值，即可得知此為輸入步級變化時，輸出電壓之峰值超越量(peak overshoot)。至於線暫態與波尖(spikes)在輸出端所造成之寄生振盪現象，亦可由聲頻感受度之量測來直接預測得知。若直流輸入端電壓非常高時，則在量測時可以先利用 10 倍的衰減測試棒，將高壓信號予以衰減，然後再送至動態信號分析器的信號輸入端 CH1。在此所使用的 HP3562A 其輸入端 CH1 與 CH2 之電壓極限值為 42 伏特。

由圖 7-21(a)之量測方塊圖，則聲頻感受皮之轉移函數可推導如下：

$$x_1 = HC \tag{7-66}$$

$$x_2 = R - x_1 \tag{7-67}$$

將(7-66)式代入(7-67)式，則

$$x_2 = R - HC \tag{7-68}$$

而迴路輸出信號為

$$C = G_p x_3 = G_p(G_1 G_m G_d x_2 + G_i Z) \tag{7-69}$$

將(7-68)式代入(7-69)式，則

$$C = G_p[G_1 G_m G_d (R - HC) + G_i Z]$$

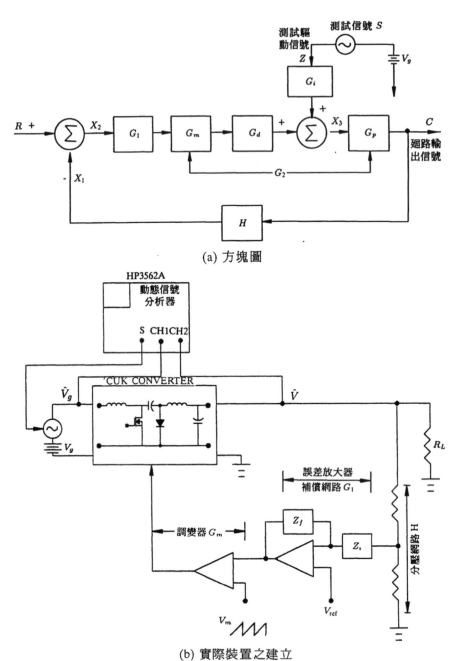

(a) 方塊圖

(b) 實際裝置之建立

圖 7-21 聲頻感受度之頻率響應量測

所以

$$C = \frac{G_1 G_m G_d G_p}{1 + G_1 G_m G_d G_p H} R + \frac{G_i G_p}{1 + G_1 G_m G_d G_p H} Z \tag{7-70}$$

接著將參考信號 $R$ 設定爲零,則可得出閉迴路聲頻感受度之轉移函數爲

$$\frac{C}{Z} = \frac{G_i G_p}{1 + G_1 G_m G_d G_p H} = \frac{G_i G_p}{1 + G_1 G_2 H} \tag{7-71}$$

當然若要量測開迴路之聲頻感受度,只要將迴授去除,同時工作週期予以固定,即可量測出來。

### 7-5.3　輸出阻抗

　　在交換式電源轉換器中,輸出阻抗(output impedance)之定義乃爲在外部信號之響應下輸出端電壓與電流之比值。由於在輸出電流下會有正弦波干擾,因此,利用輸出阻抗的特性,則可得知轉換器之性能。也就是輸出阻抗可用來量測轉換器接受正弦負載變化(sinusoidal load variations)的直流或是動態特性。而在轉換器中一般也常用輸出阻抗來分析暫態響應(transient response),當轉換器接受負載的步級變化(step-change)時,即使輸出電壓準位改變很小,而具有峰值的輸出阻抗特性將產生振盪的暫態響應。一般來說,轉換器在輸出濾波器的共振頻率下會有最大的輸出阻抗特性。在整個交換式電源轉換器中,吾人則期望其輸出具有最大的阻抗,相當於是一個理想之電壓源。

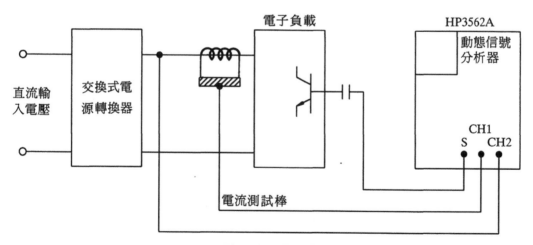

圖 7-22　輸出阻抗頻率響應之量測

　　圖 7-22 所示則為輸出阻抗頻率響應裝置之建立。而在此裝置中電子負載 (electronic load)除了當做電源轉換器之負載外，亦當做量測之用的信號源，至於此信號則可由動態信號分析器之掃描測試端 $S$ 來提供。此時量測輸出電流信號則可使用電流測試棒，並將所量到的信號送至 CH1 輸入端，而輸出之電壓信號則送至 CH2 輸入端，由此方式即可量測到輸出阻抗之頻率響應。

## 7-5.4　輸入阻抗

　　輸入阻抗(input impedance)在交換式電源轉換器中也是一個非常重要的參數。尤其是當使用輸入濾波器時，假設轉換器的輸入阻抗與濾波器的輸出阻抗無法達到匹配，將會使得轉換器輸入產生振盪。一般輸入阻抗乃定義為從轉換器的輸入端看進去之阻抗。因此，祇要量測出輸入端的電壓與電流，吾人即可計算出轉換器之輸入阻抗。

　　在圖 7-23 所示乃為轉換器輸入阻抗頻率響應之量測裝置。而圖中與直流輸入電壓串聯的測試驅動信號，則由動態信號分析器的信號掃描測試端 $S$ 來提供；另外輸入電流則可藉由電流測試棒量測，並送至 CH1 輸入端，至於輸入電壓之信號經量測後送至 CH2 輸入端，若輸入電壓太大時，則須予以衰減，以避免動態信號分析器遭受破壞。所以，經由此種方式吾人即可量測出轉換器輸入阻抗之頻率響應。由於輸入導抗(input admittance)乃為輸入阻抗之倒數，因此，祇要將 CH1 與 CH2 輸入端交換，亦可獲得輸入導抗之頻率響應。故輸入阻抗之量測則可提供吾人做為預測轉換器輸入端濾波器對的穩定度之用。

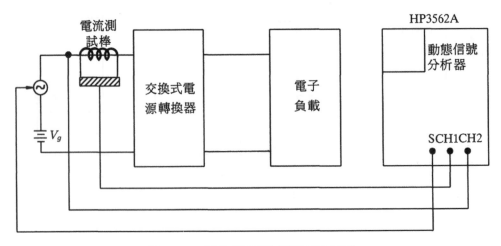

圖 7-23　輸入阻抗頻率響應之量測

# 第八章
# 實際系統穩定度之量測與
# 迴授補償網路之設計

## 8-1　概論

　　在本章中吾人將根據前面所設計出來的交換式電源轉換器電路，並配合迴授補償網路之設計，來實際量測系統開迴路增益之頻率響應，以茲判定轉換器系統之穩定度。同時吾人將分別在不同的輸入電壓與輸出負載之情況下，來分析探討開迴路增益頻率響應之增益邊限，相位邊限與交越頻率之變化關係。另外，亦將詳細探討迴授補償網路之設計步驟，以期達到系統穩定度之要求。

## 8-2　轉換器系統開迴路增益的頻率響應

　　在交換式電源轉換器中，迴路增益頻率響應之量測方法已在第七章研究探討過；因此，緊接著下來將以吾人所實際設計出來之轉換器電路使其實現，並以此電路實際量測系統之迴路增益。經由實驗吾人在 TL431 分流穩壓器(Shunt regulator)上，採用落後補償(lag compensation)之迴授網路，則可使系統獲得正常之操作，其電路結構如圖 8-1 所示，而在圖中電阻器 $R_{39}$，$R_{36}$ 與電容器 $C_{23}$ 就是組成此補償電路。至於其轉移函數則可表示為

$$\frac{\hat{V}_c(s)}{\hat{V}_1(s)} = G_1(s) = \frac{R_{36} + \dfrac{1}{SC_{23}}}{R_{39}} = \frac{R_{36}}{R_{39}} \cdot \frac{S + \dfrac{1}{C_{23}R_{36}}}{S}$$

$$= 106.4 \cdot \frac{(S+91)}{S} \tag{8-1}$$

因此，由(8-1)式即可獲致其頻率響應，如圖 8-3 所示。

　　當然使用此種補償之情況，雖電源轉換器系統可達到正常操作之要求，但其相對穩定之程度如何，則須藉量測迴路增益之頻率響應以驗證之。所以，在圖 8-2 所示就是此轉換器電路迴路增益頻率響應之量測裝置，而注入裝置則採用變壓器之形式，初級與次級之圈數比為 67 圈：30 圈，同時為了達到阻抗之匹配在次級端則並聯 10 歐姆之電阻；動態信號分析器之正弦掃描測試信號，則經由此注入變壓器送至電路測試注入點。在此注入點則選擇電壓輸出端與迴授分壓網路輸入端之間，如此即可滿足信號迴路為單一路徑之要求，而且輸出阻抗亦會遠小於輸入阻抗。至於動態信號分析器之量測輸入端 CH1，則置於迴授分壓網路輸入端，而量測輸入端 CH2，則置於電壓輸出端；由此所建立之量測方式，吾人即可量測出在閉迴路情況之開迴路增益的頻率響應，如圖 8-4 所示就是實際量測出來的波德圖。另外，在做頻率響應之量測時，其動態信號分析器 HP3562A 之按鍵順序則列於表 8-1 中；由此表中則可看出吾人所使用之掃描測試信號為正弦形式，其振幅大小則選定 10mV，而測試頻率範圍則由 300Hz 至 100kHz，要注意的是在量測迴路增益由於此種注入技術，因此會產生固定的 180°相位移(phase shift)，如圖 8-5 所示。所以，當做完迴路增益頻率響應之量測時，接著下來就要將相位減去 180°，如此才可得到真正之結果，其處理之按鍵順序則列於表 8-2 中。

　　而在圖 8-4 所示就是移去相位移 180°的最後結果，由圖中可得知其增益邊限(G.M.)約為 19.65dB，相位邊限(P.M.)約為 52.85°，且增益交越頻率則為 5.99kHz。所以，大體上來說此系統經由落後補償後，則可達到穩定之情況。不過，在低頻時其相位曲線非常靠近 –180°；因此，若有零件值之誤差或是其它因素，則可能使得轉換器電路之增益邊限趨於負值，如此整個系統就會產生振盪，而變得不穩定。所以，為了更安全起見在此則可以再設計加入領前補償網路，來提高低頻之相位，這是因為領前網路具有相位恆為正之特性。另外，轉換器電路是設計操作在 100kHz 之頻率，而所期望的增益交越頻率最好能位於 10kHz 之處，不過此時所量測到的增益交越頻率則稍微低些，故若加入領前補償亦可提高其增益交越頻率，也就是會增加系統之頻帶寬度。當然，亦可改善增益邊限與相位邊限，提高系統之穩定度。

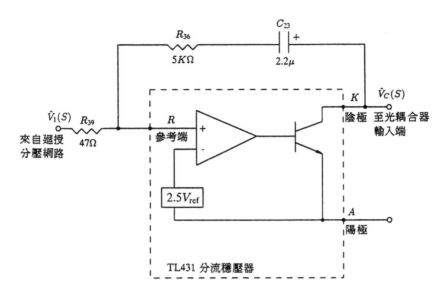

圖 8-1 TL431 分流穩壓器之落後補償網路

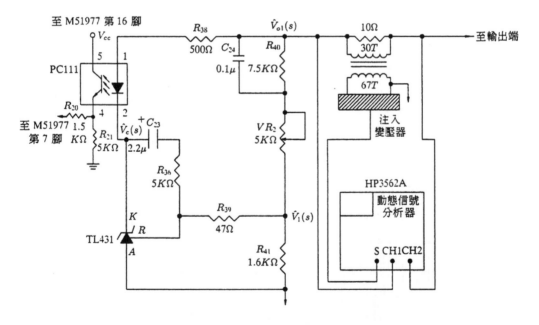

圖 8-2 迴路增益頻率響應之量測裝置

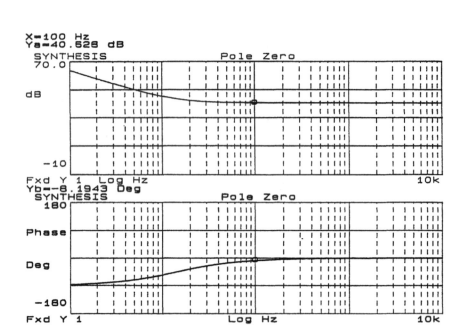

圖 8-3 落後補償網路之頻率響應

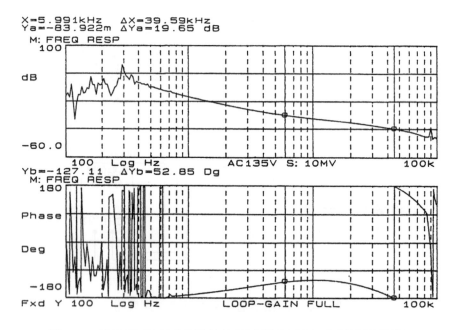

國 8-4 轉換器系統迴路增益的頻率響應(具有落後補償網路)

表 8-1　動態信號分析器在頻率響應之量測上按鍵順序之設定

```
              Auto Sequence 2 122 Keys Left
Display ON    Label: INJCTN SMPS

  1  MEAS MODE: SWEPT SINE
  2  AVG:  INTGRT TIME 5 Sec
  3  AVG:  AUTO INTGRT 50 PERCNT
  4  FREQ (SPAN): FREQ SPAN 500, 100000 Hz
  5  FREQ (SPAN): RESLTN 59.2 Points /Dec
  6  FREQ (SPAN): RESLTN AU FIX (1/0) 0
  7  SOURCE: SOURCE LEVEL 10 mV
  8  RANGE:  AUTO 1 UP&DWN
  9  RANGE:  AUTO 2 UP&DWN
 10  INPUT COUPLE: CHAN1 AC   DC  (1/0) 1
 11  INPUT COUPLE: CHAN2 AC   DC  (1/0) 1
 12  INPUT COUPLE: GROUND CHAN1
 13  INPUT COUPLE: GROUND CHAN2
 14  CAL: AUTO ON OFF (1/0) 1
 15  A
 16  MEAS DISP: FREQ RESP
 17  B
 18  MEAS DISP: FREQ RESP
 19  START
```

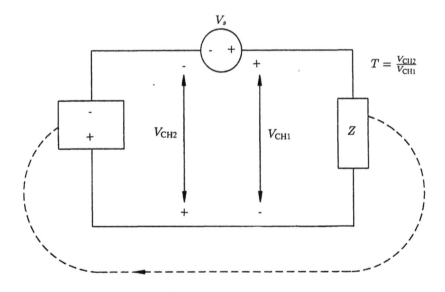

$$T = \frac{V_{CH2}}{V_{CH1}}$$

圖 8-5　在變壓器注入技術中量測端之極性關係

表 8-2 移去量測迴路增益 180°相位移之按鍵設定

```
            Auto  Sequence 3  183 Keys Left
Display ON   Label: REMV. 0 SHIFT
   1   A
   2   MEAS DISP: FREQ RESP
   3   COORD:  MAG (dB)
   4   B
   5   MEAS DISP: FREQ RESP
   6   COORD:  PHASE (CENTER) 0 Degree
   7   A B
   8   MATH:  NEGATE
```

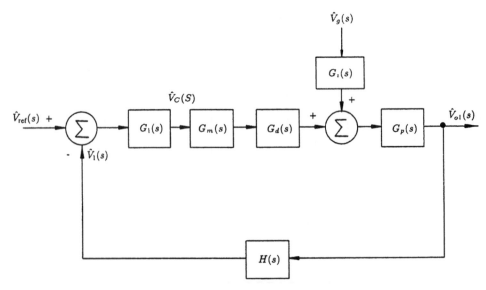

圖 8-6 交換式電源轉換器閉迴路系統方塊圖

　　經由以上之討論分析可得知，整個補償部份可稱之為超前一落後補償(lead-lag compensation)網路；因此，緊接著下來就是要探討如何設計此迴授補償網路。

## 8-3　迴授補償網路的設計步驟

在整個交換式電源轉換器電路中，其系統方塊圖則如圖 8-6 所示。圖中 $G_i(s)G_p(s)$ 為輸入至輸出的轉移函數，$G_d(s)G_p(s)$ 為工作週期至輸出的轉移函數，而 $G_m(s)$ 則包括光耦合器之電流增益比與 IC1M51977 誤差放大器上之落後補償電路，以及調變器之轉移函數；至於 $G_1(s)$ 乃為分流穩壓器 TL431 補償電路之轉移函數，也就是在本節中吾人將要探討設計的迴授補償網路；最後一個方塊 $H(s)$ 則為輸出分壓網路之轉移商數，而其轉移函數則可表示為

$$\frac{\hat{V}_1(s)}{\hat{V}_{o1}(s)} = H(s) = \frac{R_{41}}{VR_2 + R_{41} + \dfrac{\dfrac{1}{SC_{24}} \times R_{40}}{\dfrac{1}{SC_{24}} + R_{40}}}$$

$$= \frac{R_{41}}{VR_2 + R_{41}} \times \frac{S + \dfrac{1}{C_{24}R_{40}}}{S + \dfrac{VR_2 + R_{40} + R_{41}}{C_{24}R_{40}(VR_2 + R_{41})}} \tag{8-2}$$

由於網路中 $R_{40} = 7.5\text{k}\Omega$，$R_{41} = 1.6\text{k}\Omega$，$C_{24} = 0.1\mu\text{F}$，而 $VR_2$ 經實際量測為 $656\Omega$，將以上這些元件數值代入(8-2)式，則可得出

$$\frac{\hat{V}_1(s)}{\hat{V}_{o1}(s)} = H(s) = 0.71 \cdot \frac{(S + 1333.3)}{S + 5772.8} \tag{8-3}$$

因此，由上式即可得到輸出分壓網路之頻率響應，如圖 8-7 所示。若將(8-1)式與 (8-3)式結合，則輸出分壓網路與落後補償網路之頻率響應為

$$\frac{\hat{V}_c(s)}{\hat{V}_{o1}(s)} = H(s)G_1(s)$$

$$= 75.544 \cdot \frac{(S + 1333.3)}{(S + 5772.8)} \cdot \frac{(S + 91)}{S} \tag{8-4}$$

而其頻率響應則如圖 8-8 所示。

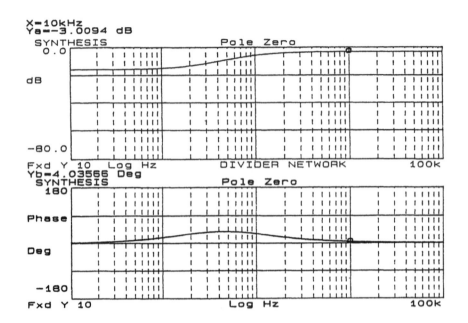

圖 8-7　輸出分壓網路之頻率響應

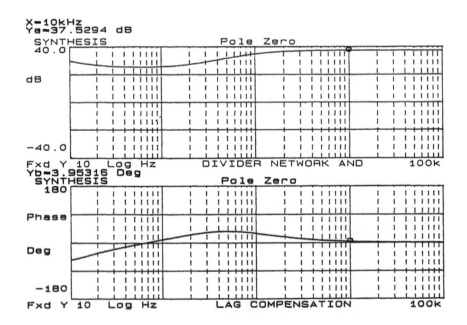

圖 8-8　分壓網路與落後補償網路之頻率響應

　　由輸出分壓網路的轉移函數與其頻率響應，吾人即可得知在輸出分壓電阻 $R_{40}$ 上並聯一電容器，此網路即具有一超前電路之特性。而此時其零點必在極點之前發生，故由頻率響應之波德圖可看出會產生領前或正的相位。在圖中兩個轉折點分別為其零點與極點，即

$$\omega_z = \frac{1}{C_{24}R_{40}} \Rightarrow f_z = \frac{1}{2\pi C_{24}R_{40}} \tag{8-5}$$

和

$$\omega_p = \frac{VR_2 + R_{40} + R_{41}}{C_{24}R_{40}(VR_2 + R_{41})} \Rightarrow f_p = \frac{VR_2 + R_{40} + R_{41}}{2\pi C_{24}R_{40}(VR_2 + R_{41})} \tag{8-6}$$

至於其發生之最大相位大小與最大相位頻率，可推導如下：

　　首先由(8-2)式之轉移函數可得知，其相位為

$$\phi = \tan^{-1}\omega C_{24}R_{40} - \tan^{-1}\frac{\omega C_{24}R_{40}(VR_2 + R_{41})}{VR_2 + R_{40} + R_{41}} \tag{8-7}$$

而其最大相位之發生，會使得(8-7)式對 $\omega$ 微分其值變為零，即

$$\frac{d\phi}{d\omega} = \frac{d\left[\tan^{-1}\omega C_{24}R_{40} - \tan^{-1}\dfrac{\omega C_{24}R_{40}(VR_2 + R_{41})}{VR_2 + R_{40} + R_{41}}\right]}{d\omega} = 0 \tag{8-8}$$

所以

$$\frac{C_{24}R_{40}}{1 - \omega^2 C_{24}^2 R_{40}^2} - \frac{\dfrac{C_{24}R_{40}(VR_2 + R_{41})}{(VR_2 + R_{40} + R_{41})}}{1 + \dfrac{\omega^2 C_{24}^2 R_{40}^2 (VR_2 + R_{41})^2}{(VR_2 + R_{40} + R_{41})^2}} = 0$$

最後，自上式可得出最大相位頻率為

$$\omega_{\phi_m} = \frac{\sqrt{VR_2 + R_{40} + R_{41}}}{C_{24}R_{40}\sqrt{VR_2 + R_{41}}} \tag{8-9}$$

接著將(8-7)式之角度兩邊取正切，則可獲得

$$
\begin{aligned}
\tan\phi &= \frac{\tan[\tan^{-1}\omega C_{24}R_{40}] - \tan\left[\tan^{-1}\dfrac{\omega C_{24}R_{40}(VR_2 + R_{41})}{VR_2 + R_{40} + R_{41}}\right]}{1 + \tan[\tan^{-1}\omega C_{24}R_{40}]\tan\left[\tan^{-1}\dfrac{\omega C_{24}R_{40}(VR_2 + R_{41})}{(VR_2 + R_{40} + R_{41})^2}\right]} \\[2ex]
&= \frac{[\omega C_{24}R_{40}] - \left[\dfrac{\omega C_{24}R_{40}(VR_2 + R_{41})}{VR_2 + R_{40} + R_{41}}\right]}{1 + [\omega C_{24}R_{40}]\left[\dfrac{\omega C_{24}R_{40}(VR_2 + R_{41})}{(VR_2 + R_{40} + R_{41})}\right]}
\end{aligned} \tag{8-10}
$$

而由(8-9)式之最大相位頻率代入(8-10)式，則

$$
\tan\phi_m = \frac{\dfrac{\sqrt{VR_2 + R_{40} + R_{41}}}{\sqrt{VR_2 + R_{41}}} - \left[\dfrac{\sqrt{VR_2 + R_{40} + R_{41}}(VR_2 + R_{41})}{\sqrt{VR_2 + R_{41}}\,VR_2 + R_{40} + R_{41}}\right]}{2} \tag{8-11}
$$

另外由三角函數之公式，吾人則可得知

$$
\begin{aligned}
\tan^2\phi &= \sec^2\phi - 1 \\[1ex]
&= \frac{1}{\cos^2\phi} - 1 \\[1ex]
&= \frac{1 - \cos^2\phi}{\cos^2\phi} \\[1ex]
&= \frac{\sin^2\phi}{1 - \sin^2\phi}
\end{aligned} \tag{8-12}
$$

所以，由(8-11)式與(8-12)即可推導出

$$
\sin\phi_m = \frac{\dfrac{VR_2 + R_{40} + R_{41}}{VR_2 + R_{41}} - 1}{\dfrac{VR_2 + R_{40} + R_{41}}{VR_2 + R_{41}} + 1} \tag{8-13}
$$

因此，由(8-13)式即可獲致其最大之相位為

$$\phi_m = \sin^{-1} \frac{\dfrac{VR_2 + R_{40} + R_{41}}{VR_2 + R_{41}} - 1}{\dfrac{VR_2 + R_{40} + R_{41}}{VR_2 + R_{41}} + 1} \tag{8-14}$$

在此若令

$$T = C_{24} R_{40} \tag{8-15}$$

$$\alpha = \frac{VR_2 + R_{40} + R_{41}}{VR_2 + R_{41}} \tag{8-16}$$

則(8-9)式(8-14)式之最大相位頻率與最大相位，即可分別表示為

$$\omega_{\phi_m} = \frac{\sqrt{\alpha}}{T} \tag{8-17}$$

$$\phi_m = \sin^{-1} \frac{\alpha - 1}{\alpha + 1} \tag{8-18}$$

因此，若與電阻 $R_{40}$ 所並聯的電容值 $C_{24}$ 有所變更時，則 $T$ 值亦會受到改變，而 $\alpha$ 值保持不變；如此(8-17)式中最大相位頻率 $\omega_{\phi_m}$ 就會受影響而改變，至於(8-18)式之最大相位 $\phi_m$ 僅與 $\alpha$ 值有關，故保持其值不變。

　　在圖 8-9 所示就是分壓網路在不同電容值下其頻率響應曲線，於此圖中電容值 $C_{24}$ 分別為 0.1μF，0.15μF，0.22μF，0.47μF 和 0.68μF。而這些頻率響應曲線之增益與相位會隨著電容值之增大而趨於向左移動，此乃因零點與極點之值會隨著電容值之變化而有所不同；當電容值增加，零點與極點之值則減小，反之則增加。由圖中即可得知其 $\omega_{\phi_m}$ 會隨著電容值之增加而減小，而 $\phi_m$ 不受任何影響。另外，在圖 8-10 所示乃為分壓網路與落後補償網路在不同 $C_{24}$ 電容值下之頻率響應曲線；同樣的，當電容值愈大，其響應曲線亦是朝著低頻方向移動。至於 $C_{24}$ 之改變，其零點與極點之值的變化則如圖 8-11 所示。所以，一般而言若吾人所設計的交換式電源轉換器系統，其開迴路增益之頻率響應在低頻若有振盪或是趨於 −180° 之相位時，即可在電阻器 $R_{40}$ 上並聯一設計適當之電容值 $C_{24}$，如此就可提高低頻之相位，以免電路產生振盪之現象。

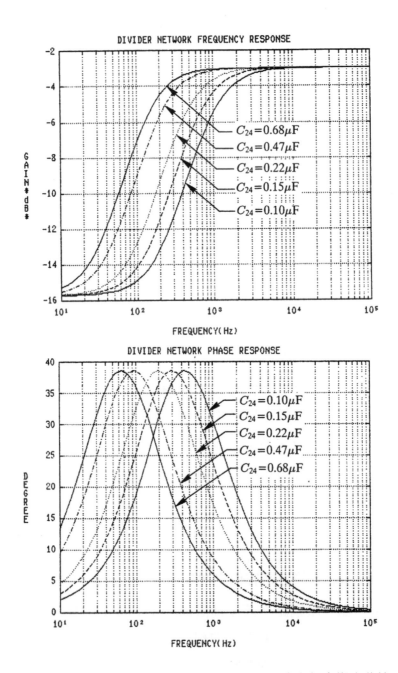

圖 8-9　在不同 $C_{24}$ 電容值之情況下，分壓網路之頻率響應曲線

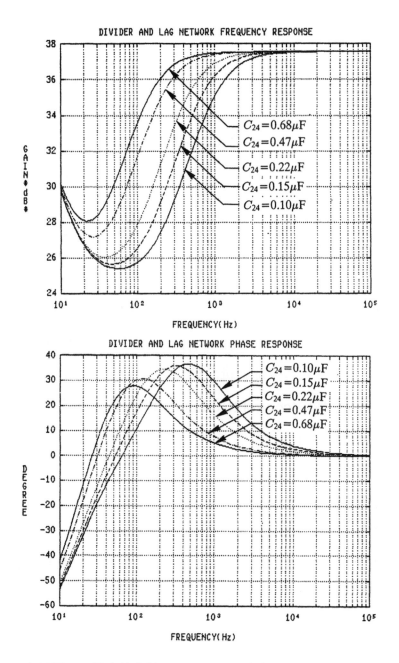

圖 8-10 在不同 $C_{24}$ 電容值之情況下，分壓網路與落後網路之頻率響應曲線

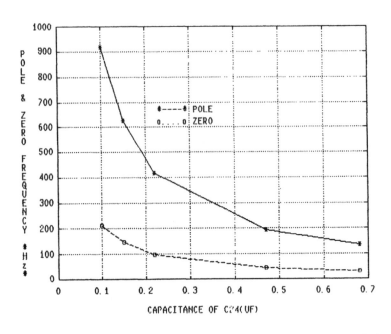

圖 8-11    在不同 $C_{24}$ 電容值之情況下,其零點與極點之值的變化

接著下來,就是要考慮系統迴授補償網路之設計,以使得轉換器迴路能更臻至穩定之要求。在此吾人將按部就班詳細探討迴授補償網路之設計方法與過程:

**步驟 1:量測控制至輸出(control to output)轉移函數之頻率響應**

由前面圖 8-6 吾人可得知整個交換式電源轉換器之系統,其決定穩定度之迴路增益(loop gain)可表示為

$$T' = 迴路增益$$
$$= C_1(x)G_m(s)G_d(s)G_p(s)H(s) \tag{8-19}$$

而在此 $C_1(s)$ 就是吾人要在分流穩壓器 TL431 上設計補償之轉移函數,所以,首先要得出控制至輸出轉移函數($\hat{V}_{o1}(s)/\hat{V}_c(s)$)之頻率響應,也就是

$$\frac{\hat{V}_{o1}(s)}{\hat{V}_c(s)} = 控制至輸出轉移函數$$
$$= G_m(s)G_d(s)G_p(s) \tag{8-20}$$

接著再將分壓網路包含進去，則可得出

$$\frac{\hat{V}_1(s)}{\hat{V}_c(s)} = 控制至輸出與分壓網路之轉移函數$$

$$= G_m(s)G_d(s)G_p(s)H(s) \tag{8-21}$$

　　至於要獲得(8-20)式與(8-21)式這兩個轉移函數之頻率響應，吾人可利用在第五章所討論的狀態空間平均法，來推導出此轉換器電路在小信號模式下之工作週期至輸出(duty-cycle to output)的轉移函數；然後再將光耦合器 PC111 之電流增益比與 IC1 M51977 誤差放大器上之落後補償電路，以及調變器增益之轉移函數包括進去，即可獲得(8-20)式 $\hat{V}_{o1}(s)/\hat{V}_c(s)$ 轉移函數之頻率響應；若再將分壓網路包含，則(8-21)式 $\hat{V}_1(s)/\hat{V}_c(s)$ 轉移函數之頻率響應亦可獲得。

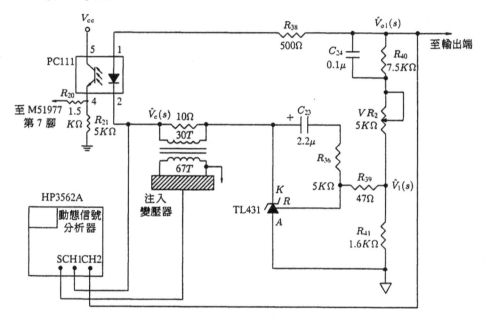

圖 8-12　控制至輸出頻率響應之量測裝置

　　不過在此吾人將以實際量測的方式來獲得 $\hat{V}_{o1}(s)/\hat{V}_c(s)$ 與 $\hat{V}_1(s)/\hat{V}_c(s)$ 之頻率響應；所以，在圖 8-12 所建立之量測裝置，即可獲得控制至輸出之頻率響應。而在此電源轉換器中，為了能正確獲致此頻率響應之結果，乃將注入變壓器裝置串接在分流穩壓器 TL431 之陰極端($K$)與光耦合器 PC111 第 2 腳之間，並由動態信號分析器之 $S$ 端提供測試用之正弦掃描信號，其振幅大小則固定為 10mV。另外，CH1 量測端則連接至光耦合器 PC111 的第 2 腳，而 CH2 量測端則連接至電源輸出端；一切連接好了以後，按下在動態信號分析器所設定之按鍵順序，吾人即可獲得如圖 8-13 所示的控制至輸出之頻率響應，注意此時並不須要做 180° 之相位移。若將 CH2 量測端連接至分壓網路之端點 $\hat{V}_1(s)$，其它保持不變，如此亦可獲得如圖 8-14 所示包括分壓網路之 $\hat{V}_1(s)/\hat{V}_c(s)$ 轉移函數的頻率響應。而圖 8-13 與圖 8-14 則分別在輸入電壓 AC 135V，且輸出負戰在滿載之情況下所做的量測；此時輸出分壓網路中之 $C_{24}$ 則選擇使用 0.15μF 的電容值。

**步驟 2：選擇設定轉換器之交越頻率(crossover frequency)，以及在此頻率下迴授補償網路之增益**

一般理論上的限制是將交越頻率設定為系統交換頻率(switching frequency)的二分之一；但是，從實際經驗上來說，則以少於 1/5 的交換頻率來使用較為恰當。所以，在此吾人則將交越頻率選擇為交換頻率的 1/10；由於轉換器系統是設計在 100kHz 之交換頻率，故交越頻率則為 10kHz。

此時由圖 8-13 轉換器控制至輸出 $\hat{V}_{o1}(s)/\hat{V}_c(s)$ 的頻率響應則可得知，在交越頻率 10kHz，其控制至輸出之增益為 −13.3dB。若將分壓網路包含進去，則由圖 8-14 可得知在此頻率其增益為 −21.7dB。

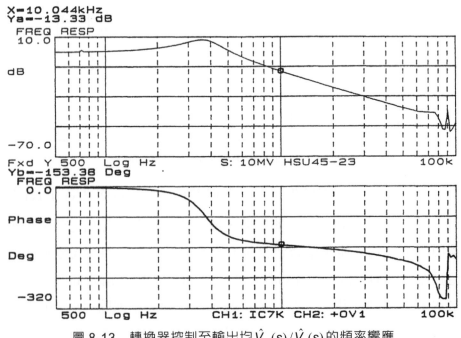

圖 8-13　轉換器控制至輸出均 $\hat{V}_{o1}(s)/\hat{V}_c(s)$ 的頻率響應

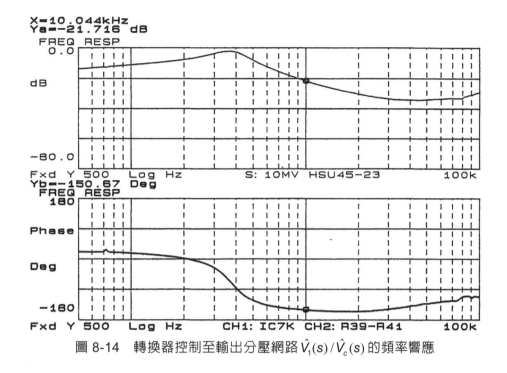

圖 8-14　轉換器控制至輸出分壓網路 $\hat{V}_1(s)/\hat{V}_c(s)$ 的頻率響應

　　而為了使整個轉換器系統獲得穩定，則須考慮在分流穩壓器 TL431 上加入迴授補償網路；所以，一般對系統穩定度之要求，乃是希望當迴授補償網路設計至系統之後，會使得交換式電源轉換器的迴路增益(loop gain)，其交越頻率會位於 -1 斜率(-20dB/dec)之處，且此時增益大小為 0dB，如此必可獲得一穩定之系統。

　　因此，對迴授補償網路的設計而言；其在交越頻率 10kHz 之增益，則必須設計為 21.7dB；以使得轉換器系統在交越頻率的迴路增益大小為 0dB。同時，由圖 8-14 控制至輸出分壓網路的頻率響應曲線，吾人則可得知在交越頻率 10kHz 之處，其增益之斜率為 -2 ( -40dB/dec)。所以，為了使系統獲得 -1 之斜率 ( -20dB/ded)，在交越頻率此點迴授補償網路必須提供 +1 之斜率( +20dB/dec)。

步驟 3：迴授補償電路之設計

　　在前面吾人已經探討過本系統電路將使用超前－落後(lead-Iag)之補償電路，如此可以減少穩態誤差並達到較好的系統穩壓率。同時亦可增加系統之穩定度，以及頻帶寬度(band width)，並且可以改進暫態響應(transient response)。

所以，在此將假設補償網路的兩個零點定在 $f_{Z1}$ = 50Hz 與 $f_{Z1}$ = 200Hz，而另外兩個極點則分別設定在 $f_{P1}$ = 原點與 $f_{P2}$ = 12kHz 之處；因此，零點與極點之安置則如圖 8-15 所示。在步驟 2 的討論中迴授補償網路在交越頻率之處，其增益欲設計為 21.7dB，使得迴路增益在此頻率為 0dB；不過，吾人此時所量測的控制至輸出分壓網路在交越頻率之增益可得知為 –21.7dB，但此值卻會隨著輸入電源之變動，負載之大小，以及冷熱機之狀況而有所漂移，所以，為了容忍這些情況所產生之誤差，在此吾人將補償網路交越頻率之增益設計為 30dB 左右，相當於 32 增益單位。接著則可近似求出在 $f_{Z1}$ 與 $f_{Z2}$ 之增益為

$$AV_1 = \left(\frac{f_{Z2}}{f_C}\right) \cdot (\text{迴授補償網路的 } \hat{V}_c(s)/\hat{V}_1(s) \text{ 在交越頻率 } f_C \text{ 的增益單位})$$

$$= \frac{200\text{Hz}}{10\text{kHz}} \times 32 = 0.64 \tag{8-22}$$

而 $f_{P2}$ 之增益則為

$$AV_2 = \left(\frac{f_{P2}}{f_C}\right) \cdot (\text{迴授補償網路 } \hat{V}_c(s)/\hat{V}_1(s) \text{ 在交越頻率 } f_C \text{ 的增益單位})$$

$$= \frac{12\text{kHz}}{10\text{kHz}} \times 32 = 38.4 \tag{8-23}$$

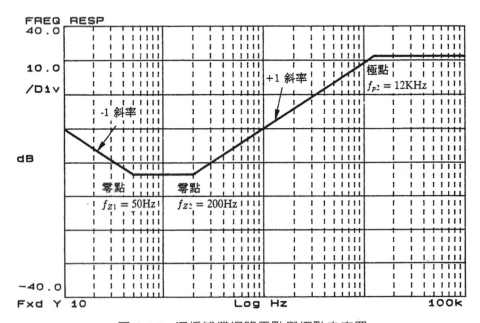

圖 8-15　迴授補償網路零點與極點之安置

至於補償網路之結構，則如圖 8-16 所示。其轉移函數則可表示為

$$\frac{\hat{V}_c(s)}{\hat{V}_1(s)} = G_1(s) = \frac{Z_f}{Z_{in}}$$

$$= \frac{R_{36}}{R_{39}} \cdot \frac{S + \dfrac{1}{C_{23}R_{36}}}{S} \cdot \frac{S + \dfrac{1}{C_{101}R_{101}}}{S + \dfrac{R_{101} + R_{39}}{C_{101}R_{101}R_{39}}} \tag{8-24}$$

在此

$$Z_f = R_{36} + \frac{1}{SC_{23}}$$

且

$$Z_{in} = R_{39} + \frac{R_{101} \times \dfrac{1}{SC_{101}}}{R_{101} + \dfrac{1}{SC_{101}}}$$

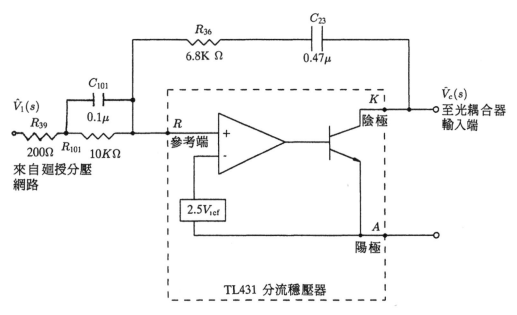

圖 8-16　超前－落後之迴授補償網路

### 步驟 4：求解補償電路之元件值

由(8-24)式可得知在高頻時，其 $f_{P2}$ 之增益可以近似表爲

$$AV_2 = \frac{R_{36}}{R_{39}} = 38.4 \tag{8-25}$$

在此若令 $R_{36} = 6.8\text{k}\Omega$，則由上式可得

$$R_{39} = \frac{R_{36}}{38.4} = 180\Omega \Rightarrow 取\ 200\Omega$$

同理，若在低頻時，其 $f_{Z1}$ 與 $f_{Z2}$ 之增益亦可表爲

$$AV_1 = \frac{R_{36}}{R_{39} + R_{101}} = 0.64 \tag{8-26}$$

因此，配合 $R_{36}$ 與 $R_{39}$ 之值，則可得出

$$R_{101} = 10425\Omega \Rightarrow 取\ 10\text{k}\Omega$$

同時，又由(8-24)式之轉移函數，則可得知零點之表示式爲

$$f_{Z1} = \frac{1}{2\pi R_{36} C_{23}} = 50\text{Hz} \tag{8-27}$$

將 $R_{36} = 6.8\text{k}\Omega$ 代入上式，則

$$C_{23} = 0.468\mu\text{F} \Rightarrow 取\ 0.47\mu\text{F}$$

$$而\ f_{Z2} = \frac{1}{2\pi R_{101} C_{101}} = 200\text{Hz} \tag{8-28}$$

將 $R_{101} = 10\text{k}\Omega$ 代入上式，則

$$C_{101} = 0.0796\mu\text{F} \Rightarrow 取\ 0.1\mu\text{F}$$

所以，綜合以上之設計，元件值分別爲：

$$R_{39} = 200\Omega$$
$$R_{101} = 10\text{k}\Omega$$
$$R_{36} = 6.8\text{k}\Omega$$
$$C_{101} = 0.1\mu\text{F}$$
$$C_{23} = 0.47\mu\text{F}$$

因此，由這些元件數值則(8-24)式迴授補償網路之頻率響應即可獲得，如圖 8-17 所示。若將輸出分壓網路包括進去，則其轉移函數可表示爲

$$\frac{\hat{V}_c(s)}{\hat{V}_{o1}(s)} = H(s)G_1(s)$$

$$= \frac{\hat{V}_c(s)}{\hat{V}_1(s)} \cdot \frac{\hat{V}_1(s)}{\hat{V}_{o1}(s)}$$

$$= \frac{R_{41}}{VR_2 + R_{41}} \cdot \frac{R_{36}}{R_{39}} \cdot \frac{S + \dfrac{1}{C_{24} \cdot R_{40}}}{S + \dfrac{VR_2 + R_{40} + R_{41}}{C_{24}R_{40}(VR_2 + R_{41})}} \cdot \frac{S + \dfrac{1}{C_{23}R_{36}}}{S} \cdot \frac{S + \dfrac{1}{C_{101}R_{101}}}{S + \dfrac{R_{101} + R_{39}}{C_{101}R_{101}R_{39}}} \quad (8\text{-}29)$$

而其頻率響應之曲線，則如圖 8-18 所示。

考慮(8-24)式若將其它元件值固定不變，而電阻 $R_{39}$ 之值分別爲 68Ω，100Ω，200Ω，300Ω 與 470Ω，則其頻率響應之曲線分別示於圖 8-19 中。

由圖中可以得知改變電阻 $R_{39}$ 之值，則其極點 $f_{P2}$ 亦會受到變化；電阻值愈大，則極點愈小，且高頻增益會減小，而低頻增益所受的影響很小。至於相位之變化亦是如此，且最高點之相位會隨著電阻 $R_{39}$ 之變大，有向左移之傾向，不過最大相位會減小。

另外，在電阻 $R_{36}$ 之值分別爲 1kΩ，4.7kΩ，6.8kΩ，8.2kΩ 與 10kΩ 之情況下，其迴授補償網路之頻率響應則如圖 8-20 所示。由於改變的是電阻 $R_{36}$ 之值，因此，由圖中即可得知電阻 $R_{36}$ 愈大，則其零點 $f_{Z1}$ 會愈小，不過增益與相位都會增加。至於零點 $f_{Z2}$ 以及極點 $f_{P1}$ 與 $f_{P2}$ 幾乎保持不變，不受其影響。最大之相位亦是隨著電阻 $R_{36}$ 之變大，而有向左移之傾向，且其值會增加。反之，若電阻值減小，則呈相反之變化。接著在圖 8-21 所示的頻率響應是在改變電阻 $R_{101}$ 之情況下所獲得之結果，在此 $R_{101}$ 之值分別爲 4.7kΩ，8.2kΩ，10kΩ，15kΩ 與 20kΩ。由此圖中吾人則可得知 $R_{101}$ 之改變會使得零點 $f_{Z2}$ 與極點 $f_{P2}$ 之值受到變化，不過在此極點 $f_{P2}$ 所產生之變化較小，所以在圖中高頻部份的響應曲線並不會有很顯著的改變；至於低頻部份由於受到零點 $f_{Z2}$ 之影響，所以，其增益會隨著電阻值之增加而減少。在相位響應曲線上會隨著電阻值之增加，而有向左偏移之傾向，且最大相位會增加。

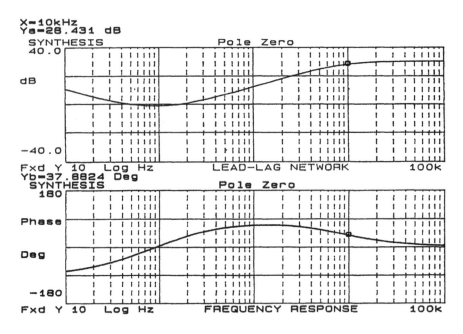

圖 8-17　迴授補償網路(超前－落後)之頻率響應

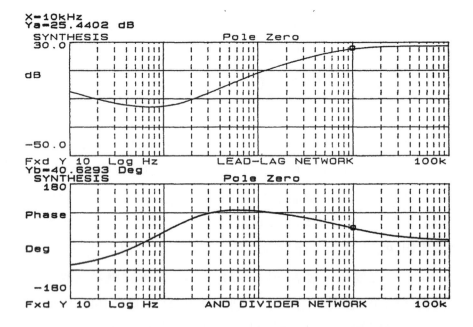

圖 8-18　分壓網路與超前－落後補償網路之頻率響應

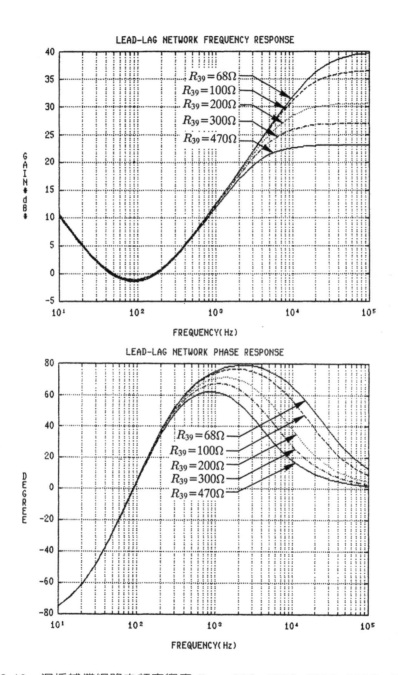

圖 8-19　迴授補償網路之頻率響應 $R_{39}$ = 68Ω, 100Ω, 200Ω, 300Ω, 470Ω

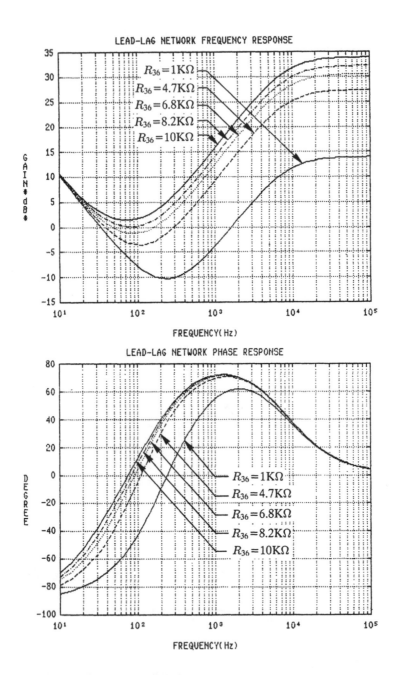

圖 8-20　迴授補償網路之頻率響應 $R_{36} = 1\,k\Omega,\ 4.7k\Omega,\ 6.8k\Omega,\ 8.2k\Omega,\ 10k\Omega$

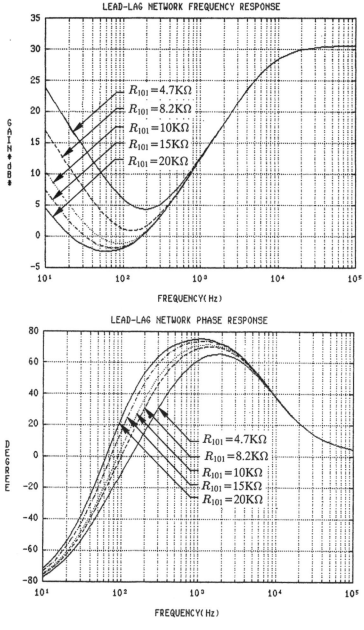

圖 8-21　迴授補償網路之頻率響應 $R_{101}$ = 4.7kΩ, 8.2kΩ, 10kΩ, 15kΩ, 20kΩ

　　至於在圖 8-22 所示的頻率響應曲線是電容 $C_{23}$ 在不同情況下所獲致之結果，其值分別為 0.1μF，0.22μF，0.47μF，0.68μF 與 1μF。而 $C_{23}$ 之改變使得零點 $f_{Z1}$ 之值受到變化，其值愈大，$f_{Z1}$ 愈小；因此，低頻增益也會隨著減小。而其它零點與極點並不受影響，故在較高頻部份則其響應曲線變化甚小。同樣的，在相位曲

線上會隨著電容值 $C_{23}$ 之增加，而有向左偏移之傾向，且最大相位會增加。最後，在圖 8-23 所示的響應是電容 $C_{101}$ 在 $0.01\mu F$，$0.068\mu F$，$0.1\mu F$，$0.22\mu F$ 與 $0.47\mu F$ 之變化情況下所獲致之結果。

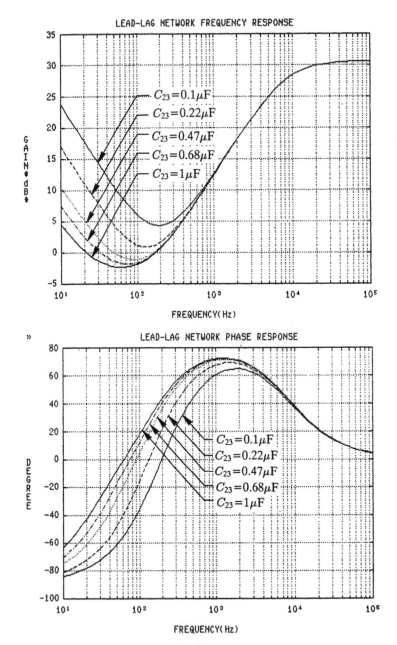

圖 8-22　迴授補償網路之頻率響應 $C_{23}$ = 0.1μ, 0.22μ, 0.47μ, 0.68μ, 1μ

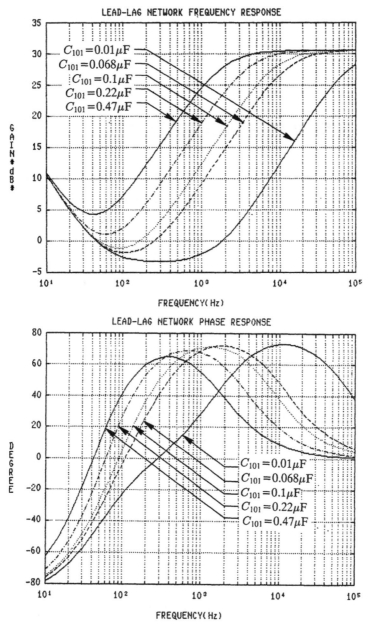

圖 8-23　迴授補{賞網路之頻率響應 $C_{101}$ = 0.01μ，0.06μ，0.1μ，0.2μ，0.47μ

　　此電容值之變化使得零點 $f_{Z2}$ 與極點 $f_{P2}$ 也會受到改變；所以，$C_{101}$ 之值增加會使得增益與相位曲線向左偏移，不過最大相位卻有遞減之趨勢。綜合以上吾人即可得知補償網路各元件值之變化會使得頻率響應曲線受到不同程度之變化，如此亦會影響到整個迴路增益之響應結果。

　　既然整個補償網路之元件都已求解設計出來，因此，接著在下一節中，將迴授補償網路加入轉換器電路，並實際量測整個系統之迴路增益，以茲判斷系統之穩定度。

## 8-4　穩定度實際量測結果與討論

　　在本節中吾人將所設計出來之超前－落後迴授補償網路，加入先前之交換式電源轉換器中，如此整個系統之穩定是否達到所期望之要求，則將由迴路增益頻率響應之量測來加以決定並驗証之。首先，在圖 8-24 所示乃為電源轉換器之電路圖。而在圖 8-25 所示為 PWM IC M51977P 之位置接腳圖，圖 8-26 所示則為 M51977 內部之詳細方塊圖。至於在頻率響應的量測中做為信號注入之用的變壓器在此初級與次級的圈數比為 67 圈：30 圈，為了達到阻抗之匹配在次級端並聯 $-10\Omega$ 之電阻。

　　整個系統迴路增益頻率響應之量測方式，則如圖 8-27 所示。而為了達到注入點選擇之要求與限制，此時測試信號注入點選擇在輸出端與分壓網路之間；至於其迴路增益之量測技巧，則如 7-3 節所述。接著一切皆已安置設定好了之後，即可著手做量測之工作，其迴路增益頻率響應之結果，則如表 8-3 所示。在此輸入電壓則分別在七種不同之情況做變化，而兩個輸出端則分別設定在輕載(50Ω)，半載(20Ω)與滿載(10Ω)之情況下來做量測。其增益邊限(G.M.)，相位邊限(P.M.)與交越頻率會隨著各種不同測試情況而有所改變，其數值大小如表中所示。

　　在圖 8-28，圖 8-29，圖 8-30 與圖 8-31 所示乃為輸出負載在輕載情況下，吾人實際所量測出來的迴路增益之頻率響應；而此時輸入電壓分別在 AV90V，110V，120V 與 135V；另外，測試信號源之振幅大小則設定為 10mV。在圖中相位響應之曲線部份，由於吾人將相位之變化範圍設定在 +180°至 -180°之間；因此，當相位超過 -180°時，圖中之相位曲線會向上反折。接著在圖 8-32，圖 8-33，圖 8-34 與圖 8-35 所示為半載情況下迴路增益之頻率響應；而圖 8-36，圖 8-37，圖 8-38 與圖 8-39 所示之頻率響應，則是在滿載之情況下所做的量測；故由上所示之響應結果，吾人即可看出達到設計上之要求。

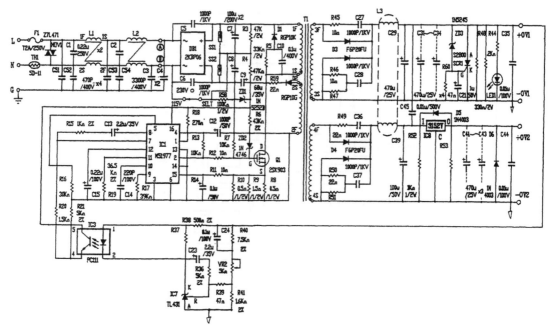

圖 8-24　實際所設計之 45W，100kHz 交換式電源供應器電路

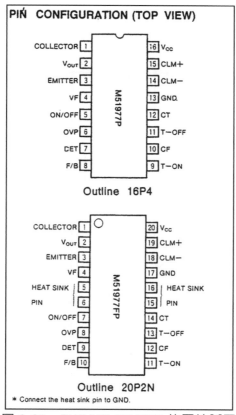

圖 8-25　PWM IC M51977 位置接腳圖

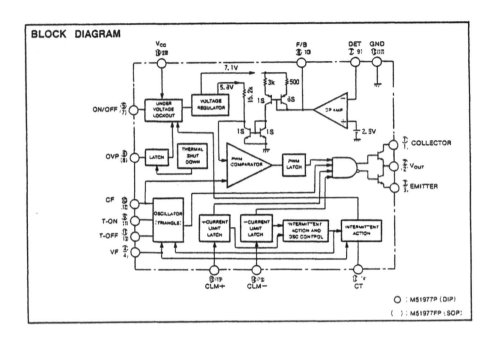

圖 8-26　M51977 內部方塊圖

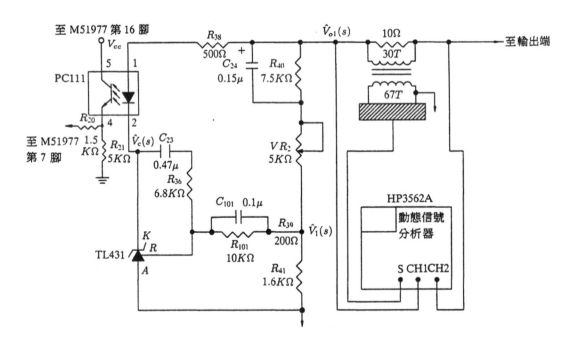

圖 8-27　整個系統迴路增益頻率響應的量測

表 8-3　迴路增益頻率響應量測結果

| 輸　入<br>電　壓 | 輸　出<br>負　載 | | 輸　入<br>功　率 | 相位邊限<br>P. M. | 增益邊限<br>G. M. | 增益交越<br>頻率 $fc$ | 輸出電壓<br>V01, V02 |
|---|---|---|---|---|---|---|---|
| AC 90V | 輕載 | 50Ω<br>50Ω | 17W<br>(0.35A) | 72.2° | 18.87dB | 7.118 kHz | 15.029V<br>15.043V |
| AC 90V | 半載 | 20Ω<br>20Ω | 33W<br>(0.69A) | 49.77° | 18.9 dB | 8.019kHz | 15.024V<br>15.023V |
| AC 90V | 滿載 | 10Ω<br>10Ω | 61W<br>(1.27A) | 49.63° | 20.5 dB | 7.165kHz | 15.024V<br>14.991V |
| AC 100V | 輕載 | 50Ω<br>50Ω | 17W<br>(0.33A) | 78.06° | 18.74dB | 7.605kHz | 15.029V<br>15.043V |
| AC 100V | 半載 | 20Ω<br>20Ω | 33W<br>(0.63A) | 50.26° | 18.65dB | 7.914kHz | 15.021V<br>15.017V |
| AC 100V | 滿載 | 10Ω<br>10Ω | 61W<br>(1.17A) | 45.02° | 18.32dB | 8.289kHz | 15.025V<br>15.020V |
| AC 110V | 輕載 | 50Ω<br>50Ω | 18W<br>(0.32A) | 86.5° | 18.37dB | 7.707kHz | 15.029V<br>14.994V |
| AC 110V | 半載 | 20Ω<br>20Ω | 33W<br>(0.59A) | 46.85° | 17.28dB | 8.916kHz | 15.029V<br>15.043V |
| AC 110V | 滿載 | 10Ω<br>10Ω | 62W<br>(1.08A) | 43.25° | 17.54dB | 8.683kHz | 15.022V<br>14.988V |
| AC 115V | 輕載 | 50Ω<br>50Ω | 18W<br>(0.31A) | 88.59° | 18.15dB | 7.862kHz | 15.029V<br>15.043V |
| AC 115V | 半載 | 20Ω<br>20Ω | 33W<br>(0.57A) | 45.92° | 17.11dB | 8.857kHz | 15.023V<br>15.018V |
| AC 115V | 滿載 | 10Ω<br>10Ω | 62W<br>(1.04A) | 42.15° | 17.0 dB | 9.095kHz | 15.023V<br>14.989V |
| AC 120V | 輕載 | 50Ω<br>50Ω | 18W<br>(0.30A) | 89.48° | 16.91dB | 8.456kHz | 15.030V<br>15.044V |
| AC 120V | 半載 | 20Ω<br>20Ω | 34W<br>(0.56A) | 44.39° | 16.4 dB | 9.339kHz | 15.027V<br>15.022V |
| AC 120V | 滿載 | 10Ω<br>10Ω | 62W<br>(1.01A) | 40.03° | 15.17dB | 10.66kHz | 15.024V<br>14.989V |
| AC 130V | 輕載 | 50Ω<br>50Ω | 19W<br>(0.29A) | 103.5° | 17.53dB | 7.213kHz | 15.030V<br>15.043V |
| AC 130V | 半載 | 20Ω<br>20Ω | 34W<br>(0.53A) | 43.19° | 16.01dB | 9.653kHz | 15.025V<br>15.020V |
| AC 130V | 滿載 | 10Ω<br>10Ω | 63W<br>(0.94A) | 38.85° | 15.30dB | 10.521kHz | 15.023V<br>14.990V |
| AC 135V | 輕載 | 50Ω<br>50Ω | 19W<br>(0.28A) | 95.38° | 16.92dB | 8.796kHz | 15.032V<br>15.045V |
| AC 135V | 半載 | 20Ω<br>20Ω | 35W<br>(0.51A) | 41.74° | 14.72dB | 10.521kHz | 15.031V<br>15.025V |
| AC 135V | 滿載 | 10Ω<br>10Ω | 63W<br>(0.92A) | 39.28° | 15.55dB | 10.591kHz | 15.023V<br>14.990V |

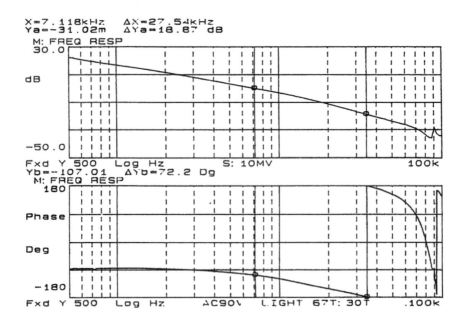

圖 8-28　在輕載情況迴路增益之頻率響應(AC 90V)

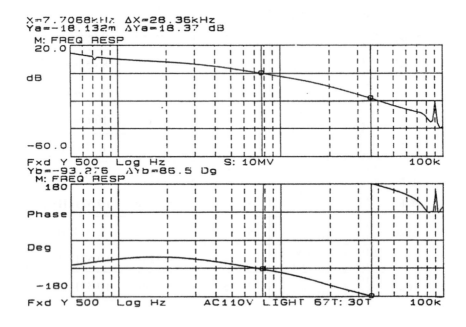

圖 8-29　在輕載情況迴路增益之頻率響應(AC 110V)

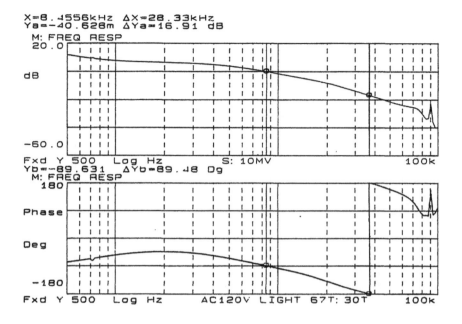

圖 8-30　在輕載情況迴路增益之頻率響應(AC 120V)

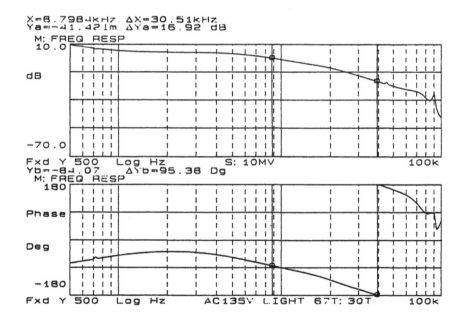

圖 8-31　在輕載情況迴路增益之頻率響應(AC 135V)

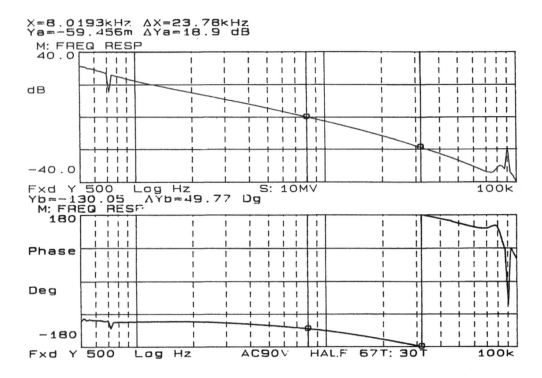

圖 8-32　在半載情況迴路增益之頻率響應(AC 90V)

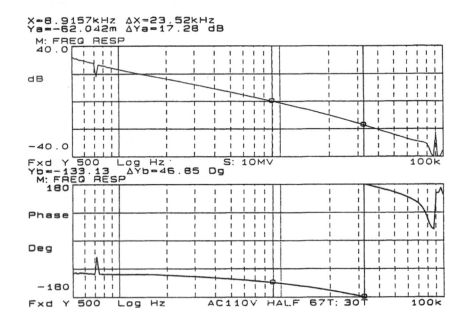

圖 8-33　在半載情況迴路增益之頻率響應(AC 110V)

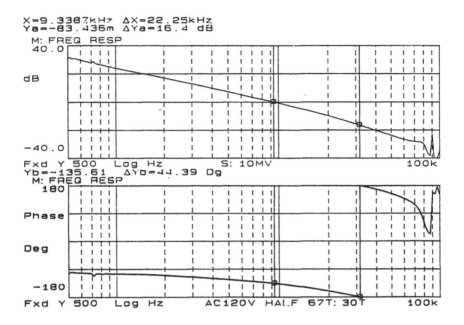

圖 8-34　在半載情況迴路增益之頻率響應(AC 120V)

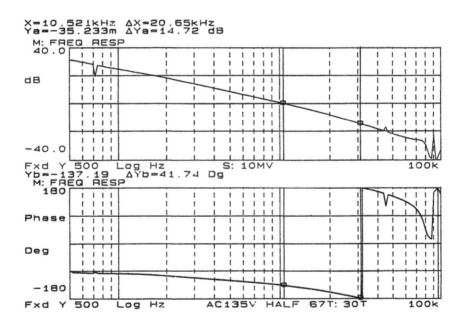

圖 8-35　在半載情況迴路增益之頻率響應(AC 135V)

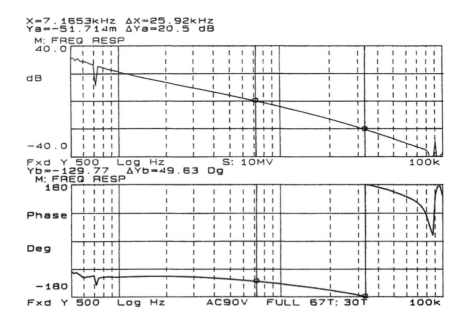

圖 8-36　在滿載情況迴路增益之頻率響應(AC 90V)

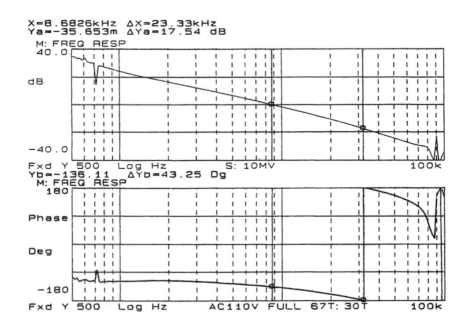

圖 8-37　在滿載情況迴路增益之頻率響應(AC 110V)

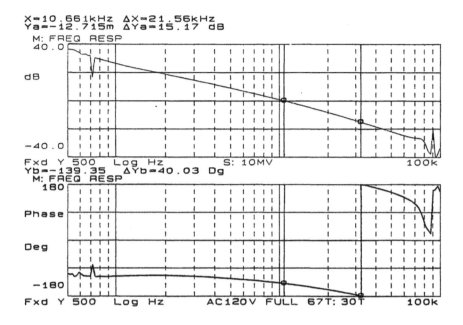

圖 8-38　在滿載情況迴路增益之頻率響應(AC 120V)

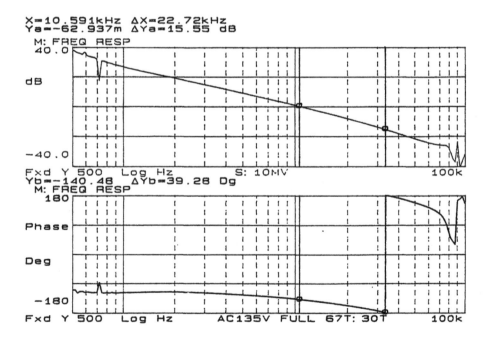

圖 8-39　在滿載情況迴路增益之頻率響應(AC 135V)

　　在迴路增益的頻率響應中，不同負載與輸入電壓之改變下，其增益邊限之變化則如圖 8-40 所示。由此結果可以得知增益邊限會隨著輸入電壓之增加而有稍減之傾向，並且負載愈重亦會使得增益邊限之值稍稍下降。另外，相位邊限對輸入電壓之變化，則如圖 8-41 所示；由圖中之曲線可得知，當負載較大時，相位邊限會隨著輸入電壓之增加而稍稍下降；但在輕載時，卻有遞增之現象，而且其值會比在重載情況高出很多，例如在 AC 120V，滿載情況，可得 P.M.= 40°，但在輕載情況卻高達 89.5°。至於交越頻率之變化，則如圖 8-42 所示，一般也是隨著輸入電壓之增加而漸漸遞增；在此負載若由輕載變化到滿載，則交越頻率亦有增加之趨勢。接著在轉換器中兩個輸出端電壓之變化，則如圖 8-43 與圖 8-44 所示。在輸入電壓範圍之改變下，都具有非常穩定之輸出電壓，也就是可達到極優之線穩壓率(line regulation)。不過，輸出端 $+OV_2$ 由於沒有迴授至控制網路，故其穩壓情況會比輸出端 $+OV_1$ 稍差些。另外，輸入電流之變化曲線圖，則如圖 8-45 所示，其值會隨著輸入電壓之增加而漸漸遞減。在前面做迴路增益之頻率響應量測時，測試信號之準位都是以 10mV 做為注入標準；為了得知不同掃描測試信號之準位對迴路增益頻率響應之影響，在此吾人將分別以 5mV, 10mV, 15mV, 20mV, 25mV, 50mV, 75mV, 100mV 與 150mV 之測試準位來實際量測其頻率響應；結果如圖 8-46～圖 8-54 所示。

　　首先，吾人來觀察增益邊限變化之情況，當測試準位較高時，增益邊限之值就會遞增，且變化範圍較大。而測試準位在較低情況，則增益邊交換式電源供給器之理論與實務設計限變化差距較小；根據所量測出來之結果，可得出如圖 8-55 所示增益邊限對測試信號準位之曲線圖。因此，一般轉換器電路在做頻率響應之量測時，測試信號準位不可太大，愈小愈好至電路可接受之量測準位即可，在此以 10mV～50mV 之準位大小較為理想。同樣的，對相位邊限與交越頻率而言亦是如此，當測試準位愈高，相位邊限變化愈大，呈遞增之情況；而交越頻率則呈遞減，如圖 8-56 與圖 8-57 所示。以上這些比較結果，則分別在 AC 135Y 與滿載之情況所量測而得。

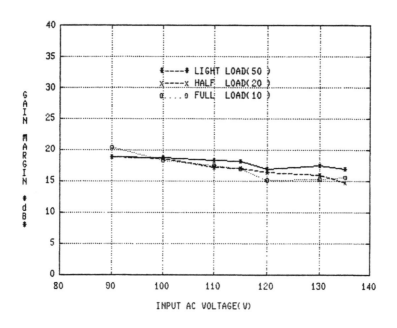

圖 8-40　增益邊限對輸入電靡之曲線圖

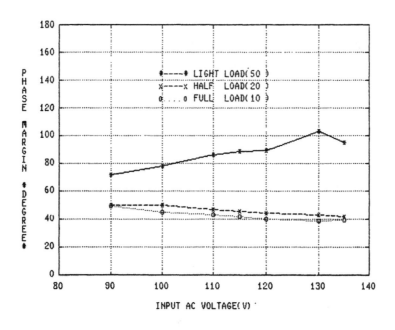

圖 8-41　相位邊限對輸入電壓之曲線圖

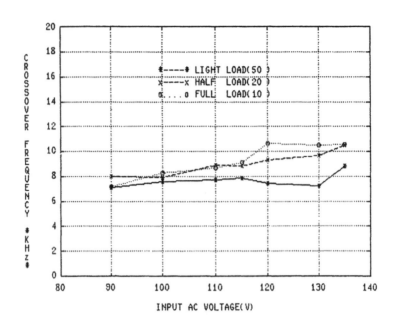

圖 8-42　交越頻率對輸入電壓之曲線圖

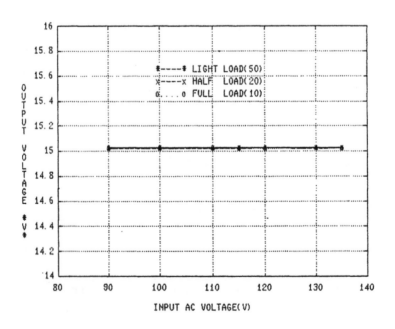

圖 8-43　輸出電壓(+$OV_1$)對輸入電壓之曲線圖

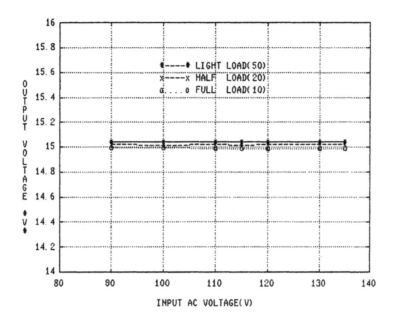

圖 8-44　輸出電壓(+OV$_2$)對輸入電壓之曲線圖

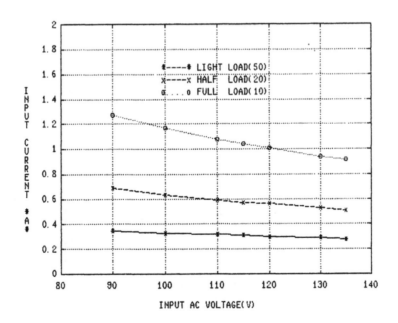

圖 8-45　輸入電流對輸入電壓之曲線圖

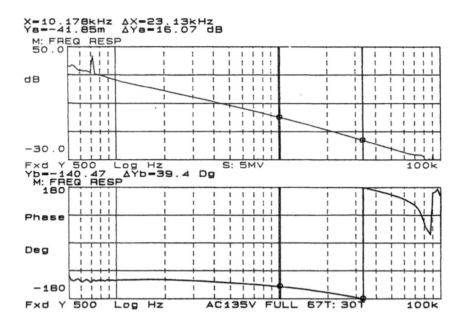

圖 8-46　迴路增益邊限之頻率響應(測試信號 5mV)

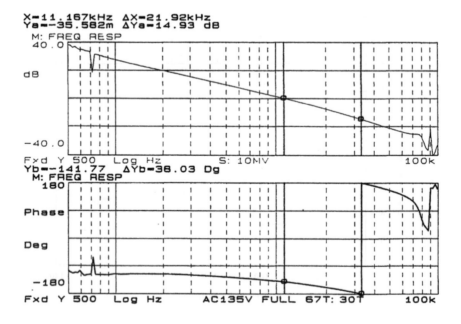

圖 8-47　迴路增益邊限之頻率響應(測試信號 10mV)

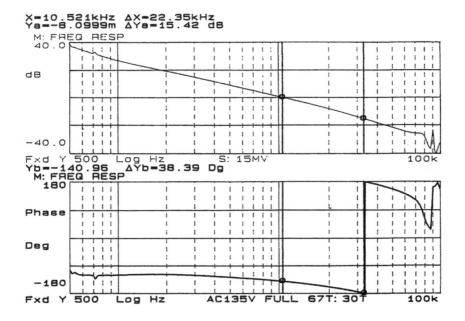

圖 8-48　迴路增益邊限之頻率響應(測試信號 15mV)

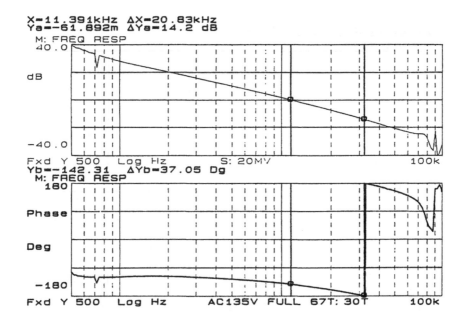

圖 8-49　迴路增益邊限之頻率響應(測試信號 20mV)

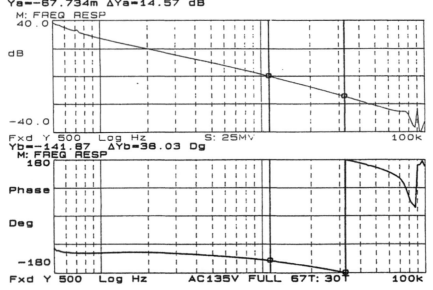

圖 8-50　迴路增益邊限之頻率響應(測試信號 25mV)

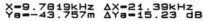

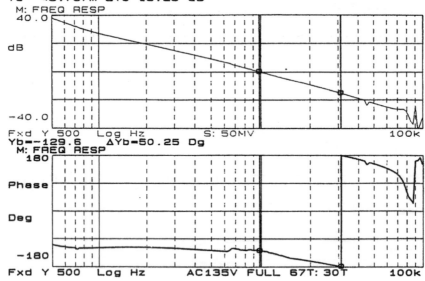

圖 8-51　迴路增益邊限之頻率響應(測試信號 50mV)

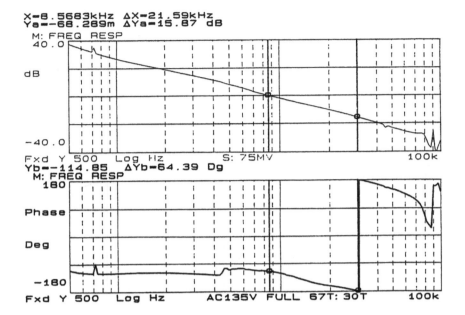

圖 8-52　迴路增益邊限之頻率響應(測試信號 75mV)

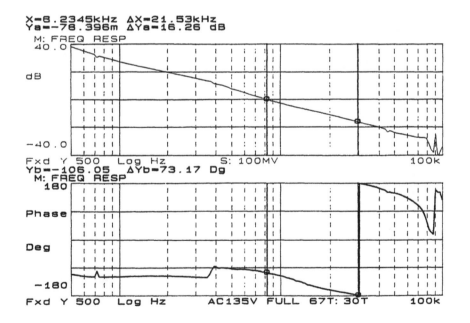

圖 8-53　迴路增益邊限之頻率響應(測試信號 100mV)

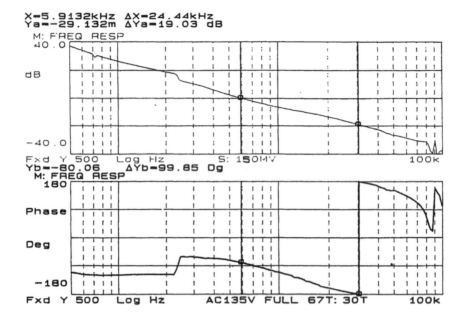

圖 8-54　迴路增益邊限之頻率響應(測試信號 150mV)

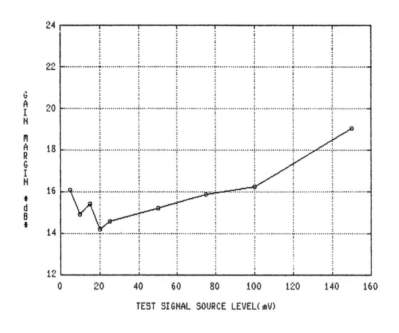

圖 8-55　增益邊限對測試信號準位之曲線圖

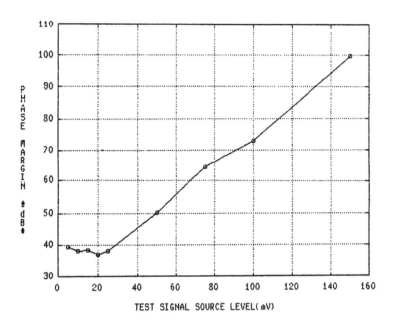

圖 8-56　相位邊限對測試信號準位之曲線圖

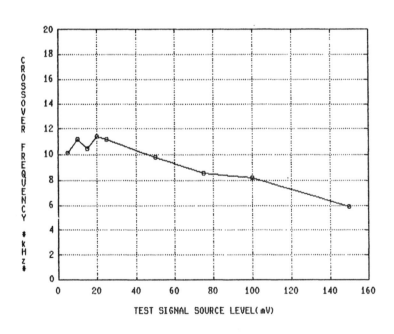

圖 8-57　交越頻率對測試信號準位之曲線圖

國家圖書館出版品預行編目資料

交換式電源供給器之理論與實務設計 / 梁適安編
　著. -- 三版. -- 新北市 : 全華圖書, 2018.07
　　面 ; 公分
　ISBN 978-986-463-108-7(平裝)


　1.CST: 電路　2.CST: 設計　3.CST: 電源穩定器

448.3　　　　　　　　　　　　　　　104026259

# 交換式電源供給器之理論與實務設計

作者 / 梁適安

發行人 / 陳本源

執行編輯 / 張峻銘

出版者 / 全華圖書股份有限公司

郵政帳號 / 0100836-1 號

印刷者 / 宏懋打字印刷股份有限公司

圖書編號 / 0246602

三版四刷 / 2023 年 08 月

定價 / 新台幣 450 元

ISBN / 978-986-463-108-7 (平裝)

全華圖書 / www.chwa.com.tw

全華網路書店 Open Tech / www.opentech.com.tw

若您對本書有任何問題，歡迎來信指導 book@chwa.com.tw

---

**臺北總公司(北區營業處)**
地址：23671 新北市土城區忠義路 21 號
電話：(02) 2262-5666
傳真：(02) 6637-3695、6637-3696

**南區營業處**
地址：80769 高雄市三民區應安街 12 號
電話：(07) 381-1377
傳真：(07) 862-5562

**中區營業處**
地址：40256 臺中市南區樹義一巷 26 號
電話：(04) 2261-8485
傳真：(04) 3600-9806(高中職)
　　　(04) 3601-8600(大專)

歡迎加入 全華會員

● 會員獨享

會員享購書折扣、紅利積點、生日禮金、不定期優惠活動…等。

● 如何加入會員

填妥讀者回函卡直接傳真 (02) 2262-0900 或寄回，將由專人協助登入會員資料，待收到
E-MAIL 通知後即可成為會員。

如何購書 全華書籍

1. 網路購書

全華網路書店「http://www.opentech.com.tw」，加入會員購書更便利，並享有紅利積點
回饋等各式優惠。

2. 全華門市、全省書局

歡迎至全華門市（新北市土城區忠義路 21 號）或全省各大書局、連鎖書店選購。

3. 來電訂購

(1) 訂購專線：(02) 2262-5666 轉 321-324
(2) 傳真專線：(02) 6637-3696
(3) 郵局劃撥（帳號：0100836-1　戶名：全華圖書股份有限公司）
※ 購書未滿一千元者，酌收運費 70 元。

OpenTech.com.tw 全華網路書店

全華網路書店 www.opentech.com.tw
E-mail: service@chwa.com.tw

※ 本會員制如有變更則以最新修訂制度為準，造成不便請見諒。

# 讀者回函卡